仿真科学与技术及其军事应用

军队"2110 工程"专项经费资助
总装备部科技创新人才团队专项经费资助

概念建模
（第 2 版）

曹晓东　　王杏林　　樊延平　　编著

国防工业出版社

·北京·

内 容 简 介

全书共 8 章：第 1 章探讨了概念模型的概念、作用、地位，以及概念建模的基本方法、步骤；第 2 章对要描述的概念模型进行了要素抽象与分析；第 3 章介绍了常用的概念模型描述方法；第 4 章介绍了对概念模型进行归档的方法步骤；第 5 章探讨了概念模型 VV&A 的过程、方法与步骤；第 6 章对常用的概念建模工具进行了介绍，并对概念建模的工具提出了需求；第 7 章探讨了概念模型的管理过程、方法；第 8 章介绍了概念模型的一般应用，并探讨了概念模型描述需求及其在仿真中的具体应用。

本书可作为高等院校有关专业本科生和研究生教材或参考书，也可作为科研人员和工程技术人员的技术参考书。

图书在版编目(CIP)数据

概念建模／曹晓东，王杏林，樊延平编著.—2 版.
—北京：国防工业出版社，2013.4
（仿真科学与技术及其军事应用丛书）
ISBN 978 - 7 - 118 - 08380 - 4

Ⅰ．①概…　Ⅱ．①曹…②王…③樊…
Ⅲ．①系统建模　Ⅳ．①N945.12

中国版本图书馆 CIP 数据核字(2012)第 293302 号

※

国防工业出版社出版发行
（北京市海淀区紫竹院南路 23 号　邮政编码 100048）
北京嘉恒彩色印刷责任有限公司
新华书店经售
*
开本 710×960　1/16　印张 17　字数 285 千字
2013 年 4 月第 2 版第 1 次印刷　印数 1—3000 册　定价 45.00 元

(本书如有印装错误，我社负责调换)

国防书店：(010)88540777　　　发行邮购：(010)88540776
发行传真：(010)88540755　　　发行业务：(010)88540717

丛书编写委员会

主 任 委 员　郭齐胜

副主任委员　徐享忠　杨瑞平

委　　　　员（按姓氏音序排列）

曹晓东	曹裕华	丁　艳	邓桂龙	邓红艳
董冬梅	董志明	范　锐	郭齐胜	黄俊卿
黄玺瑛	黄一斌	贾庆忠	姜桂河	康祖云
李　雄	李　岩	李宏权	李巧丽	李永红
刘　欣	刘永红	罗小明	马亚龙	孟秀云
闵华侨	穆　歌	单家元	谭亚新	汤再江
王　勃	王　浩	王　娜	王　伟	王杏林
徐丙立	徐豪华	徐享忠	杨　娟	杨瑞平
杨学会	于永涛	张　伟	张立民	张小超
赵　倩				

总 序

　　为了满足仿真工程学科建设与人才培养的需求,郭齐胜教授策划在国防工业出版社出版了国内第一套成体系的系统仿真丛书——"系统建模与仿真及其军事应用系列丛书"。该丛书在全国得到了广泛的应用,取得了显著的社会效益,对推动系统建模与仿真技术的发展发挥了重要作用。

　　系统建模与仿真技术在与系统科学、控制科学、计算机科学、管理科学等学科的交叉、综合中孕育和发展而成为仿真科学与技术学科。针对仿真科学与技术学科知识更新快的特点,郭齐胜教授组织多家高校和科研院所的专家对"系统建模与仿真及其军事应用系列丛书"进行扩充和修订,形成了"仿真科学与技术及其军事应用丛书"。该丛书共 19 本,分为"理论基础—应用基础—应用技术—应用"4 个层次,系统、全面地介绍了仿真科学与技术的理论、方法和应用,体系科学完整,内容新颖系统,军事特色鲜明,必将对仿真科学与技术学科的建设与发展起到积极的推动作用。

中国工程院院士

中国系统仿真学会理事长

李伯虎

2011 年 10 月

序　言

　　系统建模与仿真已成为人类认识和改造客观世界的重要方法,在关系国家实力和安全的关键领域,尤其在作战试验、模拟训练和装备论证等军事领域发挥着日益重要的作用。为了培养军队建设急需的仿真专业人才,装甲兵工程学院从1984年开始进行理论研究和实践探索,于1995年创办了国内第一个仿真工程本科专业。结合仿真工程专业创建实践,我们在国防工业出版社策划出版了"系统建模与仿真及其军事应用系列丛书"。该丛书由"基础—应用基础—应用"三个层次构成了一个完整的体系,是国内第一套成体系的系统仿真丛书,首次系统阐述了建模与仿真及其军事应用的理论、方法和技术,形成了由"仿真建模基本理论—仿真系统构建方法—仿真应用关键技术"构成的仿真专业理论体系,为仿真专业开设奠定了重要的理论基础,得到了广泛的应用,产生了良好的社会影响,丛书于2009年获国家级教学成果一等奖。

　　仿真科学与技术学科是以建模与仿真理论为基础,以计算机系统、物理效应设备及仿真器为工具,根据研究目标建立并运行模型,对研究对象进行认识与改造的一门综合性、交叉性学科,并在各学科各行业的实际应用中不断成长,得到了长足发展。经过5年多的酝酿和论证,中国系统仿真学会2009年建议在我国高等教育学科目录中设置"仿真科学与技术"一级学科;教育部公布的2010年高考招生专业中,仿真科学与技术专业成为23个首次设立的新专业之一。

　　最近几年,仿真技术出现了与相关技术加速融合的趋势,并行仿真、网格仿真及云仿真等先进分布仿真成为研究热点;军事模型服务与管理、指挥控制系统仿真、作战仿真试验、装备作战仿真、非对称作战仿真以及作战仿真可信性等重要议题越来越受到关注。而"系统建模与仿真及其军事应用系列丛书"中出版最早的距今已有8年多时间,出版最近的距今也有5年时间,部分内容需要更新。因此,为满足仿真科学与技术学科建设和人才培养的需求,适应仿真科学与技术快速发展的形势,反映仿真科学与技术的最新研究进展,我们组织国内8家高校和科研院所的专家,按照"继承和发扬原有特色和优点,转化和集成科研学术成果,规范和统一编写体例"的原则,采用"理论基础—应用基础—应用技术—应用"的编写体系,保留了原"系列丛书"中除《装备效能评估概论》外的其余9本,对内容进行全面修订并修改了5本书的书名,另增加了10本新书,形成"仿真科学与技术及其军事应用丛书",该丛书体系结构如下图所示(图中粗体表示新增加的图书,括号中为修改前原丛书中的书名):

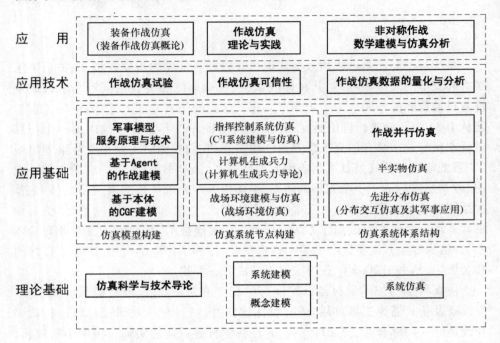

中国工程院院士、中国系统仿真学会理事长李伯虎教授在百忙之中为本丛书作序。丛书的出版还得到了中国系统仿真学会副秘书长、中国自动化学会系统仿真专业委员会副主任委员、《计算机仿真》杂志社社长兼主编吴连伟教授,空军指挥学院作战模拟中心毕长剑教授,装甲兵工程学院训练部副部长王树礼教授、装备指挥与管理系副主任王洪炜副教授和国防工业出版社相关领导的关心、支持和帮助,在此一并表示衷心的感谢!

仿真科学与技术涉及多学科知识,而且发展非常迅速,加之作者理论基础与专业知识有限,丛书中疏漏之处在所难免,敬请广大读者批评指正。

郭齐胜

2012 年 3 月

总 序

　　仿真技术具有安全性、经济性和可重复性等特点,已成为继理论研究、科学实验之后第三种科学研究的有力手段。仿真科学是在现代科学技术发展的基础上形成的交叉科学。目前,国内出版的仿真技术方面的著作较多,但系统的仿真科学与技术丛书还很少。郭齐胜教授主编的"系统建模与仿真及其军事应用系列丛书"在这方面作了有益的尝试。

　　该丛书分为基础、应用基础和应用三个层次,由《概念建模》、《系统建模》、《半实物仿真》、《系统仿真》、《战场环境仿真》、《C^3I 系统建模与仿真》、《计算机生成兵力导论》、《分布交互仿真及其军事应用》、《装备效能评估概论》、《装备作战仿真概论》10 本组成,系统、全面地介绍了系统建模与仿真的理论、方法和应用,既有作者多年来的教学和科研成果,又反映了仿真科学与技术的前沿动态,体系完整,内容丰富,综合性强,注重实际应用。该丛书出版前已在装甲兵工程学院等高校的本科生和研究生中应用过多轮,适合作为仿真科学与技术方面的教材,也可作为广大科技和工程技术人员的参考书。

　　相信该丛书的出版会对方真科学与技术学科的发展起到积极的推动作用。

中国工程院院士

2005 年 3 月 27 日

序 言

　　仿真科学与技术具有广阔的应用前景,正在向一级学科方向发展。仿真科技人才的需求也在日益增大。目前很多高校招收仿真方向的硕士和博士研究生,军队院校中还设立了仿真工程本科专业。仿真学科的发展和仿真专业人才的培养都在呼唤成体系的仿真技术丛书的出版。目前,仿真方面的图书较多,但成体系的丛书极少。因此,我们编写了"系统建模与仿真及其军事应用系列丛书",旨在满足有关专业本科生和研究生的教学需要,同时也可供仿真科学与技术工作者和有关工程技术人员参考。

　　本丛书是作者在装甲兵工程学院及北京理工大学多年教学和科研的基础上,系统总结而写成的,绝大部分初稿已在装甲兵工程学院和北京理工大学相关专业本科生和研究生中试用过。作者注重丛书的系统性,在保持每本书相对独立的前提下,尽可能地减少不同书中内容的重复。

　　本丛书部分得到了总装备部"1153"人才工程和军队"2110 工程"重点建设学科专业领域经费的资助。中国工程院院士、中国系统仿真学会副理事长、《系统仿真学报》编委会副主任、总装备部仿真技术专业组特邀专家、哈尔滨工业大学王子才教授在百忙之中为本丛书作序。丛书的编写和出版得到了中国系统仿真学会副秘书长、中国自动化学会系统仿真专业委员会副主任委员、《计算机仿真》杂志社社长兼主编吴连伟教授,以及装甲兵工程学院训练部副部长王树礼教授、学科学位处处长谢刚副教授、招生培养处处长钟孟春副教授、装备指挥与管理系主任王凯教授、政委范九廷大校和国防工业出版社的关心、支持和帮助。作者借鉴或直接引用了有关专家的论文和著作。在此一并表示衷心的感谢!

　　由于水平和时间所限,不妥之处在所难免,欢迎批评指正。

郭齐胜

2005 年 10 月

前　言

　　无论是哪一个领域的开发，都要步及到领域的相关概念，都要对概念进行描述与设计，如数据库的前期开发，仿真系统的设计与开发等首先都要建立概念模型，这也就是人们所常说的概念建模活动，它是领域开发的第一步。人们通过这种手段来描述、再现真实世界，寻找真实世界的规律。通过这种建模活动而得到的概念模型也就是真实世界与领域开发世界相联系的桥梁。由此可见，概念建模在系统开发过程中的重要地位。因而，它也越来越受到人们的重视，特别是美军，早在 1995 年就把使命空间概念模型作为建模与仿真的三大技术标准之一。一个好的概念模型是联系领域专家与领域技术开发人员之间的纽带，如果把这个概念模型显式的表示，并存储起来，就能使技术开发人员总能通过概念模型懂得领域知识，就能使领域专家明白技术开发过程。更为重要的是规范的、显式的概念模型能方便今后系统的重用与互操作。本书是一部系统介绍概念建模理论、方法与应用的专著，将概念建模作为一个系统工程，对概念模型进行了详细介绍，探讨了概念建模方法并对概念模型进行多种方法的描述，内容涵盖需求分析到模型描述、存储、管理与使用等概念建模的全过程。

　　本书是在《概念建模》（王杏林、曹晓东著，国防工业出版社，2006 年）的基础上修订的，由郭齐胜确定修订原则，樊延平具体修订。修订后全书共 8 章，仍然按照"基础—方法—应用"的体系组织，框架结构如下图所示。

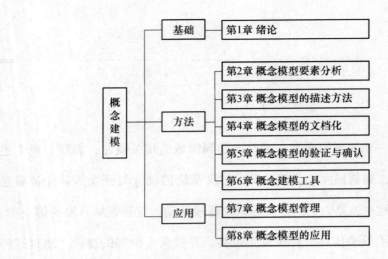

　　本书的再版得到了军队"2110 工程"和总装备部科技创新人才团队专项经费的支持。不妥之处在所难免,欢迎批评指正。

编著者
2012 年 6 月

目 录

第 **1** 章

绪 论

1.1 引 言

　　计算机作战仿真系统,是以计算机及其相关设备为物质基础、以信息技术为技术基础、以军事运筹学为理论基础、以现代和前瞻性军事理论体系为知识基础的技术和知识密集的仿真系统。其本质上是在运行总控子系统(有时称为仿真引擎)的调度下,在事件序列中执行由程序代码模块实现的各类模型,输出仿真结果。仿真系统的基本要素是模型和数据(图1-1),在特定的仿真应用中,如果默认系统的初始数据是合理的,系统的性能和功能是可接受的,则模型和数据的合理性既决定了使命空间静态结构要素及动态行为要素本身表达的合理性,也决定了行为序列表达的合理性,从而最终决定了仿真系统的逼真度和仿真结果的可信性。因此,在仿真系统开发活动中,模型的构建显然是核心工作之一,开发团队应将相当一部分精力投入到提高模型质量上,紧紧围绕模型质量展开工作,采取相应的模型质量控制机制,确保模型在交付软件开发人

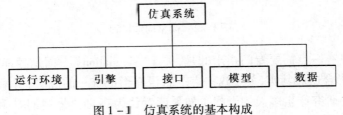

图 1-1 仿真系统的基本构成

员进行实现之前,已经得到权威机构的验证和检验,具备足够的可信性,只有这样,由一系列模型集成而实现的目标仿真系统才可能具备期望的逼真度。

在由真实世界向仿真世界转换的过程中,一般要经历三个基本的建模阶段(图1-2),这三个阶段所采用的表达形式,其抽象程度是依次递增的,也就是说,从表现形式上,模型离我们所认知的真实世界越来越远(在这里,不涉及仿真可视化所达成的直观性)。从图中可以看出,概念模型(Conceptual Model)是对真实世界的第一次抽象,是构建后续模型的基本参照物。可以肯定的是,在任何模型或仿真开发活动中,概念建模阶段是必然发生的,无法回避的。在以往以技术实现为主导的仿真开发过程中,概念建模往往很容易被开发团队忽视,实施的形式往往很随意,很不规范,所采用的描述形式多种多样,获取的成果只能描述使命空间的局部或片段,无法获取完备、系统、规范的格式化文档。造成这种情况,一方面是由于缺乏有效的管理机制;另一方面是由于缺乏相应方法论的指导以及操作性强的概念建模理论方法。一整套成熟完善的概念模型理论和方法,及至辅助的知识获取工具,可以有效支持概念建模人员将存在于领域主题专家头脑中及分散知识源内的领域知识,变成集中的知识集合;将自发的、随意性较强的概念建模活动,变成自觉的、有目的组织行为;将零散的、非结构化的、格式各异的、可读性较差的领域知识转换为系统的、结构化的、格式统一的、可读性较强的概念模型文档。从而,为后续的仿真开发活动奠定良好的知识表示基础。

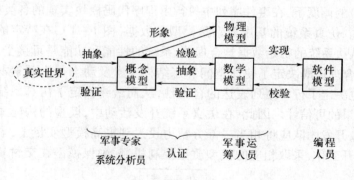

图1-2 模型构建过程

在这里有一点需要专门指出的是,关于"simulation"一词是翻译为"模拟",还是"仿真"合适。其实,关于这一点一直没有形成统一的说法,所幸的是,这并未对我们的研究产生多大的干扰。如果读者认为有必要将"模拟"和"仿真"严格区分或统一,请查阅参考文献[13,14]及其他有关文献。

1.2 模 型

模型是思考的工具,是最重要的科学研究手段之一。尤其是在大规模的工程技术应用项目中,模型更是必不可少的。20世纪30年代创立的相似理论,为模型方法奠定了科学的理论基础。特别是20世纪50年代后,随着科技的发展和计算机的应用,各种各样的模型被广泛应用于自然科学和社会科学研究的各个领域,取得了显著的成果。目前,模型方法已经成为人们认识世界、改造世界,使研究方法形式化、定量化、科学化的一种主要工具。而且随着所研究的系统或原型的规模越来越大,复杂程度越来越高,模型的价值体现得越来越重要,对建模方法的要求也越来越高。在科学研究和工程实践中,我们能够构建一个模型,利用它进行试验,并根据特定的应用目标,对它进行相应的修改完善。跟原型相比,模型的构建和使用成本一般要低许多。如果模型构建得比较合理,其使用结果通常会具有较高的可信度,可以用来复现或预测原型系统的属性、状态或行为。

构造模型是为了研究、认识原型的性质或演变规律,客观性和有效性是对模型的首要要求。所谓客观性是指模型应以真实世界的对象、系统或行为为基础,在应用目标的框架内,与研究对象充分相似。好的模型,或者与原型具有相同或相似的结构和机制,或者虽然结构和机制与原型相异,但与原型具备相似的关联。模型的有效性是指模型应能够有效地支持建模目的,否则利用无效的模型会得出错误的认识或结论。另外,模型具有抽象性和简明性。所谓抽象性是指模型要舍弃原型中与应用目标无关紧要的因素,突出本质因素。模型的简明性是指模型应有清晰的边界,要做出必要的假设,使模型更为直观,更便于研究者理解和把握,当然不能简化到使人无法理解的程度。

1.2.1 模型的定义

在学术界,对于模型的定义有多种说法。McGraw·Hill认为,模型是一个受某些特定条件约束,在行为上与其所仿真的物理、生物或社会系统相似,被用于理解这些系统的数学或物理系统。美国国防部将模型定义为以物理的、数学的或其他合理的逻辑方法对系统、实本、现象或进程的再现。是对一个系统、实体、现象或过程的物理的、数学的或者逻辑的描述。按照系统论的观点,模型是将真实系统(原型)的本质属性,用适当的表现形式(如文字、符号、图表、实物、数学公式等)描述出来的结果,一般不是真实系统本身,而是对真实系统的描述、模仿或抽象。模型不是"原型的重复",而是根据不同的使用目的,选取原型的若干侧面进行抽象和简化,在这些侧面,模型具有与原型相似的数学、逻辑关系或物理形态。换句话说,模型是对相应的真实对象和真实系统及其关联中那些有用的,令人感兴趣的特性的抽象,是对真实系统某些本质方面的描述,它以各种可用的形式提供所研究系统的信息。

1.2.2 模型的分类

模型的范畴之广,甚至导致我们在分类的过程中,很容易偏离既定的分类依据,或者不自觉地把某些已经约定俗成的事物,也泛化为模型。因此,在研究模型的分类时,首先必须坚持的一条是,要选择对模型的界定有实际意义,对达成研究目的有帮助的分类依据。例如,我们依据原型的类属特性,将模型划分为相对应的种类,如社会模型、经济模型、生物模型、军事模型、装备模型、物理模型、化学模型等,这种分类方法是在研究者确定了研究对象范围后自然形成的,对建模本身并没有实际意义。按照所选分类依据对研究有帮助的原则,我们认为有两条分类依据是比较重要的,一条依据是模型表达形式的抽象程度;另一条是模型表达的机理。

1.2.2.1 按模型表达形式抽象程度分类

依据表达形式的抽象程度,通常可以将模型划分为概念模型、数学模型和软件模型。其中,概念模型是对真实世界的第一次抽象,是与仿真实现无关的概念描述。从计算机仿真应用的角度,概念模型通常不是模型的最终形态,而一般是作为由真实世界向仿真世界转换的桥梁和过渡;广义上,数学模型也包括逻辑模型,是一种符号化的模型,它通过数学、逻辑符号和数学、逻辑关系式来描述使命空间要素之间的内在联系。例如,由一系列方程式表达的一个国家经济的模型。数学模型一般用于描述概念模型中的算法,其他可单纯由数据结构描述的概念模型要素(如简单的属性、命令),则不必建立数学模型。数学模型在概念模型简化的基础之上,进行进一步抽象,对相关使命空间要素的联系进行量化和函数化描述;软件模型是用特定程序设计语言所提供的数据和算法对概念模型和数学模型的实现。确切地说,这种模型应称为软件化的模型,因为人们容易把软件模型这一概念理解为软件的结构、配置、数据流程和编码方案。它的主要用途是向编程人员说明软件的实现机制,以指导和约束编程工作。习惯上,我们称为软件设计说明(Design Specification)。

1.2.2.2 按模型表达机理分类

依据模型的表达机理,通常可以将模型划分为数学模型、物理模型和流程模型(Procedural Model)(图1-3)。数学模型采用数量及其之间的函数关系来表达真实对象或系统的结构和运行机制,这类模型包含一系列有限可解的数学方程式或关系式。数学模型通常采用数量近似方法,来求解那些无法得出确切数值的复杂数学方程。典型的数学模型有仿真随机过程的概率论及数理统计方法,仿真交战损耗的兰彻斯特方程及其扩展形式,仿真搜索行动结果的发现概率数学模型。物理模型是对真实世界对象或系统的物理表达,它通常是一些形象化的模型,如在风洞试验中,所使用的按比例缩小的螺旋桨和船体,建设规划中所使用的建筑物模型等。物理模型所表达的原型的属性越多,模型变得更加复杂,建模者需要在完备性和复杂性之间做出折中;流程模型是对状态和行为之间的动态关系的表达,一般表现为数学和逻辑过程。这类模型通常指随时间展开的动态过程,是由可执行的仿真系统来表达的,在静态的实体和结构模型中,基本不涉及流程模型。

图1-3 模型的三种主要类型

1.3 概念模型

1.3.1 问题的提出

仿真系统的核心功能是对真实(或想象的)世界的某些事物及其某些行为进行表达,这是仿真系统与其他计算机软件系统相区别的最重要方面。仿真系统在何种程度上逼真地表达了真实(或想象的)世界中的原型,是衡量其质量好坏的根本尺度。而为了实现表达"真实"系统这一特有的功能,在仿真系统的需求中,不仅要包括如显示与控制、性能、安全考虑等共性信息,还有一个为仿真系统所独有的方面,即对仿真"关注对象"的描述信息。此类信息是否足够完备、详尽,对于仿真系统是否逼真,能否产生可信的仿真结果,有着至关重要的影响。

作为仿真开发者，有必要准确具体地了解待开发的仿真系统需要"做什么"、"表达什么（What to Represent）"、"怎样表达（How to Represent）"等重要的需求信息，并建立能够清晰陈述各项需求的文档。需求文档应该具备良好的结构性和可追溯性，清晰地标识和定义每一项需求，以指导和约束后续的开发活动。作为仿真系统用户及其代理人，必须以某种方式，向仿真开发者传递上述一整套需求信息。作为校核、验证与认证（Verification，Validation，Accreditation，VV&A）机构，同样不仅要了解仿真系统能提供哪些操作和服务功能，即"能做什么"，还要了解仿真系统"能表达什么"，"怎样表达"以及软件是否准确实现了需求。

在仿真开发过程中，这些"做什么"、"表达什么（What to Represent）"、"怎样表达（How to Represent）"等信息就是人们常讲的概念模型信息，要准确地开发系统就得建立所研究系统的详细的概念模型。但是在建立概念模型过程中存在着这样或那样的问题：

（1）要建立被仿真对象的概念模型必须要对被仿真对象有正确、全面地认识，但是在现实生活中往往是"隔行如隔山"，信息难以获取，尤其是军事领域，由于其特殊性更是如此。就是同一领域内不同的专业也是如此。军事人员只懂军事，仿真开发技术人员只懂技术这种现象往往很普遍，在仿真开发中军事人员只为仿真技术人员提供基本的想定文本和相关的技术经验数据，而无法将自身的知识和经验表达为用户认可的军事知识，而仿真开发技术人员又不能对军事知识进行准确的描述，因而最后多数情况是仿真开发技术人员抽象出来的概念模型是不完全的，有时甚至是不明确的，在这种情况下所建立的仿真系统是不可信的，也很难满足军事人员的意图和要求。

（2）无论是软件开发还是新的系统开发计划，都需要进行一次资料的收集与概念的分析，但是以可观的费用获取的信息，却难以得到重用。进行系统开发，资料的收集相当困难，而且也是一项开销很大的基础工作。过去，系统开发人员所进行的资料准备工作都是围绕着特定的目的而展开，随着系统前期分析工作的结束而结束。由于缺乏可用的信息管理和维护工具，这些资料和结果无法转化成以统一的格式存储起来的信息，因而无法为未来的系统开发所重用，造成重复开发，浪费严重。

（3）概念分析的结果往往是隐式的，多存在于人的头脑中，或隐含在程序中，重用非常困难，也难以进行验核和维护。

（4）即使获取的信息是完整的、明确的，但对真实世界事物行动的描述很难达成一致。不同单位的系统开发者、不同作战仿真系统的开发者，通常依赖不同的资源获取同类信息，对领域使命空间进行不同的划分，对事物行动进行不同的抽象，从而产生对真实世界不一致的描述。这些不一致的描述导致各自的仿真系统基于不同的知识框架，从而无法进行模型的交互、连接、聚合与分解，各系统中的模型也无法在其他系统中重用。

我们研究概念模型的理论方法正是为了解决上述问题应运而生的，下面就对概念模型进行界定。

1.3.2　概念模型的界定

1.3.2.1　主要分歧

概念模型这一提法的内涵究竟是什么，其外延如何界定，目前在学术界还没有形成权威的定论，各种不同的学术观点也很难达成共识。有的学者认为，"所谓模型是对事物的一种书面描述，它不一定必须用某种数学公式表示，可以是图形，甚至可以是文字叙述。"这种观点实际上是对模型外延的泛化，把除了原型之外，凡是固化下来的关于事物的描述信息，都划入模型的范畴。对于学术研究而言，这种观点的价值有限。有的学者认为，概念模型是对那些存在于人们头脑中的未来事物在现实世界中的形象化映射，也就是关于概念的模型，如概念武器系统。乍看起来，这似乎才是概念模型这一提法的应有内涵。但实际上，这些未来事物是存在于我们想象的真实世界中的，应该看作原型的一类。这样，这种所谓的概念模型也是固化下来的关于事物的信息。还有一种观点是把关于软件系统的功能需求、结构设想和设计方案的描述，即我们通常所说的设计说明，也看作为概念模型。我们认为，这种观点是某些学者将"概念模型"这一提法移植到软件工程理论中而形成的，也是最容易引起争论和混淆的一种观点。作为一种尚未成熟的理论体系，存在这些分歧明显的观点和认识，对于研究的深入构成了较大的干扰。

概念模型定义的不统一，已经在作战仿真领域造成了很大的混乱。2000年9月，在美国奥兰多举办了一届以概念模型为主题的学术会议。这次会议的议题包括概念模型的定义、用途，概念建模在仿真开发过程中发生的时机以及如何构建概念模型。会后，Lee W. Lacy 等 7 名概念模型专家联名发表了题为 "Developing a Consensus Perspective on Conceptual Models for Simulation Systems" 的文章。文章中列举了各位专家比较有代表性的观点，基本上反映了作战仿真领域关于概念模型的主要分歧。作者将这些主要观点摘录如下：

- Dr. Robert Sargent：概念模型是为了进行特定研究，对问题实体（域）的数学的、逻辑的或文字的表达。

• Paul Davis：概念建模是形式化地列举出理论和算法以形成与实现无关的说明的活动。

• Dr. Dale Pace：概念模型由仿真语义环境和仿真概念构成。仿真语义环境描述领域；仿真概念是开发者关于如何构建仿真的观点，包括使命空间信息和仿真空间信息。使命空间信息采用仿真单元的形式，描述仿真所要表达的内容，仿真单元用来表达实体和过程；仿真空间信息描述硬件、软件等控制要素。图1-4给出了Dale Pace仿真概念模型的基本结构。

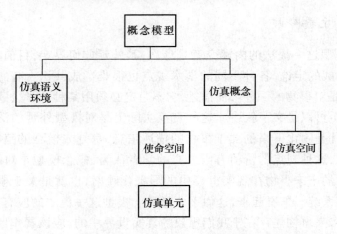

图1-4　Dr. Dale Pace 的仿真概念模型结构

• Verification，Validation and Accreditation Recommended Practices Guide：仿真概念模型是描述仿真及其组成部分的信息的集合体。这些信息包括假设、算法、关联（如架构）、数据。

• CMMS Technical Framework：概念模型是用户和开发者关于模型的共同概念，是对其内容及内部表达的陈述。它包括逻辑、算法，并明确识别有关假设和局限（DMSO M&S glossary）。使命空间概念模型是对真实世界的第一次抽象，记录了任何使命所涉及的重要实体及其关键行动和交互的信息中，作为仿真开发的参照框架（DMSO，1998）。使命空间概念模型后更名为使命空间功能描述（FDMS），这一变化将减少与面向设计的概念模型之间的混淆。

• Thomas H. Johnson：使命空间模型提供了对军事人员关于真实世界作战行动见解的说明，而军事仿真必须以认定可信的水平复现这一作战行动。他建议使命空间概念模型应是与仿真无关的关于真实世界的见解，并作为军事人员与仿真开发者之间沟通的桥梁。

• YEROOS：YEROOS（Yet another project on Evaluation and Research on Object – Oriented Strategies），是一个专门研究复杂应用领域面向对象概念建模，以及信息系统应用分析与设计方法的研究项目。它定义概念建模活动是以类似于真实世界领域执行者的观点，构建应用领域的过程。它认为概念模型可增进理解，提供准确的交流渠道，区分设计与实现阶段，提供面向领域的文献化，以及形成抽象过程的记录。

• Dr. Furman Haddix：他定义了一套互相关联但相对独立的概念模型（图1－5），认为应该在用户概念模型（CMUS）中记录需求，反过来，用户概念模型提供了对使命空间概念模型（CMMS）的范围、逼真度及分辨率的约束。他严格区分了概念模型和概念设计，认为前者是对需求的最终定义，后者则提供了对系统实现的初步描述。

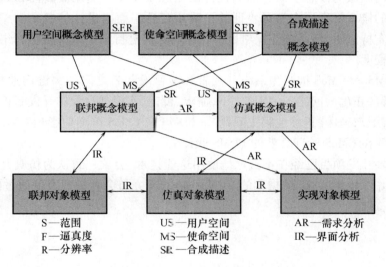

图 1 – 5　概念模型之间的关系（Furman Haddix）

• JSIMS（Joint Simulation Systems）：JSIMS 将其构建的大规模面向领域概念模型集称为 JCMMS，其大部分内容是作为美国陆军勇士 2000 仿真（WARSIM）项目的一部分开发的。WARSIM 项目称其知识获取活动的产品为概念模型，这些概念模型用来充实陆军的战场功能描述（FDB），以使这些信息能够为其他仿真项目所重用。

• JWARS（Joint Warfare System）：JWARS 软件开发过程并不包括编制正式概念模型文档的阶段。不过，交核与验证（V&V）机构认为需要这样的产品来支持 JWARS V&V 过程，于是 V&V 机构从软件开发的衍生文献中开发了一个"构造的"概念模型,它关注用户需求获取和设计阶段,包括联合分析设计文件包、企业模型和算法描述。

● FEDEP(Federation Development and Execution Process):HLA FEDEP 描述了联邦概念模型(FCM)的开发,将其过程分解为场景开发、概念分析以及联邦需求开发几个阶段。

文章总结道:与会者最终描绘了两类概念模型——面向领域的使命空间功能描述(FDMS)和面向设计的系统概念模型(CMoS)。专家们普遍认为 FDMS 提供了对问题域的详细描述,因此 FDMS 用来开发需求。需求是仿真开发过程的关键要素,影响着概念建模过程。CMoS 是在详细需求的基础上开发的,用于设计仿真,而实现者利用设计文档构建真实世界系统的能力。

面向领域的概念模型和面向设计的概念模型支持重用。面向领域的独立于实现的概念模型可作为可验证的可重用表达。面向设计的概念模型提供开发文档支持重用,新系统开发项目可对开发文档进行审查以决定仿真组件适合重用的程度。

FDMS 和 CMoS 被视为系统开发者和项目发起者之间的关键沟通机制,以确保"解决正确的问题"。相比之下,需求、设计、实现都被看作开发者内部沟通的文档,用来确保"正确地解决问题"。FDMS 和 CMoS 可期望影响 VV&A,并应将重点放在 CMoS 验证之前的 FDMS 验证上。

许多开发项目已经在不自觉地使用这些技术,会议一致认为仿真开发界应该构建并保留形式化、结构化的 FDMS 和 CMoS。与会者的观点可通过图 1 - 6 做一个总结。

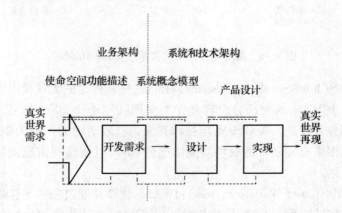

图 1 - 6   DMSO 会议关于概念模型的观点

1.3.2.2　本书的观点

作者认为,应该从以下几个方面把握概念模型的内涵:

(1) 概念模型是一类模型,是对我们所认知的真实世界事物的抽象和简化。

(2) 概念模型是对所提取出来的建模信息的一种概念化描述,这种概念化描述采用的是比较通用的语法和语义环境,其描述形式应尽可能便于领域人员和概念模型用户从中辨识出有用的信息。

(3) 概念模型是有目的和适用场合的。概念模型一般是说明目标系统的,是设计和实现系统的参照物。这里的系统不仅包括传统意义上的工程、经济、军事等仿真系统,也包括人工智能系统,因为后者实质上对人类思维(表象、概念、推理、判断、决策)的仿真,这其中既包含复杂的思维发生机理,也包含比较简单、机械的思维规则(思维的素材与结论之间的对应关系)。谈概念模型一定要指出它的目的和范畴,否则它就太泛化,就给人以模糊性。在这些基本约定下,我们来探讨概念模型的理论体系,应该更容易避免在一些基本概念和认识上莫衷一是,能够更准确地抓住主题。

(4) 在系统的开发过程中,概念建模活动跨越需求获取和设计阶段。

1.3.2.3　概念模型的定义

定义:概念模型是为了某一应用目的,运用语言、符号和图形等形式,对真实世界系统信息进行的抽象和简化。构建概念模型的过程,通常分为交替实施的概念分析、概念描述和概念验证三个阶段。在概念分析阶段,研究者从所研究的问题中提取出关于其结构特征、功能特征、行为特征等的关键要素,在概念描述阶段,根据要素之间的相互关系,采取一定的形式将其精确地描述出来,组成一个集中的概念知识体,来说明所研究的问题。这种集中的概念知识体就称为概念模型。

上述这个定义充分地考虑了概念模型的内涵和外延。概念模型的内涵不但体现了概念模型所表达的概念内容,也说明了概念模型的形成目的、组成、过程与表现形式。概念模型的外延则是指概念模型所囊括的全体实例,如分析军事行动问题,就是军事行动概念模型,分析企业活动,就对应企业活动概念模型,分析整个系统则是系统概念模型。

由于我们常常进行仿真系统开发,下面以仿真系统为例来具体探讨一下常见的仿真概念模型(也称仿真概念模型)。

仿真概念模型,是在仿真系统开发过程中,面向仿真系统需求获取和

VV&A 执行过程,在通用(或局部认同)的语义环境下,用领域人员、系统分析人员、编程人员都能够理解的、无二义的形式化语言(Formal Language),对他们所共同关注的,对实现仿真应用目标有价值的使命空间动态行为、静态实体及实体行为控制规则等要素信息,进行结构化或半结构化描述的集中的知识体。概念模型是对真实世界(或想象的真实世界)的第一次抽象,是对真实世界存在的实体、发生的行动和交互等进行概念描述的与仿真实现无关的视图。它作为仿真系统开发的参照物,抽取出与真实世界系统的运行有关的重要实体及其主要行动和交互的基本信息。它陈述了仿真系统需要表达的内容及有关各方对表达方法的约定,是用户与开发者对目标仿真系统的共同见解。它包括对使命空间要素进行描述的概念、符号、格式、陈述、逻辑和算法,并明显地确认出模型所采用的假设和约束。

概念模型由领域主题专家和系统分析人员共同构建,其主要作用在于为领域主题专家(有时也包括用户)和仿真开发人员提供沟通的桥梁。借助概念模型,仿真开发人员可获取所仿真的真实世界系统的细节信息,以便于进行仿真系统的基于实体分析和设计。另一方面,由领域主题专家、模型专家和软件专家组成的第三方权威认证机构,在确认概念模型的合理性之后,可对照概念模型检验数学模型和软件模型的准确性及合理性,从而更便于对整个系统进行VV&A。如果概念模型不能通过验证,在概念模型提供的通用语义环境(Common Context)下,VV&A 机构很容易把意见反馈给开发团队,成为其修订与完善概念模型的重要依据。此外,借助概念模型,领域主题专家/用户和仿真开发人员更容易在简化和逼真之间达成妥协,在系统需求的确认上达成共识。

要强调一点,概念模型是独立于系统执行的,它是真实世界和正式的系统执行(仿真执行)之间的桥梁。概念模型只用于抽象和常规设计,它只是系统信息定义的规范描述,而不用于具体和专门的执行设计。

1.3.3 概念模型的层次

在仿真应用开发中,一般情况下,概念模型并不是模型的最终形式,而只是仿真开发过程中的一种过渡形式,是沟通真实世界和仿真世界的桥梁。我们在讨论概念模型的分类时,在很大程度上可以借用模型的分类方法。例如,依据模型的原型划分为社会系统、经济系统、生物系统、军事系统、装备系统、物理系统、化学系统的概念模型。不过,这种分类方法对于讨论概念模型的理论体系意义不大。为了便于研究,我们通常将概念模型区分为不同层次(图 1 - 7)。

第一个层次,是指由通用语义和语法(Common Semantics and Syntax, CSS)

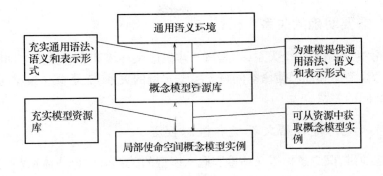

图 1-7　概念模型的层次

所定义的概念建模语义环境。该语义环境应具有较高的通用性,能够满足概念建模人员以通用的术语和词汇(如实体、交互),通用的语法(如定义"行动"这一概念的"名词"+"动词"句法),通用的表示风格(如 UML 图形、Word 表格),对所关注的使命空间进行结构化、层次化、格式化的概念描述,为仿真开发者提供关于使命空间静态结构和动态行为的详细的描述性信息,并且保证这些信息的完备性和无二义性。

第二个层次,是指作为资源的概念模型库(Repository)。理论上,该模型库能够覆盖全部使命空间,不对应特定的局部使命空间。当然,作为一种基础设施,概念模型库的建设,不仅需要相关理论技术的支持,还要求有相应的管理机制作为保障。

第三个层次,是支持特定仿真应用的概念模型实例,是集中描述特定的局部使命空间的知识体。在这一知识体内,包含有限个描述单个使命空间要素的概念模型条目(Item),可以是一个实体、一个行动、一项任务的概念模型。

如果有必要,可以将各概念模型条目看作第四个层次。概念模型实例(如坦克团对战斗阵地防御之敌进攻战斗的概念模型),它应该明确地辨识与说明需要由仿真系统表达的作战使命空间中存在的实体(如坦克连、炮兵营),实体的属性(如位置、队形),实体的能力(如机动、冲击、提供火力支援),实体间的静态关系(如指挥、协同),相关实体状态与行为之间随时间展开的动态关系(如当步兵接近敌防御前沿时,炮兵应及时转移火力),以及属性间的函数关系(如实体的机动速度与机动方式、装备机动性能、队形、地形等相关属性的函数关系)。这一概念模型实例的主要作用在于为仿真系统的表达需求(Representational Requirements)定义、结构设计和功能(外部及内部)实现提供一个基准点,为系统的检验、验证和认证提供一个集中的、明确的、立即可得的参照物(Referent)。

1.3.4 需要明确的关系

在此,需要明确三个关系,一是概念建模语义环境和概念模型之间的关系;二是概念模型库和局部使命空间概念模型实例的关系;三是概念模型与仿真系统需求之间的关系。

1.3.4.1 概念建模语义环境和概念模型

形象地讲,概念建模语义环境和概念模型的关系就像语法体系和文章的关系。概念建模语义环境提供了概念建模语言描述信息的基本约定,是概念建模的基础。概念模型是在特定的应用背景下,在概念建模语义环境下描述的提取出来的领域知识。

(1)概念模型的语义环境要解决以哪些语言要素及何种形式表现领域知识的问题,是对领域知识产品形式的规定,相当于一种元数据的集合;而特定的概念模型要解决对于一个特定的使命空间要素,需要提供哪些领域知识细节的问题,相当于数据的实例。

(2)理论上,语义环境应覆盖全部使命空间,它所提供的术语、概念和语法格式应适于描述所有原型,属于领域知识工程方法论的范畴,概念模型只对应于一个特定的使命空间要素,属于领域问题知识产品本身。

(3)通用语义环境是普遍认可的规范体系,是跨领域或跨专业沟通的桥梁;而对特定的仿真应用目标而言,通用语义环境不是唯一的选择,在开发团队内部,可以采用局部的语义环境,建立局部可用的概念模型产品。

(4)通用语义环境指导和约束特定概念模型的构建,为表达需求的重用提供必要的前提;概念模型所采用的局部语义环境,是建立、补充、修订通用语义环境的主要信息来源。在满足期望用途的前提下,通用语义环境应尽可能采用各局部语义环境的公有要素。

1.3.4.2 概念模型库和概念模型实例

概念模型库和概念模型实例相当于全集和子集的关系。如果有可能,可以将所有概念模型汇集在一起,形成一个规模庞大的概念模型库,利用相应的管理和使用机制,用户能够获取所需要的概念模型实例。当然,前提是概念模型库中有与这一概念模型实例对应的主题。如果没有,就需要自行开发所需要的概念模型实例,在概念模型库中生成新的主题,将这一概念模型实例存储在该主题下。在后续的章节里,将专门探讨概念模型库和概念模型实例的构建。

1.3.4.3 概念模型与仿真系统需求

作战仿真系统的最核心功能就是摧述所关注的真实世界系统。为支持特定的仿真应用目标,还应具备一系列相关的功能和运行环境。依据需求所对应的后续开发活动的范围,可以将仿真系统需求划分为表达需求、功能需求和环境需求三大类。其中表达需求(Representational Requirements)专门描述模型或仿真所需要表达的事物的状态或行为,这些事物包括实体、实体属性及属性间的关联。该术语提供了一种方式,用来描述所有对于仿真系统内部表达功能的需要,而且不具体指出这些需求所来自的领域。根据前述美国奥兰多会议综述,面向领域的独立于实现的概念模型,美军称之为使命空间概念模型(后为使命空间功能描述),与表达需求恰好是完全对应的。而面向设计的概念模型关注的则是需求之后的设计阶段。

1.3.5 研究概念建模理论和方法的意义

研究概念建模理论方法的需要,是在仿真开发实践中催生出来的。在由真实世界向仿真世界转换的过程中,一个无法否认的事实是,概念建模活动是必然发生的。正如美军所说的,“每一个仿真开发团队都构建类似于 CMMS(Conceptual Model of Mission Space)的东西,但它们不具备权威性,只具备局部的有限价值。因此,它们没有被保存下来,成为可重用的资源,而是随着开发项目的结束被遗弃掉了。”可以从以下几个角度来探讨研究概念建模理论和方法的意义。

1.3.5.1 概念建模活动是必然发生的

战争系统是最复杂的真实世界系统,作战仿真系统是最复杂的仿真系统。在此,以作战仿真系统开发为例,来说明概念建模理论方法的实践价值。以往,实施一个作战仿真系统开发项目,一般是由用户首先提出系统应用目标、描述作战使命空间的军事想定,以及概略的功能需求(目标系统大体上能够做什么)。随后的工作,基本上由开发团队承担。开发团队通常由数学建模人员和软件开发人员组成,极少包括军事人员(军事领域主题专家)。开发团队的工作成果是目标系统软件及必要的手册。项目交付前由用户(有时是开发团队)委托专家组,采用最终校验法,通过运行已经成形的目标系统软件来对其进行验收。实践证明,在这样的开发运作模式下,开发团队通常是将大部分资源投入到人机界面(输入、战场态势显示)及相关的外部功能(运行控制、仿真结果记录和统计处理)等需求的实现上,而对与军事使命空间的运行规律、作战原则及仿真应用目标密切相关的系统状态描述与状态演化机制(系统的内部表达功能)等军事需求,则关注较少。对于这部分需求的分析,往往不够系统,所形成的需求文档极其不完备和不详尽,难以满足仿真应用目标,甚至有的需求描述自相矛盾。再加之在开发过程中,缺乏有效的机制保证这些需求规约得到及时、全面的检验与验证。这种做法很可能导致最终的仿真应用软件实现了错误的需求(尤其是表达需求),从而难以保证仿真结果的可信性。这正是用户对开发团队交付的作战仿真系统不够满意的根本原因。

在这样的开发模式下,虽然概念分析与概念建模过程没有受到应有的重视,也没有形成文档化的成果,但实际上,每个开发团队都要不可避免地经历这一步骤(图1-8)。这是因为,一个仿真系统是对一系列模型的实现,为此必须建立模型;对特定的仿真应用目标而言,所建立的模型不是正确的,就是有错误的,或者是不完备的。为建立正确的模型,就必须确定在相应的作战使命空间内,有哪些要素需要建立模型,采用什么方法建立这些要素的模型;为此,必须识别出这些作战使命空间要素,对其需要由模型表达的方面,以及建模所采用的假设与算法进行明确的描述,这就是进行概念分析,建立概念模型的过程。

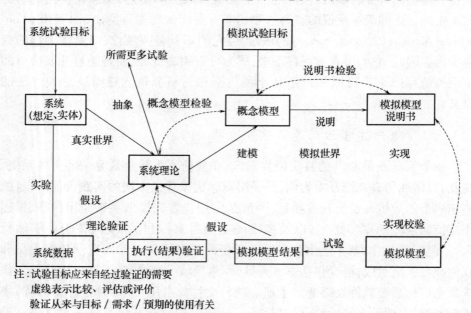

注:试验目标应来自经过验证的需要
虚线表示比较、评估或评价
验证从来与目标/需求/预期的使用有关

图1-8 仿真开发的一般过程

当然,由于没有理论方法的指导,这样的概念分析与概念建模过程将很难获取全面、准确的表达需求。至于军事人员提供的作战想定,只是一个想象的真实世界,它只界定了相应的作战使命空间(特定背景下,特定规模和类型的作战兵力执行一系列特定的作战任务),只提供了概念建模所需的高层次信息。而一个仿真系统的概念分析与概念建模过程,则必须结合特定的仿真应用目标,从各种权威知识源收集对仿真内容进行描述的足够全面和详细的信息,并在预先定义的通用语义环境下,采用规范的表示法,形成完备而详尽的格式化文档。

好的表达需求是保证仿真应用系统具有军事上的真实性的重要前提,在实践中,人们已经深刻认识到了这一点。为了获取全面、准确的表达需求,并便于权威机构对仿真系统的表达需求进行检验、验证与认证,我们应该以系统工程的观点来考察作战仿真系统的概念分析与概念建模过程,建立一种有效的过程控制机制,确保其成为仿真系统开发的有机步骤。同时,为顺利有效地执行这一过程,提供方法论的指导与工具支持。只有这样,才可能为后续的仿真开发工作打下良好的基础,尽可能"防患于未然",从而有效提高最终仿真系统的质量。这也是我们研究概念建模理论方法的原动力。

1.3.5.2 概念模型的作用

以作战仿真系统的开发过程为例,概念模型具有以下作用。

1. 分析和设计作战仿真系统的参照物

战争是典型的、复杂的、非结构性的系统,它不存在严格意义上的边界,无法用严密的数学方法加以描述,也不存在数学意义上的解。而战争模型则是闭合的,所包含的信息是有限的。在软件系统分析人员对待开发作战仿真系统进行前期分析和设计时,必须搞清楚为满足作战仿真系统的应用目标,需要定义哪些对象类,各类对象间存在哪些关联,为每个对象类定义哪些属性、方法,每个属性和方法如何表达,在什么条件下,激活哪些方法,这些方法的执行需要哪些属性的参与,会影响哪些属性的数值等。上述信息,是软件系统分析人员必需的最基本信息,而且必须了解每一个细节。为此,就必须通过概念模型划清所对应的军事行动使命空间的边界,提取出值得关注的实体,说明实体间的关系,每类实体可能执行哪些任务和行动,实体间可能发生哪些交互,每一类实体、任务、行动和交互需要哪些描述数据或算法。在构建概念模型之前,这些知识是分散的、非形式化的和不可回朔的,不能作为作战仿真系统分析和设计的现成的参照物。只有通过完备的、详尽的军事概念模型文档,才能集中地"固化"和转换领域知识,为软件系统分析人员提供稳定的、无遗漏的、可用的表达需求,为后续的开发工作奠定正确的基础。

2. 作战仿真系统 VV&A 的参照物

作战仿真系统是一类特殊的计算机软件系统,其核心的质量指标是逼真度(Fidelity),即仿真系统表达对应真实世界的准确程度。当然,在讨论逼真度这一概念时,应该明确规定仿真应用目标,否则这一讨论没有意义。从理论上讲,我们可以对仿真结果产生的全部条件进行测试,通过对比实际仿真结果与预期仿真结果,来验证仿真结果的合理性和有效性。但是实际上,这种做法是行不通的。一方面,作战过程受很多偶然因素的影响,使得作战结果常常具有不可预知性,条件和结果之间不可能保持严格的对应关系;另一方面,作战仿真系统的条件空间(为使命空间内全部实体状态属性的组合)过于庞大,实际上很难做到穷尽测试。这种结果测试主要针对开发周期的最后阶段,此时仿真系统已经成型,如果在这一阶段才发现仿真结果无法通过验证,已经错过了纠正错误的最好时机,这意味着不仅已经浪费了大量资源和时间,而且将导致所需支付的成本大大增加。与仿真开发同步展开仿真模型的验证和检验是必要的,而概念模型就是模型验证的一个重要参照物。借助概念模型,模型验证者能够从仿真系统的内部考察其建模机理,判断对特定的仿真应用目标而言,模型是否足够逼真地表达了军事行动使命空间的状态及行为。通过模型验证及时发现和改正错误,是提高模型和仿真逼真度的重要途径。

3. 不同领域专家沟通的桥梁

开发作战仿真系统,需要军事领域知识、建模技术和软件开发技术。以往的作战仿真开发过程,是由技术实现推动(Implementation-driven)的,占有主导地位的是军事运筹专家(图1–9),他们往往身兼数职,几乎承担了作战仿真系统开发的所有任务(包括需求获取、建模、设计、编码)。这种局面客观上导致了一种重实现、轻需求,重计算、轻规则的开发模式,这种开发模式迫使军事运筹专家成为多面手,在作为模型专家的同时,还要学习相关的军事领域知识,熟练掌握软件技术。在这种开发模式下,模型专家很自然成长为软件专家,但通过

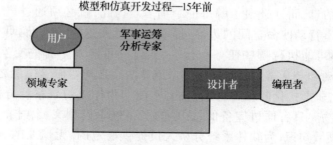

图1–9　各种仿真开发人员所起作用的比较

应急式学习所获取的军事领域知识，毕竟是有限的，不系统的。在这种模式下，模型专家一般是根据自身所掌握的军事领域知识和不明朗、不全面的建模需求，直接开发出数学模型和逻辑模型。而且，这种用数学和逻辑符号表述的模型，军事领域主题专家是看不懂的，这样，模型就得不到充分的验证。这是造成以往的作战仿真系统不逼真，得不到用户认可的根本原因。为解决这一长期以来困扰我们的问题，只有实行领域知识工程，在概念模型所提供的通用语义环境下，消除不同领域专家沟通的障碍和其他表达方法中可能存在的二义性。而在需求获取阶段，军事领域主题专家和模型专家的充分沟通，是对仿真系统的建模需求进行验证和修正，就某些关键的抽象方法达成共识和妥协，进而确立全面的、"恰如其分"的建模需求的必然要求。

4. 推动仿真资源的重用

重用是提高仿真资源使用效益，提高仿真系统的逼真度，降低仿真开发成本的重要途径。当然，重用不仅是在技术上实现互联和互操作，更重要的是其互操作要具备军事上的合理性。因此，重用的前提是必须深入地了解现有的仿真系统或仿真组元，对其可重用潜力做出正确的评估。概念模型详细陈述了仿真系统或仿真组元所表达的内容、所采用的实体粒度、分辨率和抽象方法、输入数据和输出数据等关键的建模信息，是仿真开发者判断仿真资源可重用潜力的基础。另外，概念模型本身也是可重用的领域知识产品，可用来支持包含同样表达需求的仿真应用目标。

由此可见，作战仿真系统的开发，离不开概念模型。其他仿真系统的开发，同样也离不开概念模型。完善的概念模型理论体系，是在仿真系统开发过程中，全面贯彻软件工程原则，提升仿真系统质量的理论基础之一。

1.3.6 概念建模理论的研究对象和研究范畴

概念建模理论的研究对象是概念模型，其研究范畴包括以下几个方面：

（1）概念模型的作用。这方面的研究要解决基本认识问题，属于概念建模的基础理论，回答在仿真开发的过程中，概念建模活动所处的开发阶段，以及概念模型是如何影响仿真系统的质量的。

（2）概念建模语义环境的构造。这属于概念建模的基础理论，探讨用哪些语素和语法结构能够传递概念模型用户所需要的建模信息，既能够保证信息的无遗漏，也能够保证信息的无二义性。

（3）概念分析方法和概念建模基本步骤。这属于概念建模的应用理论，用于指导概念建模人员对特定的使命空间进行概念分析，提取出有价值的建模信息，并形成概念模型文档这一知识产品。

（4）概念模型文档化。这也属于概念建模的应用理论，探讨为了便于用户对概念模型的获取和使用，概念模型文档应由哪些内容构成。

除了上述几个方面外，结合计算机技术，概念建模理论还研究概念建模的工具化，以及概念模型管理和应用方法。

1.4 概念建模基础

概念建模就是构建概念模型的过程，它是仿真开发过程的有机组成部分，是无法回避的一个开发步骤。当然，自发的、随意性较强的概念建模活动，是无法形成完备的、详尽的概念模型的。只有当开发团队充分认识到概念模型的重要性，自觉地实施概念建模活动，遵循科学合理的概念建模原则，采用适当的概念建模方法，才能获取完备的、详尽的概念模型产品，为后续的仿真开发活动奠定良好的基础。

1.4.1 概念建模方法学

"方法"可以理解为一种有特定顺序或形式，单一目的的规程或实践。"方法学"就是研究方式、方法的综合。

概念建模方法学包括三个大的组成部分：定义、规程和应用。定义指出方法的背后动机，阐明所涉及的概念以及相关的基本理论。规程包括应用该方法的步骤、方法的语义环境以及工具。规程所规定的步骤为应用者提供了一种可靠地取得较好结果的操作约定。方法的语义环境则是用来消除描述的二义性（描述可能引起的歧义）。定义和规程体现了思维方式和模型表达语言两个大的方面。方法学的这三大组成部分如图1-10所示。

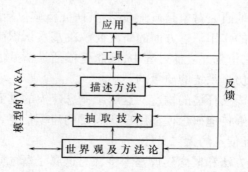

图1-10 概念建模方法学构成骨架

概念建模方法学可以细化为 5 个层次：世界观及方法论、抽取技术、描述方法、工具和应用，后一层建立在前一层的基础之上。世界观及方法论是关于概念建模活动的基本认识及指导原则，是对研究对象的学术定位及总的思维方式；抽取技术是对所认知的真实世界进行概念提取、抽象和简化而采用的特定技术，相当于知识工程中的知识获取技术；描述方法是为了实现概念模型的文档化，对所运用的特定描述语言的约定；工具是指辅助建模者遵循相应的建模思想和描述方法构建概念模型的知识获取系统，它包括 CASE 工具及实现环境；应用是针对具体案例的研究应用项目；概念模型的 VV&A 是对建模过程中的相关活动、方法、产品等进行的检验、验证与确认；反馈是在研究和使用过程中对建模方法、建模语言、建模工具等意见的交换；反馈与 VV&A 是交叉往复进行的。

1.4.2　概念建模方法

概念建模方法包括对使命空间进行概念分析的方法和将分析所得信息加以描述的方法。概念分析方法侧重于思维方式，概念描述方法侧重于表现形式。

1.4.2.1　基于过程的概念建模方法

基于过程的建模技术始于结构化的分析设计技术（SADT）。美国空军在 20 世纪 70 年代的集成化计算机辅助制造系统（ICAM）项目中，为了解决制造业人士与 IT 技术人员无法准确、顺利就需求进行沟通的问题，在项目的早期定义了 IDEF（ICAM DEFinition）系列的图形化建模语言，这套语言很快得到了广泛的认可，并由 IEEE 进行维护与发布。自 1993 年以来被 FIPS 作为标准的建模语言发布，随后又成为 NATO、IMF 等其他国际性组织所认定采用的标准化建模语言。并计划成为 ISO 认定的国际性标准化建模语言。如今，IDEF（其中的 IDEF3）已成为基于过程的建模技术的代表。

基于过程的方法认为：客观世界是由事物组成的，事物具有客观活动规律，事物的活动表现为一个个问题，寻求事物规律的过程就是求解问题的过程。

将基于过程用于概念建模，就是将客观世界事物的活动细化为一个个相关的问题，只要找出了问题的解决过程或方案，也就建立了概念模型。其思维过程如图 1-11 所示。

建模方法侧重于思维方式，但又离不开建模语言。建模语言是一种描述性语言，利用它所期望解决的核心问题就是沟通障碍的问题。领域主题专家与开

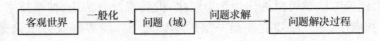

图 1-11　基于过程的概念建模抽象思维过程

发人员在沟通上的最大障碍就是领域术语,而要解决这个问题,最有效的方式就是寻找到一种公共语言(Common Language)来进行交流,这是建模语言所要起到的最为重要的作用;同时,建模语言必须支持的是一种思考复杂问题所必须采用的思维方式(抽象、分解、求精),并且提供特定问题的特定描述方式,利用不同的形式(如图形、符号、文字等)从各个方面对系统的全部或部分进行描述。

适合基于过程的建模语言有 IDEF3(过程建模)、XML(可扩展的标记语言)、流程图等。

1.4.2.2　基于实体的概念建模方法

基于实体的建模技术起源于 20 世纪 60 年代的面向对象分析和面向对象设计(OOA&OOD),在多年的发展历程中,一直处于一种百家争鸣的状态,直到 20 世纪 90 年代初 UML 的诞生,使基于实体技术得到了越来越广泛的应用。

面向对象方法认为:客观世界由各种对象组成,任何事物都是一个对象,每个对象都有自己质的规定性和运动变化规律,每个对象都属于某个对象类,都是该对象类的一个实例化元素。不同对象的组合及其相互作用就构成了我们可研究、分析和构造的客观系统。通过分析和比较,可以发现对象间的相似性,即揭示出不同对象的共同属性,这就是构成对象类的依据。在按"类"、"子类"、"父类"等概念构成对象类的层次关系时,低层对象可以继承高一层对象的属性。对已经分成类的对象,可以通过定义一组方法来说明该对象的功能,这也就是作用在该对象上的操作。

将基于实体方法用于概念建模,就是要将概念映射为"类"和"对象",只要找出"类"和"对象"并建立了"类"结构,也就建立了概念模型。其思维过程就是如图 1-12 所示。

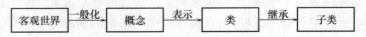

图 1-12　基于实体的概念建模抽象思维过程

用基于实体方法建立概念建模一般分为两步:识别"类"和"对象",一般是先通过分类进行粗略识别,再依据功能进行精化识别;定义"类",即在识别出

"类"、"对象"之后,利用层次结构、组合结构和消息把"类"联系起来,使用类描述语言和类图定义"类",并组织"类"间关系。

适合于基于实体建模的语言有很多,如 UML(统一建模语言)、IDEF0(功能建模)、IDEF1x(信息建模)、IDEF4(面向对象(OO)设计方法)等。

1.4.2.3 基于实体还是基于过程

就建模方法而言,包括思维方式和模型表述语言两个重要的部分。基于实体也好,基于过程也好,都有其特定的适用范围,不能武断地讲哪个好、哪个不好,任何思维方式和表述性语言,如果超越它所适应的范围来使用它,就无法取得好的效果。

在概念抽象阶段,领域主题专家(业务专家)需要将需求及规格进行完整、准确的描述,需求就是业务过程,而规格就是业务过程中涉及到的信息的结构。要描述这些内容,应当采用什么样的方法自然一目了然,描述过程的东西自然使用基于过程的方法更为直接,更便于理解。

在概念分析(分解、求精)阶段,开发人员需要对需求进行专业化的理解,并且需要将自己的理解展现给业务人员来验证,自然在表述方法上要采取业务人员易于理解的形式。在这两个环节,都需要业务人员的紧密协作,而且围绕的问题都是业务过程,因此,基于过程应当更为方便与直接。

如果在这些环节采用了基于实体的方法,就必然要求业务人员具备与开发人员相同的对自己的业务过程相应对象化的能力,这无疑增加了难度。在需求交流上的障碍是致命的,它将引起以下的连锁反应:需求理解产生偏差,但没有被及时发现;开发人员基于错误的理解完成了设计和编码环节,并顺利地通过了系统测试;但在项目验收的时候却很难通过,最终会引起大规模的返工,既增加了开发团队的开发成本,又延迟了用户的系统上线的时间,使双方都受到了损失。更为严重的是,客户的延迟往往是有限度的,而当项目的结束期限逼近的时候,被牺牲的一定是产品的质量。而由于质量的问题将导致在产品的维护上需要开销大量的资源,开发人员被邦定在缺陷产品上,而开发团队也因此陷入一个可怕的恶性循环中。

通过前面的论述,我们认为在概念建模过程中,在概念分析环节最为有效的方法是基于过程的方法。

不过这并不代表在概念建模中不需要基于实体方法。我们认为,在概念描述阶段采用基于实体的技术,还是十分必要的。其一,对象化的应用体系结构设计模型,可以将复杂逻辑进行可视化的展现,从方便应用系统的维护和质量管理的角度来看是有帮助的;其二,便于模型的重用;其三,使模型在应用上具有稳定性,即如果需求发生小规模的变更时,采用基于实体的方法不至于引发对模型的大量修改。

综上所述,在概念建模过程中,要抓住最主要的矛盾,并采用适当的方法解决所面临的问题。在以"实现驱动"为主流的仿真开发模式中,要特别纠正那种认为"基于实体是先进的,基于过程是过时的、落后的"错误认识,充分重视基于过程技术在仿真应用开发中所能够起到的重要作用,将基于过程与基于实体在项目中进行有机的结合,寻求解决概念分析和描述问题的最佳途径。

1.4.3　概念建模基本步骤

1.4.3.1　概念建模的一般步骤

概念建模其实是一个知识获取与知识工程过程。不管采取什么建模方法,大多数概念建模技术的一般方法都是相似的,一般可用以下三步概括:

第一步:收集权威的信息以及非正式需求(文档形式),用自然语言对需求进行说明和解释。这一阶段主要是进行需求的分析与相关信息的收集。

第二步:把自然语言说明和解释转化为形式说明(如结构形式化语言)。在这一阶段要对所收集到的信息进行分析,可采用语义分析或语法分析,找出所关心的内容,加以划分,如:有哪些实体、有哪些任务、各实体的相互交互活动等,并建立部分相关词典。

第三步:概念模型的最终描述与归档。在这一阶段,可以采用多种方法相结合,对概念模型进行形式化描述,建立文档,并进行可视化,这可融合面向对象的设计方法如 UML 语言进行描述。

1.4.3.2　军事概念模型的建模步骤

军事行动建模是一个非常复杂的建模过程,由于其特殊性现将其单独提出,来探讨军事概念建模步骤。

军事概念建模活动的起点是已经确定了待开发仿真系统的外部功能需求,终点是完成全部概念模型文档的建立和验证,提供对应使命空间的完备和详尽的概念描述。为保证军事概念模型产品的质量和可用性,提高军事概念建模活动的效率,有必要遵循合理的步骤。

1. 确立模型体系结构

1) 确定使命空间的范围

当发起人决定对某一个仿真应用项目进行立项的同时,也基本上决定了该仿真应用项目的层次、规模和所关注问题的范围。但是由于项目发起人通常不是专业技术人员，这些决定一般只是其头脑中一些零星的想法，或是以某种个性化的描述形式记载下来的未加整理的"文档"，这些文档的描述内容和形式通常带有较大的随意性，是发起人不严密、不系统的思维过程的产物，也很少有人能看懂。但是，这些顶层的需求信息是在后续的开发活动展开之前，必须明确的，是框定后续开发活动范围的根本依据。因此，这些隐含的、模糊的、不系统的约定必须予以明确。为了进行高效率的概念分析和建模活动，开发人员必须根据仿真应用目标，推理出需要表达的作战行动的层次、规模和范围，并采用项目发起人和领域专家能够理解的自然语言，明确地陈述出来。然后，通过与项目发起人及有关领域主题专家的反复沟通，达成共识，形成最后的文档。这份文档是有关各方对使命空间范围的共同约定，明确了概念分析的范围，也界定了领域知识的收集范围。

2）划分模型条目的体系结构和确定其抽象水平

根据在真实世界中，最高层兵力实体预期遂行的军事使命，确定其对应的军事行动使命空间。但在军事概念模型中，标识这种高层的军事行动，只是为识别其所包含的其他较低层次的军事行动提供行动背景，或说明各项下层任务及其执行实体之间的协作关系，而不是作为一个相对完整的概念模型要素来加以详细描述，通常称为名义任务（Nominal task）。这种名义任务一般出现在高层任务分解的顶层和中间层，需要继续进行分解，直至仿真应用目标需要的执行实体的分辨率和行动的分辨率，即任务分解的终点。这时，所获得的实体称为基本实体，所获得的原子的（Atomic）行动称为动作，由基本实体执行的，由动作组合而成的任务称为实质性任务（Substantive task），是需要赋予其具体描述信息的概念模型要素。

由中间层次任务分解而来的中间任务或实质性任务，有的属于同一类任务，即如果将其作为实质性任务，其执行的实体属于同一类，其发生、结束条件相同，其分解出来的任务组分及任务组分的排序机制相同。在这种情况下，对若干项同类任务加以同一标识，只对其中一项进行继续分解或描述。这样，在进行完每一层分解后，都要对分解所得的任务进行归类，然后对类属的任务进行描述。这样就大大减少了描述的工作量。到实质性任务层，在归并所有的同类任务后，所得到的就是为实现仿真应用目标所需的全部任务模型条目。当然，在实质性任务的下层，动作层的描述，也有相当大的重用机会。因为原子的动作中只存在数据转换方式（表达算法）的不同，不存在复杂的控制机制。例如，在机动模型中所包含的移动动作，只是一个简单的求移动距离的公式

$$s = v \cdot t$$

在较高的层次上,使命可被看作是某个组织的任务,例如,可以是比较抽象的"武力保卫民主"。在较低层次,则趋向较为具体的任务,如"机步营攻击重兵防守的城镇"。虽然一项使命可能有重要相关参考资料,但在军事概念模型中,使命这一结构的首要目的是提供从中层到高层军事行动的名义上的描述,标识主要参与实体,标识参与实体之间的重要关系,提取影响使命执行的条件以及标识使命的目标和行动效果指标。

使命用于描述高层的行为。使命描述的主要方面是两个或多个实体之间的协作及实体间所传递的主要任务要求。每个消息都被赋予一个序列号,相等的消息序列号表示并发。任务要求是发送者发出的要接收者执行某项任务的要求。这种高层的使命通过支持文档、目标和行动效果指标来刻画。相关的使命实例能提供用例执行的条件及相关行动效果指标的标准等附加信息。如果刻画得足够详细,一个使命实例的描述信息还应包括:执行者的作战编成;自然环境、军事环境和社会环境的条件;达成行动效果指标的标准。通常情况下,如果列举了条件,是因为它们与用例的执行相关。

概念模型要素描述抽象水平的确定,并没有一定之规,在很大程度上属于建模艺术的范畴。只要对特定的仿真应用目标而言,模型所提取的真实世界原型的描述信息足够详细了,模型的抽象水平也就随之确定了。但足够详细显然是一个比较定性和模糊的尺度,即使是对同一个仿真应用目标,有关各方对这一尺度的理解也会有较大差别。因此,通常无法为其规定一个硬性的标准,而是要具体问题具体分析。在这里,沟通是必需的。项目发起人对这方面的要求往往是过度的,开发团队必须进行耐心的解释,说明做出取舍的必要性,并征得项目发起人的同意后做出决定。

2. 获取权威的领域知识源

军事概念模型是一种格式化的领域知识,它所改变的只是领域知识的形式,而不是领域知识的内容。因此,军事概念模型必须衍生于权威的领域知识。权威的领域知识源包括官方颁布的条令条例、理论文献、经过认可的专业教材以及领域主题专家的经验。权威领域知识源中的知识必须是已经有定论的、公认的知识,不能包含那些尚处于学术争论中的知识,否则在此基础上构建的军事概念模型将很难具备足够的公信度。

3. 进行军事概念模型描述

这一步包括两个方面:一是模型要素抽象;二是模型的结构化、格式化或形式化描述。主要是采用 UML 建模,建立公共的语义和语法,包括公共语义和语法描述模板、模型词典、数据词典等。数据产品有文本或 Word 文档、UML 模型文件、关系数据库等。

4. 建立军事概念模型文档

军事概念模型文档是概念模型的最终产品形式,每个概念模型要素对应一份相对独立的,完整的概念模型文档。文档的核心内容是模型要素的描述信息中,此外,为便于模型用户的使用以及 VV&A 机构对模型产品进行 VV&A,文档中还包括其他附属信息和数据。有关建立概念模型文档的方法、步骤和要求,在后面有专门的一章进行详细介绍。

5. 验证军事概念模型

验证——从预期仿真应用目标的角度,确定一个模型或仿真系统及其相关数据在何种程度上准确表达(描述)真实世界的过程,确定一个模型或仿真系统及其相关数据对特定应用目标的适合程度的过程。验证主要关注仿真系统所表达的真实世界对象和现象,如所表达的军事使命空间(军兵种、规模、武器装备、作战环境、实体粒度等)是否与用户提供的想定一致;对作战环境、作战实体、作战行动过程和指挥控制过程建模所采用的简化和假定是否合理;算法是否能准确地定义相关要素之间的关联;仿真系统运行的轨迹和流程是否与真实世界系统相似;仿真系统执行所需的基础数据是否可获取、准确可靠,仿真结果与其参照物是否相一致等。简单地说,验证的实质是在默认目标选择本身是对的这一前提下,回答"我是否做了正确的事情?"或"我是否解决了正确的问题?"。

军事概念模型的详细验证可以极大地减少引入开发过程的错误,进而减少开发正确仿真系统的成本和降低开发出错误仿真系统的风险。在软件开发开始之前,验证军事概念模型能够帮助开发者透彻地理解用户的表达需求,在正确的基础上开始开发。

早期的军事概念模型验证活动,不能替代后期的结果测试和验证,但可以极大地减轻诊断结果验证中所发现问题的工作量,以及用来修正在仿真实现的检验和验证中所发现问题的工作量。早期的军事概念模型验证活动还提供有用信息,使结果验证活动集中针对仿真系统中最重要的部分。如果将军事概念模型的验证延误至仿真实现已经完成之后(如结果验证),将可能导致最困难的局面,乃至为整个仿真所付出的努力无法满足用户的预期应用目标。

军事概念模型的验证分为两个层面,一个是模型体系框架合理性的验证,另一个是单个模型的验证。前者需要由资深的模型专家和来自各军兵种、专业的领域主题专家集中合作进行,主要审查军事使命空间的范围是否合适、分解后得到的模型条目是否有遗漏、重叠或冗余,能否满足仿真应用目标的需要;后者以本军兵种、专业的领域主题专家为主,辅以模型专家和其他相关军兵种、专业的领域主题专家,主要审查模型的范围、粒度和分辨率是否合理,各要素之间关系的描述是否符合领域知识,应特别关注那些包含跨军兵种、专业交互的模型。

军事概念建模整个开发过程如图 1 – 13 所示。

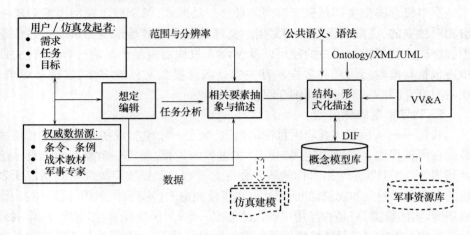

图 1 – 13   军事概念建模过程

1.4.4   概念建模原则

1.4.4.1   适度抽象原则

用户不可避免地将模型的逼真度与其对应用目标的适合程度联系起来,几乎没有用户愿意选择较低逼真度的方案。但事实上追求高逼真度必然极大地增加模型开发的成本。与人们的直觉相反,模型或仿真的真正价值来自通过抽象过滤掉那些不相关的细节,这必然在某些方面降低模型的逼真度。尽管在理论上,对作战使命空间要素的分解是可以无限进行的,但实际上,用户所提出的仿真应用目标,基本上规定了模型的分辨率,当分辨率对应用目标而言已经足够时,不必要继续分解下去。因此,在军事概念模型中,只要能够清楚地描述最小粒度实体的静态信息(类型、属性、能力)以及动态信息(行动、行动效果、行动的控制规则),其抽象程度即可满足用户的需要。如果继续分解,将产生大量的冗余信息,这不仅无助于对象分析者和软件开发者提取出实现目标系统所需的信息,反而会使其陷入过度的细节,降低开发效率。

1.4.4.2   真实可信原则

模型所仿真的作战系统,并不是实际存在或发生的作战系统,一般只存在于我们的想象之中。而我们对这样一个想象的系统的了解,也是不完全的。要建立这样一个系统的模型,只能基于对它的认识。我们要了解它的结构、它的运行机制、它的各系统要素间随时间展开的关系。这些知识,都应来自权威知识源。对这些方面进行仿真的假设和算法,以及算法中使用的数据,也应基于成熟的模型理论,以保证其真实可信。尤其是那些基于军事原则所建立的指挥控制规则,如条件向量的提取,条件值的确定,与条件相对应的行动的选择,必须有据可考,可被验证能够支持用户的仿真应用目标。而那些主观臆断的知识,则会使模型产生重大的变形或失真,无法满足应用目标。

1.4.4.3 针对问题原则

用户所提出的仿真应用目标一般规定了所关注的领域问题,而这一领域问题要与特定的作战使命空间相对应,这一作战使命空间是一个由人为规定的边界所界定的系统。在系统的边界内,是用户最关心的使命空间要素,应该在军事概念模型中详细地描述其静态结构和动态过程。而在系统的边界外发生的行动均可视为该系统运行的环境,在考察系统的运行机制时,一般作为来自系统边界外的干扰来处理,只考虑其是否发生及产生的影响,而不对这些行动本身的运行机制进行详细的描述。例如,在建立机动的概念模型时,对在机动过程可能遇到的来自敌方的袭扰、火力拦阻、空袭等干扰,只是将其作为建立行动控制规则的条件。只有做到针对问题,才能在对所关注的作战使命空间进行合理分解的基础上,构建对各个相对独立的使命空间要素进行详细描述的军事概念模型。然后再由这些要素组合成完整的作战使命空间概念模型。

如果是军事概念模型,则概念建模还要遵循以下两条原则。

1. 红蓝区分原则

在对抗模型中,在军事概念模型层面,一定要体现出对抗的红蓝双方不同的作战原则,作战思想,作战理念,而不能将一方的作战原则、思想和理念强加给对抗的另一方,使模型变成红方与红方对抗。在计算双方发生交互的效果时,模型是客观公允的,一视同仁的。但是面对同样的情况,红蓝双方通常会有不同的反应,做出不同的决策和处置。这一点必须在概念模型中有明确的体现。只有这样,参训的指挥员才能从逼真的仿真对抗中熟悉对手,认识对手,有针对性地寻求克敌制胜的有效战法。

2. 战场对抗原则

在构建红蓝双方对抗的模型时,必须强调仿真的作战行动是在指挥员运用仿真的己方作战兵力,在仿真的战场环境下展开的,是在与扮演敌方指挥员的训练对手和仿真的敌方兵力在对抗。在这样的仿真作战环境中,红蓝双方的行动互为条件,互相影响和制约,任何一方都不能一厢情愿地根据一成不变的作战计划达成作战目的。指挥员的指挥过程必然是一个感知战场——预测判断——决策计划——处置行动的不断循环的过程。如果忽略对抗这一基本条件,使仿真兵力在执行作战计划过程中毫无阻力,这既不符合战争充满偶然性、不确定性、风险性这一客观规律,也无法使受训者在训练中得到提高。

1.5　美军使命空间概念模型

为了解决建模与仿真的有关问题,1995 年 10 月,美国国防部制定了一项《国防部建模与仿真主计划》(DoD Modeling and Simulation Master Plan,MSMP,DoD 5000. 59 - P,1995 ~ 2000),该计划提出了六项目标:
- 建立模型和模拟(M&S)通用技术框架;
- 及时提供自然环境的权威表示;
- 提供系统的权威表示;
- 提供人类行为的权威表示;
- 建立满足用户和开发人员需要的 M&S 基础设施;
- 共享 M&S 成果。

推行该计划的总体目的在于建立人、自然环境、系统等的权威表达,促进各类模型与模拟应用之间,以及与相关 C^4I 系统之间的互操作性(Interoperability),同时也促进建模与仿真部件的可重用(Reuse),实现仿真规模的可伸缩性和仿真的高性能。使命空间概念模型(Conceptual Models of the Mission Space,CMMS)、高层体系结构(High Level Architecture,HLA)和数据标准(Data Standards,DS)构成了通用技术框架的三个组成部分。美军把概念建模看作是独立于模拟实现的一个重要阶段,如图 1 - 14 所示。可见美军早在这个时候就把概

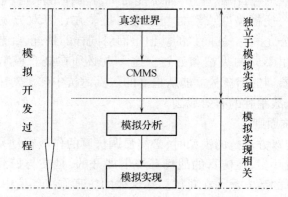

图 1 - 14　模拟开发过程

念模型提高到相当重要的地位。

1.5.1 美军使命空间概念模型简介

1.5.1.1 使命空间概念模型发展历程

1995 年 8 月,美军正式批准着手使命空间概念模型系统的研究与开发工作。首先在建模与仿真办公室、联合仿真系统(Joint Simulation System,JSIMS)、联合战役系统(Joint Warfare System,JWARS)、战争综合演练场(Synthetic Theater Of War,STOW)等的管理机构中达成共识,以协调知识获取的行动。其次成立了由来自 DMSO、JSIMS、JWARS、STOW 等机构的人员组成的 CMMS 技术组,进行 CMMS 试验。

1995 年 10 月,形成了使命空间概念模型的管理计划草案并确定了一系列权威数据源。

1995 年 11 月,完成了使命空间概念模型最终的管理计划,并开始研制与开发构造原型系统的工具。

1996 年 1 月,着手研究 CMMS 系统的试验。

1996 年 3 月,提出了 CMMS 的第一个技术框架草案,在 4 月定义了其核心内容——通用语义和语法(Common Semantics and Syntax,CSS),并开始着手建立概念模型原型系统。

1996 年 12 月,完成使命空间概念模型系统的原型构造。原型构造的需求来源于探索阶段。原型将针对一个单一的使命空间如作战行动惯例。它依赖于过去的和正在形成的仿真系统的开发过程中的一些经验。仿真开发人员可以自愿地按照使命空间概念模型系统与技术框架要求来建立概念模型,并提供这些概念模型用于原型构造活动。在独立的知识获取过程中所采集到的数据可能会被转化并集成到使命空间的概念模型之中。使命空间概念模型须经测试,以确保对一般性需求的适应性。

1997 年 2 月,CMMS 技术框架(CMMS-TF)正式从数据工程技术框架(DE-TF)中独立出来。

1997 年 3 月,开始完善任务空间概念模型系统。

1997 年—1998 年,先后利用 CMMS 进行了三次试验,试验#1 在 EAGLE 系统上进行,主要检验利用 CMMS 进行知识获取是否完整,试验#2 在 FSATS(Fire

Support Automated Test System)系统上进行,主要考查 CMMS 能否描述复杂的指挥和控制行为;试验#3 涉及 CMMS 知识获取细节的支撑环节。

2000 年 9 月,美国国防部建模与仿真办公室召集专题会议,旨在阐明仿真界在概念模型认识方面存在的分歧。会议探讨了概念模型的定义,对概念模型进行了划分,明确了概念模型在仿真开发过程中的使用时机以及如何开发等内容。

2001 年以后美军把 CMMS 改为使命空间功能描述(FDMS)。在技术上更注重模型的重用性。

目前,美军已基本上建成了 CMMS 集成框架和一系列工具包,它的 CMMS 技术框架已发展到第八个版本(0.2.1 版),其模型库中总共含有 75 个模型,采用 ORACLE 数据库进行存储,大约有 40 张数据表。

美军投入这么大的人力与物力研究使命空间概念模型,是把它当作软件重用的一种重要的途径,并把它作为建模与仿真资源库中的一部分。

1.5.1.2 美军对 CMMS 的总体认识

美军认为:

(1) CMMS 是对各种实体间的行动和交互的层次性描述,这些实体与特定任务范畴(Mission area)相关。

(2) CMMS 是对真实世界的第一次权威的抽象。

(3) CMMS 是一个知识获取的通用框架。

——经过验证的,描述相关行动和交互的全部信息,这些信息通过特定的任务及组织/实体集中组织在一起;

——标准的显示格式。

(4) CMMS 的目的是以较低的代价,为模拟开发者(及其他相关人员)提供对真实世界的一致理解。

M&S 通用技术框架包括:HLA;CMMS;数据标准化(Data Standardization)。其中,CMMS 技术作为领域知识工程的方法论和应用工具,对我军的作战模拟系统开发具有一定的启发意义,已经引起普遍的关注。

美军认为,在作战模拟开发过程中,CMMS 的作用如下:

在作战模拟系统开发过程中,CMMS 作为需求分析的工具,主要用来定义系统的军事需求(即系统需要对真实世界的哪些方面进行模拟,模拟到何种程度)(图 1-15)。

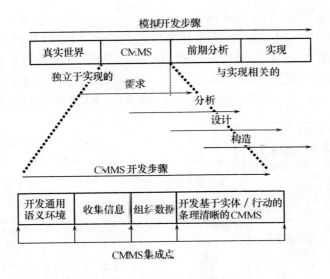

图 1-15　模拟系统开发步骤与 CMMS

具体来讲，CMMS 对作战模拟系统开发有以下贡献：

（1）为建立可信的、受信的模拟系统，为军事人员与模拟开发者提供直接的沟通渠道。

（2）使（开发群体）可以重用其他人所采集的知识，不必由自身承担全部的知识获取任务。

（3）强制使用权威的数据源（由军事人员主导）。

（4）提高与其他模拟系统互操作的可能性。

（5）除支持模拟系统开发，也支持训练实施和作战原则的开发。

（6）描述 M&S 能力与真实世界的映射关系。

（7）为 VV&A 提供可追溯性。

（8）在需要时，提醒开发者升级系统。

1.5.1.3　使命空间概念模型体系

美军认为 CMMS 是对真实世界的第一次抽象，独立于具体的仿真实现。其体系主要由四个部分组成（整个体系框架见附录 1）：

（1）概念模型（Conceptual Models）。主要是建立对真实世界军事行动的一致性描述。它关注的是军事行动和任务，它分别描述实体（武器系统、兵力、装备等）、人员（指挥员、C^4I、个人等）和知识（战略、战术、任务、作战规则）等，赋予这些军事行动以发生机理，并提供这些行动执行过程的描述信息。

（2）技术框架（Technical Framework）。主要是建立用于知识获取的工具、概念模型集成的互操作标准、用于建模的公共语义和语法、数据字典和数据交换格式等。它由一系列工具、规则和用户接口组成，以支持信息获取、任务描述、模型集成、权威数据源的构造和注册。技术框架是生成和维护通用知识库，并使用存储在通用知识库中的知识的保证机制。美军的技术框架见图1-16。

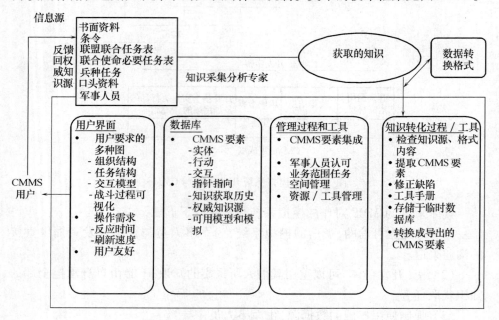

图1-16　CMMS过程/技术框架

（3）公共资料档案库（Common Repository）。主要是建立具有注册、存储、管理和发布等功能的模型库管理系统。它提供对概念模型进行管理的相关服务。

（4）支持及应用工具。

在建模手段上，美军通过公共的语义语法（CSS）、数据交换格式（Data Interchange Formats, DIFs）、CMMS模型库和一些支撑工具来支持模拟开发人员在DoD仿真项目中创建、集成和维护概念模型，并进行概念模型的互操作。美军CMMS一个核心的特点是，CMMS模型库主要支持来自于JSIMS（主要是其WARSIM项目）和JWARS系统中的概念模型数据的集成和交换。它能够从主要的模拟任务（包括JSIMS、JWARS）中获取使命空间概念模型。CMMS模型库将这些模型分解成基本的数据元素，通过对这些元素的不同组合可满足不同用户的具体需求。转换器自动地将JSIMS和JWARS的数据从"本地格式"（Native

Format)转换为 CMMS 的数据结构。CMMS 的数据交换格式(DIF)为这种转换提供了规范化的中间表示。在转换和集成过程中,还要对数据进行完整性测试、公共语义和语法以及标识冗余的实体等处理。

在建模方法上,主要采用基于过程方法。它以任务为中心,将军事行动分解为实体、活动、任务和交互。

在模型描述上,特别是可视化方面,美军主要采用了 IDEF、UML 等方法,也有一部分人提到应用 Ontology,但从国防部建模与仿真办公室(DMSO)发布的一些资料来看,主要是使用 IDEF 和 UML,还没有具体使用 Ontology 的案例。

在概念模型应用上,美军十分注意 CMMS 的重用问题。美军把 CMMS 作为"建模与仿真资源库"(MSRR)的一部分。美国国防部(DoD)国防建模与仿真办公室专门委派了一个主管委员会负责组建和管理建模与仿真资源库。该委员会的成员包括来自国防部、弹道导弹防御组织(BMDO)、国防情报局(DIA)、主环境库(MEL)的代表。MSRR 中的资源分布于各军兵种和相关组织机构,包括权威数据源(ADS)、空军建模与仿真局(AFAMS)、陆军建模与仿真办公室(AMSO)、BMDO、C^4ISR 联合决策支持中心、CMMS、DIA、DMSO、MEL、海军建模与仿真管理办公室、地形建模工程办公室(TMPO)、建模与仿真信息分析中心(MSIAC)。

MSRR 是按照资源类别进行组织、由所有者负责维护、由分布式网络实现互联的建模与仿真资源系统。MSRR 是与建模与仿真相关的各种资源的集合,包括模型、仿真、对象模型、CMMS、算法、实例数据库、数据集、数据标准和管理产品、文档、工具等。MSRR 的目标和任务就是通过共享资源和信息,节省费用,为国防建模与仿真活动共享资源提供一个基础框架,提高建模与仿真的互操作性、可重用性和可信性。MSRR 不仅提供对资源进行搜索、存储、获取的能力,而且提供实现资源保护的安全机制。CMMS 作为 MSRR 的一部分,其使用原型如图 1 - 17 所示。

1.5.1.4 CMMS 实例——JCMMS

JCMMS(Joint Conceptual Model of the Mission Space)是一个比较有代表性的军事概念建模工程项目,它从规模、范围以及技术路线上,与我们的军事概念建模工程有相似之处。最近,我们搜集到了一篇全面介绍 JCMMS 的文章,对于我们了解美军 CMMS 现状,借鉴其好的做法,有很好的帮助作用。下面我们将这篇文章比较完整地翻译出来,作为本书的一部分,供读者参考。

1. JCMMS 是 JSIMS 对 CMMS 的贡献

JCMMS 是由 JSIMS 在 DMSO CMMS 的配合下,开发的一个内容广泛的概念

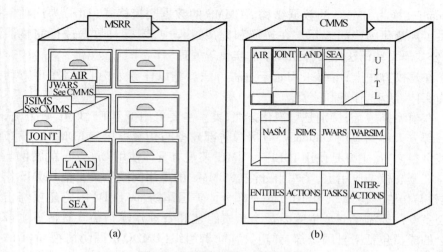

图 1 - 17　美军 CMMS 使用方式

（a）在 MSRR 中查找感兴趣的内容；（b）从 CMMS 中提取细节内容。

模型集合。

1）背景

JSIMS 的主要目标是通过提供真实的联合训练系统,帮助部队为履行各种军事使命做好准备。JSIMS 与 C⁴I 系统和实装接口,支持联合、军种以及其他部门的训练、教育、条令开发以及使命演练活动。

JCMMS 提供对联合使命空间的权威描述,支持 JSIMS 的后续开发和表达。这些描述采用的是 JSIMS 集团(由 JSIMS 开发人员组成的多项目团队)的术语,称为使命空间概念模型。它的目标与 DoD 建模仿真主计划中的目标 1 - 2 相一致。

（1）为每个 DoD 使命领域开发一个使命空间概念模型,为开发一致的、权威的模型和模拟表达提供一个通用的基础。

（2）使命空间是一个组织预期执行的全部使命的总和。联合使命空间包括现代作战的所有方面。概念建模为在软件中实现模拟实体(及其行动)提供领域知识。

（3）JCMMS 的主体是领域知识文档,JSIMS 集团称其为形式化数据产品。这些形式化数据产品描述在设计和实现模拟系统时,需要关注的领域主题。"由于 JSIMS 开发基于由 JCMMS 所获取的使命空间知识,如果 JSIMS 的一项需求是表达使命空间的一个局部,则意味着一项对 JCMMS 的相应需求,即描述使命空间的同一局部。从而 JCMMS 必须提供需要由 JSIMS 表达的使命空间的所有方面,包括组织、过程、信息流,以及装备物资。"

根据 JCMMS 的开发计划,它的概念模型范围包括:

(1) 战略、战役和战术层次的战争和非战争军事行动;

(2) 一次完整军事行动的各个阶段(包括动员、部署、交战、保障以及重新部署);

(3) 联合行动地区或关注地区内的美国、盟国以及联合行动力量、敌对力量、中立力量,这些力量包括军事力量和非军事力量。

JCMMS 的目标是采用与实现相独立的格式对使命空间进行描述,它支持 JSIMS 的面向对象软件过程,提升其可重用性。本书的目标是提升 JCMMS 产品以及关于其实施过程经验的可重用性。

2) 技术路线

JCMMS 开发技术路线的特点包括:多元开发团队、与 DMSO 目标之间的协作、形式化数据产品,以及跨开发代理交互。

(1) 多元开发团队。现行的 JCMMS 是由一个 JSIMS 多元开发团队(IPT)开发的,这个开发团队由 9 个开发代理和 12 个执行代理组成。为了保证整个使命空间描述的合理性和权威性,成立这样一个成分复杂的多元开发团队是必要的。在 IPT 内部,所负责的工作根据其承担的项目领域确定。"为了 JSIMS 的开发,(整个)使命空间被划分成若干个责任区,这样的责任区被称为'领域'。JCMMS 开发领域是依据军种的任务,而不是按照地域边界,划分和分配的。每一个 JSIMS 执行代理负责一个领域,提供该领域的概念模型。例如,美国陆军是负责陆战领域的 JSIMS 执行代理。在实际操作中,JSIMS 执行代理通常将概念建模任务委托给一个 JSIMS 开发代理。而一个 JSIMS 开发代理通常与一个由多家公司组成的团队签约,由这个团队来执行知识获取工作。"这种根据军种和合同由各执行代理和开发代理分别负责的方式,是 JSIMS 多元开发团队内部合作的基础。

(2) 与 DMSO 目标之间的协作。提升可重用性的一个重要方面是保持形式化数据产品与实现相独立。对每个开发代理而言,第一位的是以比较经济的方式获取自身项目所需要的知识,他们采用了几条措施来提升可重用性。JC-MMS 产品符合 CMMS 标准并支持其目标。如 DMSO 所概括的,CMMS 的内容如下:

● 一种规定的程序,模拟开发者依照这一程序,获取关于被模拟合成的真实世界问题的信息。

● 一套信息标准,模拟主题专家利用这一标准与军事行动主题专家进行沟通并获得反馈。

● 关于真实世界军事行动的基本参照,用以支持后续的模拟相关的分析、设计和实现,以及最终的检验、验证和认证/确认。

- 通过标识相关真实世界活动的共同点,在最终的模拟实现中创造重用机会的唯一途径。
- 支持模拟开发的可重用概念模型库。
- 形式化数据产品 JCMMS 形式化数据产品。
- 为开发 JSIMS 打下使命空间知识的基础。
- 支持 JSIMS 集团的面向对象分析和设计。
- 为 JSIMS 的 VV&A 提供基本依据。

(3) 形式化数据产品。这一名词,来自 DMSO CMMS 技术框架,其中将形式化数据定义为"辅以图表说明的结构化文本描述"。一个形式化数据产品是具有特定使命空间概念的,带有辅助图表的结构化文本描述。

(4) 跨开发代理交互。战场上实体之间的交互,如射击、感知、通信,推动信息流向高层指挥员流动。为了开发精确的训练模拟系统,需要对真实世界战场交互进行精确描述。各开发代理内部的开发过程,保证从本军种角度考察,描述具有精确性。我们可以预见,那些跨各开发代理所负责概念建模领域边界的交互,将需要在多元开发团队层面进行合作。

在多元开发团队层面,JCMMS 开发人员关注的重点是提升"跨开发代理"战场交互的一致性和详尽性。一致性是 JCMMS 中各种描述自身保持一致或逻辑上连贯的程度。详尽性是 JCMMS 描述预期模拟应用所需的全部联合使命空间方面的程度。

开发代理完成概念建模以满足项目的首要目标,为其模拟工程师提供战场空间相应局部的描述。在多元开发团队层面,只有必要集中关注开发代理所负责领域之间的衔接处,如跨开发代理的交互,以保证整个 JCMMS 建模的整体性。例如,空军开发代理和陆军开发代理都有描述近距离空中支援的任务。尽管每个开发代理描述各自的那部分,但是他们必须就细节的描述进行合作,以保证能够清晰地描述出近距离空中支援行动的全部以及互相之间的交互。

2. 开发过程

JCMMS 开发过程包括三部分:形式化领域知识、将形式化数据产品集成为通用的概念模型、验证概念模型。JCMMS 开发计划对此有所说明,作为管理开发过程的手段,这一过程与软件的开发计划相似。

1) 形式化领域知识

分解开发任务的一条经验法则是,拥有某一装备条目或组织的军种去构建该装备条目或组织的概念模型(形式化数据产品)。这一法则来自参与 JSIMS 开发的军种之间的默契。至于在 JSIMS 集团内部合作开发的必要细节在一份称为 JSIMS 分类分析表格的文件中做了详细规定。分类分析表格勾划出哪一个执行代理或开发代理负责知识获取、概念建模、代码实现，以及每个战场实体和交互的验证。根据分类分析表格中对相关主题版本的规定，开发出来的产品被区分为三个主要版本。一份共同制定的分类分析表格分辨率提要，概略说明了每类模型预先规定的逼真度（建模复杂性）和分辨率（粒度）。某些情况下，旧版本中较为简单的模型被替换为新版本中较为复杂或自动化程度更高的模型。制订分类分析表格尽管是制订计划的必要步骤，但是这项工作哪怕对于由军事和模拟专家组成的经验丰富的团队来说，都极具挑战性。

这一步的主要工作是获取 JSIMS 开发所需的领域知识，并形成文档。对于 JSIMS 多元开发团队，这种对领域知识进行形式化加工的工作，主要由主题专家完成，他们中的大多数以前是军官，模型和模拟工程师辅助他们工作。主题专家收集来自权威知识源的文献，这些知识源有的是基于军种或部门的文件、领域研究，以及其自身的经验。通用联合任务列表和军种特定任务列表有助于识别 JCMMS 建模的主题，为理解需使用 JSIMS 进行训练的任务，提供了一个基础。主题专家尔后撰写结构化的文档，用来描述主题中与模拟相关的方面。

开发工作的成果是形式化数据产品和跨开发代理交互列表。在每一个版本即将完成时，模型的作者交叉检查各自的描述，并作出相应调整，以消除在描述使命空间时，容易在领域衔接处产生的潜在差异。然后，每个开发代理列举出每个形式化数据产品的跨开发代理参考，这些参考被归纳整理为一个详尽的多元开发团队跨领域交互主列表。在三个版本接近完成时，跨领域交互主列表中的跨领域交互超过了 6000 个，并且仍在增加。

2）形式化数据产品集成

为构建一致的概念模型，需要在多元开发团队层面集中关注开发代理领域边缘的"衔接处"，这一点很早已经达成了共识。如同软件的集成，形式化数据产品的集成估计也需要做出若干反复和调整。

为了便利形式化数据产品的集成，形式化数据产品的标准模板包含了跨领域交互参考信息表格。例如，在真实世界里，一个情报小组向一个地面部队发送一条消息。情报开发代理的形式化数据产品描述如何生成和发送一条预先定义的消息，陆军开发代理的形式化数据产品描述如何接收和处理该消息，或者对该消息做出响应。形式化数据产品集成就是对预先定义的交互进行仔细检查，以保证在交互所涉及的两个形式化数据产品中，对交互的描述是一致的和完备的。

JCMMS 集成基于跨领域交互主列表。形式化数据产品中的跨领域交互信息被仔细检查。对潜在矛盾（不一致）的评价意见，被汇编为一份报告，提交给每个构建模型的开发代理,开发代理应对报告中所提意见做出响应,或是对该形式化数据产品做出解释,或是制定修正计划。

为了保证概念模型的一致性,JCMMS 集成活动还引入了其他几个步骤。在每个版本开发完成时,开发代理的建模者利用 3 天~4 天时间,进行一系列一对一会面,仔细检查跨领域交互。他们更新跨领域交互列表,对相关的形式化数据产品做出局部调整,以保证使命空间描述的一致性和完备性。

3) JCMMS 验证

JCMMS 验证是 JSIMS 全部验证方法的一部分。正如 JSIMS 验证计划中所描述的,首先对 JCMMS 进行验证,然后根据经过验证的 JCMMS 对 JSIMS 的实现进行验证。现在人们对训练模拟系统的验证越来越重视,JSIMS 的两步骤验证是一个相对正规的方法。与 JCMMS 的开发过程相类似,根据国防部 VV&A 推荐做法,验证在军种和联合两个层面上执行。

作为联合作战的执行代理,联合作战中心(JWFC)在高级司令部层面,对跨军种的形式化数据产品进行仔细检查。在每个版本即将完成时,都会对形式化数据产品进行验证。与多元开发团队层面的其他工作相似,验证和检验集中关注跨开发代理的交互。

3. JCMMS 内容

JCMMS 的基本内容包括 1903 个描述性的形式化数据产品以及一个跨领域交互主列表。来自几十个参与 JSIMS 的执行代理和开发代理的领域专家和模型专家,通力合作三年,创造了这些成果。这些对概念建模活动的可观投入,生产出大量可重用的领域知识,以满足建模和仿真工程师们的需要。

1) 领域主题

描述性形式化数据产品涵盖了美军指挥控制范围所及的全部内容,上至国家指挥权力机构,下至单个作战单元。如图 1 - 18 所示,形式化数据产品的主题如下:

(1) 过程:军事行动的计划、沟通、实施、监测和评估过程,其重点是高层司令机关和联合特遣队层次。共有 571 个过程类形式化数据产品。

(2) 组织:四个军种的组织,从武器小组到高级司令部,直至总司令层次。共有 557 个组织类形式化数据产品。

(3) 武器装备:用来探测、摧毁、防御、通信以及补给的武器装备,包括从轻武器到重装甲武器、炸弹到轰炸机、鱼雷到航空母舰战斗编队在内的武器系统。共有 545 个武器装备类形式化数据产品。

(4) 信息:指挥官、下属、联络官以及情报部门之间的信息条目和信息流。共有 198 个信息条目类形式化数据产品、24 个通信类形式化数据产品、1 个联

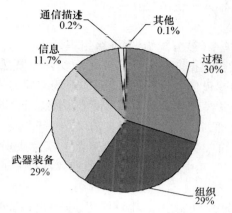

图 1 – 18　形式化数据产品主题

络类形式化数据产品。

（5）常见战场交互的描述:传感器和感知特征、武器和毁伤、通信以及后勤。共有四个常见武器装备交互类形式化数据产品。

对影响军事行动的社会环境和自然环境因素的定义。共有 2 个社会环境类形式化数据产品和一个自然环境因素类形式化数据产品。

许多形式化数据产品按主题组织成集合,每个集合将若干描述性形式化数据产品聚集在一起,描述一个战场要素的组织、过程以及武器装备。元数据是关于数据的数据,例如一条数据记录的长度。一个元数据形式化数据产品包含常见的元数据如模型作者和版本记录,用来将一个或多个形式化数据产品聚集为一个集合。除了 1903 个描述性形式化数据产品,还有 806 个元数据形式化数据产品。

2）跨领域交互列表

跨领域交互列表是 JCMMS 的一个关键部分。每个描述性形式化数据产品模板中,包含某些元素被标识为与跨领域交互有关的元素。跨领域交互信息包含在形式化数据产品的表格中,同时也被记录在外部的列表中。跨领域交互主列表汇总了所有来自形式化数据产品表格的跨领域交互。跨领域交互主列表的主体包括 5206 个交互:

（1）2089 个装备到装备交互:

- 755 个探测类交互;
- 614 个毁伤类交互;
- 304 个通信类交互;
- 416 个后勤类交互。

（2）2193 个过程输入—输出交互；

（3）792 条消息；

（4）132 个组织关系（被分配给、为下级组织）。

大约 40% 的形式化数据产品包含有跨领域交互。既然跨领域交互的定义是基于项目所负责的建模任务，而不是实际的战场空间，JCMMS 合成模型中跨领域交互的数量是开发代理的数目及其规模的函数。JCMMS 多元开发团队拥有 9 个创作的开发代理，每个开发代理拥有 2 人～55 人，其中陆军开发代理（WARSIM）生产了大约一半的形式化数据产品。实际上所有装备条目都包含常见的战场跨领域交互，其中大多数与传感器和武器有关。

4. 发布

JCMMS 以文档形式发布供内部项目使用，也通过在线知识库发布。CMMS 工具被用来管理目前的 JCMMS 知识库。

1）形式化数据产品文档

JCMMS 知识主要采用软拷贝发布，在开发团队内部共享。一系列为推动本地共享的工作和 e-mail 列表极大便利了知识的发布。形式化数据产品表格的软拷贝可以随时转换成分析所需的电子表格。

2）战场功能描述作为过渡的知识库

最初的在线知识库，叫做战场功能描述（FDB），是由美国陆军模拟、训练和装备仪器司令部建立的，目的是支持勇士模拟（WARSIM）项目（JSIMS 的陆战开发代理）。当 JCMMS 开发活动启动后，对战场功能描述（FDB）知识库进行了扩展，以支持采用基于网络的知识采集工具。战场功能描述支持文档邮寄、评审意见数据库和 e-mail 回复，以及在线文档配置管理、身份确认和发布。为了适应 JCMMS 开发过程，对这些能力进行了定制。事实证明，经过完善的 JCMMS 开发过程，高效地重用了 WARSIM 项目所积累的资源。由于近半数的 JCMMS 形式化数据产品是由 WARSIM 创作的，对政府而言，FDB 的共享避免了重复建设概念模型文档库和重复发布的开销。

3）在线 JCMMS

当 JCMMS 项目进入成熟期后，CMMS 工具也具备了可用性，JCMMS 成为其最早的用户之一。CMMS 工具设计用来支持一个完全在线的开发周期，分别为开发者、评审者、发起人和用户提供了专门的功能，对领域知识进行搜索、分析、下载等。分析工具允许用户从那些对模拟开发比较重要的角度，对大规模的领域知识集合进行筛查，包括在知识数据库范围内进行跨领域交互分析、跨行为线程和组织层次分析。CMMS 工具对本地知识库内基于文档的形式化数据产品提供了有力的支持。它可以在几秒钟内，检索大约一个 G 的全部形式化数据产品的内容。更为复杂的检索提供了过滤功能,可以根据形式化数据产品知识库内关键词的特征进行检索。检索是通过一个网站完成的,这个网站提供了一个可指向大多数相关形式化数据产品文档的分级的超链接。JCMMS 这种基于网络的发布为 JSIMS 和其他注册模型和模拟开发者提供了简便的访问渠道。

5. 经验

1)关于产品和过程的经验

若干产品和过程的技术被证明有助于 JCMMS 的开发。

(1)面向对象与基于文档概念建模的对比。在 JSIMS 集团成立之初,人们对于采用面向对象方法开发 JCMMS 表现出了极大兴趣。选择了面向对象工具,开发出了采用统一建模语言格式建模的指南。然而,先于 JSIMS 集团成立开始知识获取的开发代理们已经拥有了自己的基于文档的知识获取标准。有人认为领域主题专家可能会发现面向对象建模比撰写结构化文档更困难。考虑到开发计划如此以及方法的延续,多元开发团队放弃了面向对象方法,转而支持基于文档方法。开发出了形式化数据产品标准模板,以描述组织、过程、信息、通信和装备。执行代理和开发代理通力合作,从现有的知识获取格式出发,在尽量减小对当前开发过程影响的前提下,开发出 5 个形式化数据产品标准模板。

(2)知识获取文档。带有图形的文本文档,对于采集形式化知识帮助很大。虽然形式化数据产品标准模板同时允许加入多媒体元素,但只采用了文本和图形。形式化数据产品便于领域主题专家构建概念模型,也便于软件工程师阅读和分析模型。

JCMMS 形式化数据产品模板提供的结构带有足够的灵活性,可以满足 JSIMS 集团和开发代理的开发过程。形式化数据产品标准模板的设计也能够容纳不同开发代理在概念建模技术上的差异。元数据模板可以作为例子说明这一点。某些开发代理按单个形式化数据产品追踪配置信息和修订记录等元数据;而别的开发代理则追踪集合配置,同时关注若干相关形式化数据产品的元数据集合。保持元数据和领域描述数据分离,提供了一种灵活性,既可以容纳单个的形式化数据产品,也可以容纳形式化数据产品的配置集合。在过程模板中,一个过程既可以采用一个线程,也可以采用双线程描述。陆战过程已经采用包含计划和实施两个单独阶段的格式。JCMMS 在对过程进行形式化时,既可将一个过程作为步骤的集合,也可作为若干子过程,其中每个子过程包含自己的步骤。这样的过程模板容纳了上述方法。过程的输入和输出既可在过程层,也可在步骤层加以描述。不过,跨开发代理的输入和输出通常包含在形式化输入输出表中,以支持多元开发团队范围内的领域知识集成。

最初,形式化数据产品模板包含关于跨领域交互的信息,如在文档中包含其他开发代理过程输入和输出的参考。后来证明这样做比较难处理,因为从一开始,许多跨领域交互牵涉到的文档,相关的其他开发代理尚未创建出来。而改变过程描述模板,在一个独立的数据库中清楚地维护跨领域交互的交叉参考,使得跨领域交互的更新变得简单许多。

(3)标准和工具。文档对人们之间的信息交流发挥了较好的作用,但是哪怕是格式上的微小偏差,也会阻碍处理的自动化。一个例子是,在形式化数据产品表格内存在一个"见下"词组,而不是一个交叉参考的标识,这虽然便于人们理解,但是当转换为数据库形式时,却变得没什么意义。

由 Dynamics Research Corporation 开发的知识获取工具,是帮助领域主题专家构建形式化数据产品的工具。该知识获取工具实现了一系列模板的规则,以创建完全符合标准的文档。知识获取工具的形式化数据产品排除了格式错误,使得处理更加简便。

空中与空间开发代理采用知识获取工具作为其基本的形式化数据产品开发工具。但如同所有的原型工具一样,现成的处理水平影响用户的满意程度。知识获取工具的功能如自动化字段填写和检错,要求在创建新的形式化数据产品之前,形式化数据产品的数据已经被填加到工具中。这一点对于某些开发代理来说,回填这些数据的成本超过了往知识获取工具中填写数据的直接收益。

(4)以指挥控制为重点。由于 JSIMS 将主要用于高层的参谋训练,而在这些层次,信息管理是一项关键技能,JCMMS 所提供的主题必须全面覆盖指挥与控制。以指挥控制为重点有几个优点。训练者可能观察到的指挥控制缺陷极少,因此指挥控制建模的精确性十分重要。另外,以指挥控制为重点对于教给模拟工程师联合作战领域知识,是经济高效的。有着物理学背景的工程师很容易理解基于物理的装备交互,但拥有较少或没有军事使命空间的知识背景。JCMMS 多元开发团队将重点放在指挥控制上,可以帮助模型和模拟工程师理解那些必须表达的,重要的控制、保障和通信关系。

幸运的是,组织、过程、信息和通信等要素的描述标准,足够描述指挥控制主题。这些标准很快确定下来,很好地支持了 JCMMS 开发,没有加以更改。但事实证明,在装备形式化数据产品模板的细节上,难以达成一致。相对拥有一个适用于所有装备的具体形式化数据产品模板,定义了一个根据需要开发模板的过程,并在开发代理之间共享通用的描述模板。但由于各开发代理对于分辨率、逼真度有不同的认识,他们的装备类形式化知识产品需要不同的具体特征,这个过程实际上很难使用。

(5)描述装备交互。JCMMS 的目标是用文档描述所有的重要战场交互。

对于信息流和指挥控制关系,离散地描述比较容易,但装备交互的描述却不好处理。由于大多数战场装备能够感知、射击和通信,试图将它们作为单个装备条目之间的交互,进行形式化描述,所带来的参考连接的组合爆炸是难以限制的。JCMMS 没有这样做,而是采用通用的交互类形式化数据产品对装备交互的基本类型进行类属描述,参与交互装备的形式化数据产品可以只简单地参考这一描述。

每个装备类形式化数据产品提供具体的参数,如传感器特征和武器射程,对交互进行完全描述。通过将无数的装备条目间交叉参考简化为集中的参考大纲,装备交互建模的规模系数从阶乘级降到线性级,成为可行的解决方案。

2)协作经验

在一个大型的多项目多元开发团队环境下进行协作,需要灵活的安排时间,尽可能少干预内部开发过程,在多个层面上组织审查,并制定多元开发团队的元数据标准。

(1)正式版本过程。在多元开发团队层次,与 JSIMS 开发需要同步,JC-MMS 开发被划分为几个正式版本。每个 JSIMS 集团的版本在 JCMMS 多元开发团队内部,被再分为微版本,以进一步划分工作。更细的时间区分可以与开发代理内部的里程碑和项目变更更好地同步。

(2)跨开发代理交互。JSIMS 集团是一种联合开发组织,互相理解各自的责任是必要的。JCMMS 多元开发团队决定将多元开发团队层面的协作集中在概念建模上,并几乎全部集中在跨开发代理交互上。这样做保证了在开发代理边界间保持适度联系,对开发代理内部的开发过程影响却极小。

(3)多级审查。军种级和跨开发代理的验证和检验活动在产品审查过程中作用很大。审查责任是根据跨开发代理交互的原则进行联合的,每个执行代理提供本军种的验证和检验,然后由 JSIMS 集团的 V&V 机构主要审查跨军种和联合级的关联(跨领域交互)。这既从开发代理领域,也从综合 JCMMS 的角度,提供了对形式化知识产品的审查。

(4)多项目过程合作标准。除了基于文档的形式化知识产品模板,我们发现有必要制定标准的格式,以规范交流和追踪开发元数据(如审查意见、配置变更、跨开发代理交互数据等)的活动。JSIMS 集团的标准 Office 套件(Microsoft Office 97)拥有强大的协作能力,但是协作不可避免地需要一套标准格式。与由多元开发团队开发的形式化数据产品格式不同,Office 套件协作格式通常由数据的初始创建者建立。

作为专门的协作格式的一个重大例外,开发了一个通用的多元开发团队开发过程数据追踪机制。形式化数据产品元数据,评审意见以及多元开发团队开发过程情况最初是被分别追踪的。当第二个版本结束时,这些数据被合并为一个单独的多元开发团队主文档。我们发现采用一个数据库最适合保存这些主文档数据,但是电子表格是保存管理数据的通用语言。采用 Microsoft Office 97 在数据库和电子表格格式间的自动转换功能,能够高效地分发、修订、收集和核对形式化数据产品的开发数据。

6. 将来的工作

1)部署 JCMMS 通用数据库

如前所述,最初的 JCMMS 知识库并没有完全采用 CMMS 工具的功能。然而,工具的原型已经表明将形式化数据产品转换为工具数据库的可行性。对整个模型和模拟领域而言,利用最新版本的 CMMS 工具发布 JCMMS 将带来若干效益。"当完全发布后,CMMS 工具将极大地便利快速高效地开发和重用使命空间模型数据,而使命空间模型数据反映了军事人员对使命空间的认识。此外,CMMS 能够告知模拟开发者关于有效和权威的模型说明,并提供构建使命空间模型的纲目。不幸的是,CMMS 只具有与组成它的使命空间模型等同的价值和可信度。

CMMS 促进开发高质量的模型。它的分析工具可用来对基于文档的形式化数据产品进行正式集成,如同采用商业 CASE 工具集成基于 UML 的模型一样。

2)扩展的领域主题

尽管 JCMMS 多元开发团队几乎创建了最初预见到的所有形式化数据产品,我们还有其他工作要做。预计 JSIMS 后续的完全行动能力项目开发将对 JCMMS 进行扩展,扩展的内容包括更大程度的指挥控制自动化、特种作战、运输和后勤,以及非战争行动。

1.5.2 美军使命空间概念模型评价

虽然美军在 CMMS 上已取得不少成就,但其仿真界对概念模型的认识还存在很大分歧,对概念模型的分类、组成、内容、范围乃至使用场合的看法还不尽相同,其使用也比较混乱,没有统一规范和术语。如在仿真中先后出现过用户空间概念模型、使命空间概念模型、合成描述概念模型、仿真概念模型、联邦概念模型、面向领域的使命空间功能描述(Functional Descriptions of the Mission Space,FDMS)和面向设计的系统概念模型(Design-oriented Conceptual Models of Systems,CMoS)等。针对这一情况,为了进一步规范仿真开发过程,美军 Simulation Interoperability Workshop 在 2003 年春季会议上特地专门建立了一个仿真概念模型专题研讨小组 Simulation Conceptual Modeling Study Grou P(SCM SG)。

CMMS 的提出,无疑是领域知识工程理论方法的重大突破,它不仅为提取领域知识定义了通用的语法和语义及标准的数据转换格式,也为采集、存储、维护、分发和使用格式化的领域知识产品规定了严格的操作规程,提供了实用的工具。这极大地克服了真实世界与模拟世界之间的沟通障碍,使建立完备的模拟系统需求规约成为可能,同时为模拟系统设计说明书的检验提供了依据。CMMS 的最大贡献,在于为提高计算机作战模拟系统的质量提供了方法论的指导和技术方案。

CMMS 是提高作战模拟系统产品质量的理想解决方案,代表了软件质量工程的发展方向。然而,目前在我军作战模拟领域,CMMS 还不是现成可用的解决方案。其原因主要有以下几点:

(1) CMMS 在某种意义上是一种规范,它的推广需要健全的管理环境和机制作保障。而在我军的作战模拟领域,对 CMMS 的研究和应用还处于各开发群体自发实施的水平,还没有一个强制的体制,将作战模拟系统开发过程规范到统一的模式下。在这样的背景下,各局部的"CMMS"都不具备权威性,难以形成一个完善的 CMMS 环境。

(2) CMMS 过程缺乏工具化的支持。为建立 CMMS 知识库,需要使用知识采集工具,通用的语义和语法,对知识库进行扩充与维护,并且在可靠的安全机制下,使获得授权的用户方便地对知识库进行访问,获取特定范围的知识和数据。而我军的概念建模过程基本上是手工操作,领域知识的采集、集成与维护水平距离共享与重用 CMMS 资源的目标有较大的差距。

(3) 缺乏通用语义环境(Common Context)。为建立特定作战使命空间的概念模型,必须首先对问题域中存在的相关实体、行动、交互以及实体间的关系进行命名和定义。由此形成的概念化知识(信息)集,叫做"本体论"或"字典",它为领域人员和系统开发人员明确了表示领域知识的词汇和领域知识的本质含义,构成了通用的、无二义的语义环境。只有在这样的语义环境下,领域人员和系统开发人员才可能进行有效的、有意义的沟通和交互,通过反复的建模——检验——修正过程,开发出完善、可信的使命空间概念模型。目前,还没有建立起适用于我军的通用语义环境。

(4) CMMS 不是公开技术,难以获取支持操作的知识表示与工具系统细节。目前,我们可获取的与 CMMS 有关的信息,基本上属于理论阐述范围。操作范围的知识表示法、数据模板以及应用工具系统等深层次资源,都被归入保密类别,只有少数获得授权的用户才能访问。

(5) 此外,由于存在军事理论的差异,CMMS 不完全适合于我军。CMMS 是根据特定的军事理论体系,提取出的形式化领域知识,它只是以另一种形式表示人们所揭示出的客观规律,以及用于指导战争实践的作战原则,它必然与特定的军事理论体系密切相关。但由于立场、思维方式的不同,我军和外军的军事理论体系不可避免地存在差异。因此,在不同理论基础上衍生出的 CMMS,自然会存在许多不相容之处。如对使命空间边界的划分、结构的分析、要素的提取和描述,以及要素间关系的定义等方面,都难免带有各军事理论体系所独有的特点。这从而决定了完全照搬 CMMS 是行不通的。

参 考 文 献

[1] Lee W Lacy, et al. Developing a Consensus Perspective on Conceptual Models for Simulation Systems. Proceedings of Simulation Interoperability Workgroup[M]. Spring. 2001.

[2] 王杏林. 军事概念模型研究[D]. 北京:装甲兵工程学院. 2005.

[3] Robert B. Calder. From Domain Knowledge to Behavior Representation [A]. Proceedings of the Spring 1999 Simulation Interoperability Workshop, March 15 – 19,1999.

[4] 曹晓东. 通用作战仿真系统开发平台研究[D].北京:军事科学院. 2002.

[5] 胡晓峰,司光亚,等. 战争仿真引论[M]. 北京:国防大学出版社,2004.

[6] 曹晓东. 大型军事概念建模工程研究与实践[D]. 2005.

[7] Department of Defense. Joint Technical Architecture Version 4. 0,2002.

[8] Thomas H Johnson. Mission Space Model Development, Reuse and the Conceptual Model of the Mission Space Toolset. http://www. dmso. mil/,1999.

[9] Francis L Dougherty, Frederick Weaver, Jr. , Michael L Cluff. Joint Warfare System Conceptual Model of the Mission Space. http://www. dmso. mil/,1999.

[10] Simone Youngblood. Federation Credibility Challenges. http://www. dmso. mil/,2001.

[11] IMC Inc. Functional Description of the Mission Space Knowledge Acquisition Product Style Manual. http://www. dmso. mil/,2001.

[12] 胡晓峰,曹晓东,等. 关于模型与数据工程工作的几个问题[J]. 军事仿真,2004.

[13] 徐学文,王寿云. 现代作战模拟[M]. 北京:科学出版社,2001.

[14] DoD Training with Simulation Handbook. Strategyworld. com,2005.

[15] DMSO, "Modeling and Simulation (M&S) Master Plan". 1995.

[16] DMSO,"Conceptual Models of the Mission Space (CMMS) Management Plan". 1995.

[17] DMSO,"Conceptual Models of the Mission Space (CMMS) Technical Framework". 1997.

[18] Francis L. Dougherty, "Joint Warfare System Conceptual Model of the Mission Space". 1997.

[19] Furman Haddix, "Semantics and Syntax of Mission Space Models". 1999.

[20] JCSM 3500. 04A, "Universal Joint Task List". 1996.

[21] JWARS Office, "JWARS Operational Requirements Document (ORD)". 1998.

第 **2** 章

概念模型要素分析

2.1　引　言

概念模型的主要作用,是准确清晰地陈述模拟系统的表达需求。为了使这种陈述对于模拟应用目标而言,足够完备和详尽,一方面要使其描述形式符合概念模型用户的认知习惯,另一方面要无遗漏地提取出所认知的使命空间信息中,对于模拟实现有价值的部分。在某一领域的使命空间内,存在着多种要素,为了研究这些要素的概念建模方法,首先必须研究这些要素的分类以及各类要素所需的描述信息。

本章的要素分析都是以军事系统为范畴。

2.2　概念模型要素抽象

战争系统是最典型的开放的复杂三系统,作战模拟系统是对战争系统的复现,模拟的是在充满偶然性和不确定性的战场环境下,对抗双方个体或组织的自适应行为,因而是最复杂的模拟系统之一。我们选取作战模拟系统所对应的使命空间,即军事行动使命空间,来分析其概念模型要素。需要说明的是,为了体现模拟应用目标对使命空间概念分析和描述的重要性,我们有意将作战模拟系统置于其设计的应用背景下,紧紧围绕模拟应用目标来展开分析。军事人员对战争的理解,通常离不开兵力(部队)、任务、行动、交战、指挥控制、作战环境等基本概念,这是军事人员对真实世界的理解和认识。而开发作战模拟系统的过程,就是将军事人员所理解和认识的真实世界,转换为动态的虚拟世界的过程。在这一转换过程中,军事概念模型是一个承上启下的中介物。它必须告诉软件开发人员,在作战模拟系统中,要表达哪些事物和现象,如何表达,它所提供的信息必须全面、准确、无二义。基于这样的要求,我们来探讨军事概念模型所应包含的基本要素以及围绕这些要素提供的描述信息。

在作战模拟系统所构造的虚拟世界中,模拟的兵力(CGF),受模拟指挥员的指挥控制,在模拟的作战环境内,执行模拟的作战行动,与环境、兵力、武器系统及指挥机构发生交互,改变自身和交互客体的行为和状态,从而推动整个虚拟作战空间的状态发生演变,来模拟真实世界的动态。为了使虚拟作战空间的状态和状态演变在模拟应用目标的框架内,与真实作战空间的状态及状态演变相一致,模拟系统开发者必须在概念上搞清楚如何表达真实作战空间的状态及状态演变机制。

目前,我们基本上是在面向对象开发环境下,采用对象(类)、属性、方法及消息机制去实现作战模拟系统,对军事行动使命空间的状态和行为进行程序化表达。

2.2.1　实体

简单地说,实体是以一定状态存在于军事行动使命空间内的相对独立的事物。实体是有状态的,军事行动使命空间内全部实体状态的集合,构成该军事行动使命空间的状态;实体的状态通常是变化的,从而军事行动使命空间的状态也是变化的;对某个实体而言,它所在的军事行动使命空间内其他实体的状态,构成该实体存在的环境;实体状态的变化受环境的影响,同时也引起环境的变化,实体与环境的交互构成了军事行动使命空间的动态。

以常见的训练作战模拟系统为例,我们在分析和获取其需求时,可以假设将其置于一个正在运行着的训练模拟应用系统中。这个训练模拟应用系统包括施训者(导调人员)、受训者以及作为训练环境的软硬件。在这个模拟应用系统中,值得关注的有以下几类实体。

2.2.1.1　导调人员

导调人员是模拟系统用户的一部分,他们通过模拟系统的导调操控界面,利用相应的导调操控功能来直接干预模拟系统的状态和行为,也可能通过对受训人员实施影响和干预来间接干预模拟系统的状态和行为。每个导调人员可以担任多个角色(可以是受训人员的上级、友邻或下级),在情况内,导调人员以局中人的身份,通过为受训人员提供战场情况来诱导其作业;在情况外,导调人员可以局外人的身份,直接干预受训人员的作业。显然,导调人员不是作战模拟系统的组成部分,在军事概念模型中,也不需要为导调人员建模。但是,在开发作战模拟系统时,导调人员是必须考虑的因素之一。系统开发者需要分析应该为导调人员提供哪些功能,支持其干预模拟系统的状态和行为。同时,也要考虑使导调操控界面尽可能友好,导调操控功能尽可能易用,尽量降低对导调人员操作技能的要求,避免由于导调人员操作不当或不及时而影响系统的使用效果。

2.2.1.2　受训人员

受训人员也是模拟系统用户的一部分,他们通过模拟系统的作业界面,利用相应的作业功能来直接干预模拟系统的状态和行为。在模拟训练中,受训人员分别担任不同的角色。指挥作业应体现时效性,指挥作业系统应与现行指挥体制、指挥方式(手段)以及 C^3I 系统界面相一致,不应明显地体现操控熟练程度对模拟结果的影响(这不是训练的主要内容,主要是练程序、练谋略,应该与现行指挥方式尽量一致)。对特定的系统状态而言,受训人员对系统的干预是否及时合理,也正是考察其指挥能力或操作技能的重要方面。显然,受训人员也不是作战模拟系统的组成部分,在军事概念模型中,也不需要为受训人员建模。但是,在开发作战模拟系统时,受训人员是必须考虑的因素之一。系统开发者需要分析应该为受训人员提供哪些功能,支持其在特定的权限和范围内,干预模拟系统的状态和行为。同时,也要考虑使作业界面尽可能与武器系统或 C^4I 系统的人机界面相一致,使受训人员在使用系统作业时,就像操作实际的武器系统或指挥装备(也包括概念装备)一样,对受训人员的操作技能要求,尽可能与对实际系统的操作技能要求相一致,使训练环境在形式上接近实际操作环境,从而达到练技能的目的。与导调操控界面和功能要求不同的是,作业界面和功能应侧重于追求形似,而不是易用性。也就是说,对受训人员而言,训练模拟系统并非越易用越好。通过使用训练模拟系统,熟练和掌握实际系统的操作技能,也是模拟训练的重要目标之一。在这里,受训人员的操作失时或失当是可能出现的,也是允许出现的。一个逼真的训练模拟系统,不应当对受训者过分"友好"。

2.2.1.3　表形实体

在模拟环境下,受训者并非是"永生"的。他们的生存状态主要取决于所依附的模拟指挥实体的生存状态。我们知道,任何一级指挥机构都是有形的物质实体,都有不同的生存状态,而作为担任指挥员角色的受训人员,在模拟世界里,必然作为某一级指挥实体(可能是聚合指挥实体的一部分)而存在,他不可能也不应该是光有思维、意识、精神,而没有存在状态的无形的、不可感知的、不受攻击的永生不灭的智慧体。一个模拟系统如果不考虑这一点,是不够完备和逼真的。表形实体的提出,正是为了描述受训者所依附的模拟指挥实体在模拟环境下的存在状态。在逼真度较高的模拟系统内,表形实体的状态,应该对受训者的能力构成影响。表形实体有状态,有一定的行动能力(这一点类似于智能决策指挥实体),但没有智能,他的智能是受训者赋予的。换个角度,我们可以认为受训者及其所依附的模拟指挥实体是一类特殊的聚合实体,是由受训者的智能及表形实体的状态和能力聚合而成的智能决策指挥实体。

2.2.1.4　智能决策指挥实体

通常在训练模拟应用系统中,若干受训人员担任某个层次(有时可能是某两个层次)的指挥员,而在模拟系统中,为了使受训人员面临的情况足够"复杂",通常需要模拟比受训人员低两个级别的兵力实体(自适应行动实体)的行动。由于在大多数指挥体制和指挥方式下,以逐级指挥为主,以越级指挥为辅,一级指挥机构(指挥员)一般不直接控制下两级部队的行动,而是通过指挥其直接下级来间接控制下两级部队的行动。这就要求在模拟系统中,除了建立自适应行动实体模型外,还要建立中间指挥机构的模型,我们称之为智能决策指挥实体。智能决策指挥实体介于局中人与自适应行动实体之间,它能够接受局中人的命令,并能根据局中人的命令以及当前所面临的战场态势,制定相应的决策,为其所属的兵力实体下达命令。智能决策指挥实体不是兵力实体,一般不具备作战能力,在实际应用中,我们主要关心其是否有足够的智能决策能力。但这并不意味着,智能决策指挥实体是无形的智慧体。如果模拟系统的逼真度要求足够高,它应该是一个带有物理属性的指挥机构模型,包含一定数量的兵力(人力),位于某个指挥设施内,它也具备一定的行动能力(如转移、疏散、开设、撤收等),也可能被毁伤。而一旦遭到毁伤或破坏后,其指挥能力、指挥效率将下降。但在模拟应用系统中,智能决策指挥实体的主要作用是承接担任指挥角色的局中人,以及直接采取作战行动的自适应行动实体。自适应行动实体对受训人员的干预和战场态势的响应,是通过采取相应的作战行动来达成的;而智能决策指挥实体对受训人员的干预和战场态势的响应,则是通过制定相应的决策,为其所属各兵力实体(自适应行动实体)赋予相应的任务(在模拟系统中,表现为通过命令触发各兵力实体新的作战行动)来达成的。我们可以将智能决策指挥实体看作是一类聚合实体,是由智能决策规则提供的人工智能及表形实体的状态和能力聚合而成的智能决策指挥实体。

2.2.1.5 自适应行动实体

在作战模拟系统内,自适应行动实体就是那些原子的(Atomic),最小粒度的兵力实体,它们一般作为一个整体行动,没有所属实体,无权干预或控制任何其他实体的行动。但它有一定的环境适应能力,能根据当前所面临的战场态势,在自身能力许可的范围内,采取相应的行动来做出反应,以改善自身的处境,达成预定的行动目标。一般情况下,它受局中人和智能决策指挥实体的控制,特殊情况下,导调人员也可能根据模拟应用效果的需要,直接干预其行动或改变其属性。自适应行动实体首先是兵力的聚合体,拥有其组成兵力所应具备的行动能力;其次,自适应行动实体具备一定的智能,但其智能水平相对较低,它只能根据当前所感知到的战场态势,决定自身下一步如何行动。它不能生成比较复杂的行动方案或计划,来控制或约束多个行动实体的行为。这样的智能水平相当于生物根据环境变化保护自身的本能,因此我们称之为自适应能力。

自适应行动能力的建立,依据的是建模者为行动实体赋予的自适应行为控制规则,而自适应行为控制规则也是作战行动模型的主体。相似的一类行动实体,通常具有相似的自适应行为控制规则,而自适应行为控制规则是否严密,是否符合相应的作战原则,是决定行动实体的行为是否合理的关键。我们知道,在一个运行着的作战模拟应用系统中,模拟兵力实体的行动,既受局中人的控制,也受智能决策指挥实体的控制(特殊情况下也可能由导调人员直接干预)。但这几种拥有指挥权的实体,所关注的战场态势更为全局,层次更高,并不是每时每刻都在对其所属的兵力实体发号施令,而只是在其认为情况发生重大变化时,才会区别每个所属兵力实体的处境,为其下达新的命令,促使其进入新的行动状态。作为自适应行动实体,需要关注和及时做出响应的情况要更为具体和细节,更多时候,自适应行动实体的作战和作战保障行动,是在某一任务状态下的自主行动。只有当我们在自适应行为控制规则中,考虑到了足够多的情况(条件),为实体赋予了接近真实世界实体的行动能力,并且条件与行动之间的对应关系符合真实世界实体的行动规律、行动原则和行为习惯,我们才能基本保证在模拟作战环境下,自适应行动实体的行为是理性的和合理的。这也是我们获得合理的模拟结果,为局中人决策的优劣提供有说服力的评价依据的关键。

2.2.1.6 被动实体

以上所列举的几类实体,有一个共同的方面,就是都具有一定程度的自主性,都有一定的行动能力,都可以在某种程度上决定自身或其所属兵力实体的下一步行动,而不是完全依赖于指挥实体的控制。我们在此提到的被动实体,则不具备上述特性,它没有自主行动能力,其状态虽然也随着模拟时间的推进发生变化,但这些变化完全是被动的。简单地说,我们可以将被动实体定义为不能主动发出交互的实体。在模拟系统中,被动实体用来表达那些在现实世界中没有生命和智能的事物,如机场、地形、阵地、物资、给养、无人操控的武器系统等。为描述被动实体,我们为其定义了一系列属性,其中,大部分属性是用来表示实体存在的状态的,叫做状态属性。在模拟应用目标许可的范围内,属性对实体的真实状态进行了适度的抽象和简化,以便于减少数据量,把握和描述军事行动使命空间要素之间重要的、本质的关联,以及在计算机中进行运算。例如,地表的起伏程度和土质,实际上是连续变化的,在专业中有比较科学、精确的表示,而在建模时,我们通常只能采用分级表示法。这种方法有明显的局限,但当地幅的分辨率足够小,分级足够多时,是能够满足绝大多数模拟应用目标的逼真度要求的。被动实体多数情况下是交互的接收者,而不能主动采取行动去影响和改变其自身或其他实体的状态和行为,也就是说,它不能自主响应环境的变化。当我们在面向对象开发环境中通过对象类去实现被动实体时,一般也会为其定义若干方法,并通过消息机制去调用其方法。这样做,只是为了便于封装,减少类之间的耦合,并不意味着所有的类都有自主性。我们判断实体是否有自主性,是在概念层面进行的,是为了区分清楚在构建实体模型时,哪些实体需要决策或行动控制规则的支持,哪些实体不需要。

2.2.2 行动

谈到作战模拟系统中的行动,我们认为是由实体执行的,只改变执行实体自身属性和状态的活动过程。为什么我们特别强调行动只改变实体自身的属性呢? 这是因为我们在对作战过程建模时,通常将模型要素划分为三大类,即实体、行动和效果(交互)。

虽然在实际作战中,交互只能发生于作战行动之中,似乎应该作为行动的一部分进行描述。但是在建模时,我们认识到,交互通常是两个以上行动的同步点,交互的描述,不仅涉及发出交互实体的属性和状态,还涉及接收交互实体的属性和状态。例如,攻防对抗中,进攻方和防御方属性和状态的改变,在很大程度上取决于对方的属性和状态。这使得交互的描述与行动的描述相比,所包含的因素更多。因此,我们把交互单独作为一类模型要素来处理。

2.2.2.1 行动的外延

在军事使命空间中,与行动相近的概念包括过程、任务、作战、使命等,它们在本质上都是有一定时间跨度的动态过程。这些概念既属于军事领域,也属于模型领域,因此在建模时,很难将它们准确区分开来。如果说它们之间有差别的话,我们可以认为它们在执行者级别、时间跨度、分解的层次上存在细微的区别,但这种区别实际上很不好把握,对建模的影响也不大。

（1）行动（Action）。是在使命空间内被执行的使命空间行为的原子（Atomic）描述。尽管不做要求,但一个正常的期望是该行为是同类的或紧耦合的,例如自动武器的发射和再装填。

（2）过程（Process）。是一个使命空间行为的描述。它的细节描述由一个过程组实现,该过程组是一个部分有序的行动的集合,或一个部分有序的行动和过程的集合。

（3）任务（Task）。是一个使命空间行为的描述,是"由一个实体执行的一个或多个行动,该实体采取、执行、实施或控制一个特定的行为"。任务是拥有明确作战行动意义的最小单元。当特定的条件满足时,实体启动任务的执行。在执行过程中,任务可接收或使用一个或多个输入,可以产生或发出一个或多个输出,以及可以改变一个或多个内部状态。任务的执行持续到特定的条件得到满足。它的细节描述由一个过程组提供,该过程组包含部分有序的行动和/或过程的集合。

（4）作战（Operation）。是一个使命空间行为的描述,它的细节描述由一个过程组提供,该过程组包含部分有序的行动、过程和/或任务的集合。

（5）使命（Mission）。是"由一个实体执行的任务,该实体采取、执行、实施或控制一个特定的行为以达到特定的目标。一个使命包括特定的条件以决定其启动和结束,以及特定的执行指标和效能指标以指示其是否成功。"一个使命是一个使命空间行为的描述,它的细节描述由一个过程组实现,该过程组包含部分有序的行动、过程、任务、作战和/或使命的集合。

2.2.2.2　行动的基本类型

根据行动的内容,可以将其划分为以下基本类型。

1. 作战行动

作战行动一般是指以直接杀伤对方有生力量为目的的行动。在作战行动过程中,部队要消耗作战物资,如弹药、油料、给养、器材等,要改变自身的状态,如由驻止转入机动、由行军纵队展开为进攻队形或占领防御阵地、由隐蔽待机转入冲击、由阵地防御转入反击等。进攻、防御是典型的作战行动,除此以外,在实施进攻、防御行动之前,为进行作战的组织准备、接敌或进入预设阵地,部队通常要实施集结、机动等行动。这些行动,发生在一定的作战背景下,并不一定是单方的,也有可能发生与敌方的交战,如袭扰、空袭等。有鉴于此,在建模时,将这一类行动也归为作战行动。作战行动模型描述在作战环境和其他相关因素的影响下,作战实体的属性和状态变更的过程。作战行动模型通常按军兵种划分,再根据不同的行动目的进行分类,如机动模型描述作战实体位置的变更,射击模型描述作战实体火力投放的方式和强度、弹药消耗的速率等。

这里,有一点需要特别指出的是,我们在描述双方对抗过程时,容易将攻击模型与攻击效果模型混淆在一起。实际上,攻击是一种作战行动,而攻击效果则是作战行动的结果,两者之间虽然存在紧密关联,但各自的发生机制是不同的。首先,攻击是由攻击实体主动触发的,而攻击效果则是由攻击行动本身引起的;其次,在攻击过程中,攻击实体必定消耗作战资源,但并不一定能产生期望的攻击效果,即并不必然导致攻击目标状态的改变;再次,在建模时,攻击行动模型描述的是攻击这一动态过程的控制规则,在这一过程中,攻击效果是影响攻击行动流程的一个重要因素。而攻击效果模型则计算攻击对目标造成的毁伤程度,它主要取决于打击手段和目标的防护能力以及状态(如队形、隐蔽程度)等因素,而不受攻击实体状态的影响。两者是能够相对分开处理的。在高分辨率模拟系统中,将攻击与攻击效果分开建模,还有一个明显的好处是能够比较好的处理误击、一个目标受到多个攻击实体攻击的情况。

2. 保障行动

在模拟系统中,保障行动是指以保障作战部队释放、保持和恢复战斗力为目的的行动,包括工程保障、防化保障、后勤保障、装备保障、通信保障、情报保障等。在保障行动中,保障实体与保障对象之间发生作战资源的流动,同时保障实体自身也要消耗作战物资。为进行保障行动的组织准备、接近或会合保障对象,保障实体也要在一定的作战背景下,实施集结、机动、输送等行动,也可能遭到敌方的袭击。由于保障实体与作战实体的能力不同,对异常情况的反应方式也不同,因此,将保障实体的集结、机动、输送等行动也归为保障行动。

相对于作战行动,保障行动更容易量化,建模也较为简单。尽管保障行动也是一个动态的过程,但是在低分辨率模型中,可以简化为相对静态的交互。如弹药补给可以简化为在一定时段内,保障实体减少一定的弹药保有量,而补给对象增加相应的弹药保有量。然而,有些时候,保障行动的建模也可能比较复杂。例如工兵在敌火力威胁下的排雷行动。在作业之前,工兵要根据任务量、完成任务的时限、雷场的性质、敌火威胁程度,选择作业手段、作业方式和前出方式。在作业过程中,为保存自己、完成任务,工兵要根据情况的变化,采取相应的措施,如改变作业手段、作业方式、暂停作业、标识通道等,而工兵自身的状态(如队形、隐蔽程度、作业器材的保有量等)也随之发生改变。再比如大规模渡海作战前的装载行动,其时间跨度较长,舰船的行动要受到港口吞吐量、泊位数、乘船兵力的数量、位置、已完成装载兵力的数量、可用舰船的数量、用途、吨位,以及敌情等因素的影响,是一个相当复杂的过程。建模时,如果将这一过程简化为经过规定时间后,所有舰船即转换成满载状态,则忽略掉了过多重要因素和环节,难以有效支持模拟应用目标。

3. 指挥行动

在作战模拟系统中,指挥过程可以简化为局中人通过指挥作业界面,为其所属模拟作战实体下达命令的操作。这些命令预先定义了固定格式,局中人只须在其中填入参数,就会触发所属模拟作战实体的相应行动,这实际上是对指挥行动的结果——处置的模拟。但是,这只是从系统外部功能的层面,实现了指挥的模拟,没能体现出指挥过程运行的深层次动态机制。在信息化战争条件下,指挥在作战中的地位越来越重要,指挥机构要在敌方的威胁下生存、要维持正常运行、要全面及时地了解战场情况、要高效地制定和修订作战方案、要达成对己方部队不间断的指挥控制。指挥机构的行动可能受到多种因素(如敌方的袭击、物资器材的可用性、情报的占有量、通信的连通性、时间等)的影响,要采取相应措施达成指挥目标。建模时,应该恰当地描述指挥机构的行动与这些因素之间的关联,只有这样,才会使模拟环境里的指挥行动与真实世界指挥行动的发生机制相一致,模拟系统才可能具备足够的逼真度。

在构建指挥行动模型时,要注意把握以下几个方面。

1) 指挥活动中的时间因素

通常情况下,指挥活动的时间跨度要大于作战行动的时间跨度。指挥活动的一个决策周期包括战场感知—判断—决策—处置几个主要环节,在作战过程中,这样的决策周期是循环进行的。一般而言,级别越高的指挥机构,参谋人员越多,关注的战场范围更广、情报量更大、决策周期更长。此外,决策周期的时间还受辅助指挥手段、参谋人员的业务技能、指挥流程、指挥员个性等因素的影响。可以想象,一个拥有先进情报处理系统、方案生成系统的指挥机构的效率,要远高于以手工作业为主的指挥机构。此外,指挥机构完成展开,也需要一定的时间。在指挥建模时,不仅要考虑模拟指挥实体的时间问题,也要考虑自适应行动实体的时间问题。在真实世界里,不同级别、不同规模部队的决策周期,以及由决策转入行动的时间是有较大差异的,这一点,在建模时要有所体现。否则,在模拟环境里,就不能很好地体现时间因素的重要影响。

2) 战场感知

战场感知是指挥活动的重要环节。指挥员和指挥机构通过各种渠道获取战场情报,这些渠道也决定了某个指挥机构战场感知的范围。在模拟系统中,模拟指挥实体应具有与实际指挥实体一致的战场感知能力。例如,联合战役指挥机构主要通过部队反馈,而不是直接观察获取情报。也就是说,模拟指挥实体要能够感知到现实中可感知到的战场情况,不能感知到现实中不可感知到的战场情况,要恰如其分。如果在建模时赋予指挥机构超现实的战场感知能力,则会造成模拟实体的行为"过于合理",不能正确反映客观规律。例如,在模拟系统中,如果不是通过实体的外部表征,而是通过其标识属性来进行敌我识别,就绝对不会发生误击。我们知道,在实际作战中,连拥有最先进敌我识别技术的美军也无法完全避免误击。

3)指挥机构的生存和运行

指挥机构以指挥实体的形式存在于模拟系统中,它是敌方攻击的重要目标,为了生存,它要感知战场上的威胁,并对威胁做出反应,如采取伪装措施、转移到新的地点,这时,指挥机构的状态相应地发生改变(如伪装改变指挥实体的外部表征属性、转移改变指挥实体的运动状态和工作状态)。指挥机构的编成内包含一定数量的人员和装备器材,人员要生活,装备器材要正常运转,这些都离不开必要的后勤保障、技术保障,在构建指挥行动模型时,要考虑其与后勤保障、技术保障模型的衔接。

4)指挥通信的连通性

在现代战争中,通信中断对指挥的影响是致命的。而信息技术处于劣势的部队,由于信息防护能力较弱,更容易陷入通信中断的困境。这时,指挥机构要采取相应的对策,如派出通信保障力量恢复通信、使用民用通信设施、使用运动通信等。在模拟环境里,不应默认通信保障绝对可靠,通信中断决不会发生,要对类似的处境和反应方式有所体现,否则就是不忠于客观实际。

2.2.3 交互

交互是由一个对象执行的,可随意指向其他对象(包括地域)的显式行动,旨在改变接收对象的状态或被感知状态。在模拟系统中,要将每个值得关注的交互影响因素,量化为一个交互参数,根据各个参数之间的关系来计算交互实体之间的相互作用和影响。从运算的角度,交互是关联实体行动的同步点,也是实体之间,即实体行动之间定义的接口,一个实体的行动对另一个实体的影响,通过交互反映出来。

2.2.3.1 交互的客观性

交互的客观性是指交互的发生与否取决于实体间是否满足发生交互的条

件,而不是取决于发出交互实体的主观愿望。在实际作战中,完全有可能发生发出实体所不希望的交互。交互的发生是有条件的,交互判断模型能够判断实体之间是否满足发生交互的条件。交互判断模型的结果取决于作战实体的属性、状态及所处的作战环境。交互发出与否,是由实体决定的,但交互发生与否,则是由模拟系统根据交互判断模型来运算的。例如,在对抗过程中,只有当目标处于武器射程和射界之内,并且能够感知到目标的真实身份时,才可能发生期望的交互。如果攻击实体判断目标在己方杀伤范围之内,实际上目标却在杀伤范围之外(这种情况很有可能发生),尽管攻击实体期望达成攻击效果,但模拟系统会判定没有交互发生;而如果在杀伤范围之内不仅有敌方目标,也有己方兵力,但攻击实体未能感知到而实施了攻击,尽管攻击实体期望不杀伤己方兵力,但模拟系统仍会判定交互发生。类似的例子还有通信窃听、空投物资误投等。在模拟环境中,要承认并体现交互的客观性,这是模拟系统逼真度的重要成分。

2.2.3.2 交互的基本类型

在军事使命空间内,发生几率较大的有以下几类交互。

(1)转隶:转隶是指一个下级机构的指挥与控制由一个上级机构转到另一个上级机构。从而,转隶影响被赋予指挥权的实体的属性。

(2)赋予任务:赋予任务描述关于某个主题的用例线程的启动,它是一个授权实体的过程或行动的输出,赋予任务的一个属性是用例(线程)。在演习中第一个赋予任务的实例将发生在将一个过程组赋予一个负责实体时。在用例中其他赋予任务通常是将用例或过程赋予实体。在概念上讲,赋予任务可视为从过程到过程,其中接收过程作为所转入过程组的第一个过程。在由模拟实体赋予任务的情形下,由于模拟实体没有明显的过程,发出者是隐含的过程。赋予任务发生在具有"指挥"关联的情况下。

(3)攻击:是指弹丸或其他具有潜在破坏力的物体从一个行为者被发送向另一个实体。进攻可发生在当一个行为者和一个目标处于对抗状态,而且目标在行为者的射程内时,这是计算伤亡和/或毁伤的时间。攻击发生于具有"在射程内"关联的情况下。

(4)撞击:是指两个或两个以上物体试图在同一时间占据同一空间。该交互可指一辆车与一辆车的撞击,弹丸与一辆车的撞击,弹丸与一人或多人的撞击,或者弹丸与其他实体,如桥梁或建筑物的撞击。撞击发生在具有"在附近"关联的情况下。

(5)降落:是指促使飞行体以受控或依据程序运转的方式,从飞行状态返回地面。着陆或启动初始状态可促使飞机返回地面。需要指出的是当飞机降落到一个载体上时,它就成为载体的一部分。降落发生在具有"操作"关联的情况下。

(6) 发射:是指将实体由静止状态转换为动态飞行状态。发射可以终止成为待发射状态。该术语可用于飞行器、太空船或抛射物。发射发生在具有"操作"关联的情况下。

(7) 再补给:是指提供更多的消费物资。再补给是为了保持需要的补给水平而补充现有物资的行动。再补给可能是自动的、应急的或按计划的。自动再补给是在特别行动队插入作战地域之前充分计划的再补给任务。它发生在预先安排的时间和地点,除非由特别行动队插入后变更。应急再补给是根据预测的一系列情况和时间,一旦特别行动战术小组与基地无法建立电台联络,或建立联络后中断而实施的再补给任务。计划再补给是指根据已制定的时间表和组织的安排,通常包括某种形式的预先计划的采购,通过规则的物流运送补给。再补给发生在具有"补给"关联的情况下。

(8) 移交:是指将物资或设施的控制权由一个机构转移给另一个机构。移交发生在具有"毗邻"关联的情况下。

(9) 传输:是指将信息或假情报由一个实体发送给另一个实体。虽然许多交互有发送和接收的特征,但此交互专用于信息。传输发生在具有"通信"关联的情况下。

2.3　概念模型要素的描述信息

2.3.1　行动的描述信息

在军事概念模型中,行动是由某个实体执行的,有明确执行目标,有一定时间跨度的过程,因此,我们采用"过程"这一要素对行动进行描述。一般意义上,过程包括行动、任务、作战和使命等概念,它们属于过程的基本类型。它还可以包括上述概念的阶段或步骤,可以是"各种"其他过程的嵌套,可以采用具体的过程描述对类属(Generic)过程进行深度描述。在对行动过程建模时,只需要刻画到能够满足模拟应用目标的分辨率。例如,武器的射击本质上是一个过程(捕捉目标、瞄准、击发),但战役级模拟却不必考察这些细节。通过过程组和过程排序功能,过程可分解为有序的或部分有序的过程集合。利用同样的功能,组分过程的描述可以在过程内或跨过程重用。

2.3.1.1 过程的外部形态

过程是在军事行动使命空间内,为达成某个目的而被执行的行为,它引起相关对象属性值的变化。在本质上,过程是随时间展开的,是动态的和变化的。但是,当我们从过程的外部对其进行考察时,可以把一个过程看作是原子的、静态的、稳定的使命空间要素,只需关注该过程与其他过程相耦合时所表现出的外部形态,耦合过程通常处于同一抽象程度。为描述过程的外部形态,可以为过程定义一系列属性,对于只关注过程外部形态的人而言,过程相当于被这些属性屏蔽掉了内部的细节,呈现为一个黑盒。这种机制可以避免用户被过分的细节所干扰,更直接地获取他所期望的总本信息。从外部考察,一个过程包括一个发生背景、过程控制规则和执行该过程的一类实体。

1. 过程发生的背景

为描述一个高层过程(如作战想定内某个聚合实体的使命),首先应界定它所对应的军事使命空间的范围,外界对该过程有哪些约束和影响(空间、时间、目标),执行过程可用的外部资源等。为明确这些信息,需要对过程的发生背景有一个基本的假定。例如,在编写一个作战想定时,首先要拟定一个企图立案,以说明对抗双方当前的总体态势、上级的作战企图和方案、交战地区、主体兵力的编成及其在上级作战方案中的地位和任务等。这样,就明显或隐含地限定了模拟系统的边界,为建模者明确了需要关注的知识的范围。过程发生的背景,一般采用文本进行描述,而且,通常只描述一个模拟系统中最顶层的过程(使命)发生的背景。

2. 过程的控制规则

一个过程有一个起点和若干个出口,分别对应特定的条件。过程控制规则明确了过程执行的条件,它提供了一种方法,说明条件、指标以及实体属性如何影响过程的启动、中断、继续、结束或终止。过程控制还可以说明在过程中断或非正常终止时的紧后过程。需要特别指出的是,过程控制规则是对于同一抽象程度的其他过程而言,关于执行顺序的约定,而不是对过程内部运行机制的说明。

1)触发

触发是一种控制方法,是一种特殊的条件,它定义了在一个过程启动之前,需要发生的事件或达成的状态。触发通常是特定的状态参数值或某条信息,它不是一个过程,而是某个过程执行的结果。可以将触发理解为过程启动的充分条件,意即只要满足了特定的状态或发生了某个事件,并且具备过程执行的必要条件,该过程就必然或必须启动。例如,当前时间已经到了作战行动计划中规定的行军出发时刻或实体接收到立即出发的当前行军命令,实体则立即进入机动的过程。当然,决定实体能否进入这一过程的还有其他一些条件,如准备程度、物资保障程度、装备技术状况等。但这些条件与触发的本质区别在于它们不能启动过程,或者说它们的不满足会使过程无法启动。

2)执行必要条件

如上所述,过程执行的必要条件定义了与过程执行的可能性有关的因素,当必要条件满足时,只要满足了触发条件,过程就自动进入执行状态,但必要条件本身无法启动过程。如炮兵群要进入火力支援过程,就必须满足以下条件——占领发射阵地完毕、弹药可用性不小于任务预期用量等。

3)正常结束和非正常终止条件

一个过程由执行转入不执行有三种情况:中断、正常结束和非正常终止。中断是指正在执行的过程暂时进入不执行状态,而后再重新进入执行状态,中断属于过程的内部运行机制,在过程的外部不被描述;正常结束是指执行实体达成了该过程规定的目标或执行实体临时被赋予其他任务,实体进入其他状态,如执行开进任务的实体在规定时间到达指定位置;非正常终止是指在过程执行期间发生了意外的干扰,使过程无法继续执行,实体进入其他状态,如执行进攻任务的实体由于损耗过大而无法继续执行进攻任务,退出战斗。

4)紧后过程

紧后过程是当过程终止后,进入的下一个过程,它相当于过程的一个出口。如开进过程结束后,进入近距离攻击过程。通常,一个过程有多个紧后过程,即多个出口(图2-1),在特殊情况下,紧后过程可能是唯一的。

3. 其他外部属性

为了给概念模型用户提供更多的参考信息,为过程定义了下列属性:

1)过程的执行者(负责实体)

过程执行者将实体与过程关联起来,使得模拟开发者快速获取与实体/对象行为有关的信息,便于建立对象模型和定义对象类。

2)输入

输入指进入过程的全部要素,它可能是一条信息(命令、报告)或实体/对象的属性(如地形的坡度、地面性质;实体的位置、状态、资源等)。在过程执行期间,输入要素通常影响相关实体的属性和/或行为,并全部或部分为实体的行为所影响。显然,输入不包括过程执行的条件和控制方法。

3)输出

输出是指过程的执行所产生的全部结果,它可能是一条信息(命令、报告)

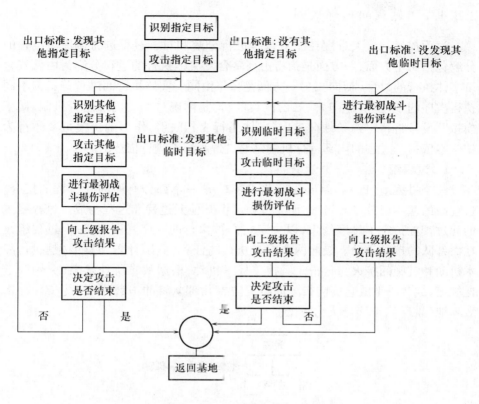

图 2-1　多个出口

或实体的属性(实体的位置、状态、资源等)。输出通常是被相关实体行为改变的数据或它们发出的信息(如天气参数通常不是过程的输出)。

4)执行指标

执行指标指为考察过程的执行效果所定义的一系列参数,满足全部执行指标标准值意味着过程的成功执行。如在近距离交战过程中,进攻实体应在指定时间内,歼灭一定数量的敌方兵力,到达指定位置,并且自身损耗不超过一定比例。

5)影响执行的因素

影响执行的因素指那些对执行指标构成影响的全部因素,一个因素可能是若干个输入数据的函数或一个输入数据本身,在描述它对执行指标的影响时,可只给出定性的描述,便于模拟开发者获取值得关注的数据,但又不至于过早地考察细节。

2.3.1.2 过程的内部机制

过程描述的最大难度在于对过程进行分解和对子过程进行排序。过程的分解包括两个方面,一方面是指将由高聚合度实体执行的过程分解为由低聚合度实体执行的过程(横向);另一方面是指将由同一实体执行的过程分解为不同执行次序的子过程(纵向)。二者的目的,均是明确过程的内部运行机制,便于模拟开发者将特定的条件/态势与实体的行为相映射,作为确定模拟实体行为的基本依据。过程的内部运行机制是通过过程组来进行描述的。

1. 过程组

一个过程组(Process Group)(图2-2)是一个部分有序的元过程的集合。过程组的基本成分是元过程,而元过程可由其他元过程和过程构成。过程组内的元过程被指定了排序约束,以决定它们被执行的顺序。例如,一个过程组是地面部队的接敌运动。最前两个将被执行的任务(紧随计划和集结)是执行战术机动和实施间接火力打击。紧接着战术机动,根据敌方所处状态(分别为依托坑道、战斗阵地或仓促防御阵地组织防御),部队将冲击敌阵地(徒步),冲击敌阵地(乘车),或实施火力攻击。

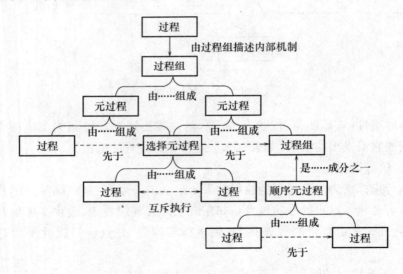

图2-2 过程组和元过程

过程组的正式语义:一个过程组是若干元过程的集合。一个元过程可以是一个过程或一个过程组。在一个过程组中,元过程(相对于其他元过程)通过"在……之先(Prior)"、"开始(Start)"、"在……过程中(During)"、"结束

（End）"、"在……之后（After）"、"循环（Iteration）"或"并发（Concurrency）"等约束进行排序。过程组可被理解为若干过程的组合。特别地，通过过程排序，它成为一个有序或部分有序的过程组合，为达成一个特定目标，或一系列相关目标而被执行。每个过程组直接与一个配置单元相关联，因为一个项目可能使用其他项目的过程组描述去定义自己的过程组。

2. 元过程

元过程是通过一个排序约束组合在一起的若干过程，是过程组的基本排序要素（Sequence Element），通常包括以下类型。

1）选择元过程

一个选择元过程是一组过程，是过程组排序中的一个排序要素。在这个元过程中，第一个启动条件被满足的过程将被执行，其他过程则不被执行。例如，选择元过程——执行接触作战（图2-3）由三个进攻过程组成。排序约束如下：第一个是顺序——执行战术机动的过程，紧随着一个选择——执行接触作战。第二个是一个并发，只包括一个要素——实施间接火力打击。这意味着过程实施间接火力打击将在过程组内其他过程正在执行期间同时执行。从而，这个过程组由三个元过程组成——一个并发元过程、一个顺序元过程和一个选择元过程，该选择元过程由三个过程组成，其中只有一个过程将被执行，该过程的执行取决于一系列特定的环境情况。图2-4说明了过程组、过程与选择元过程的关系。

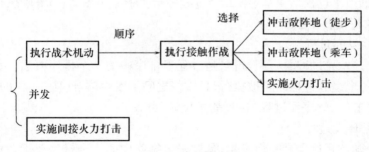

图2-3　一个过程组实例

选择元过程处理多个可能发生的过程，第一个可执行的过程被执行，而选择内的其他过程不被执行。一个选择元过程通过执行其组分过程之一，且每次只执行一个过程而被执行。

被执行的组分过程如下：

第一个成为可执行的过程，即满足全部启动执行的条件。

如果同时有多个过程成为可执行，任意选择一个被执行。

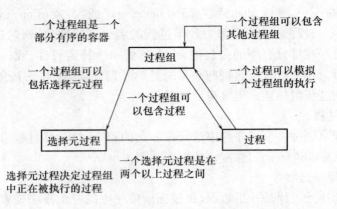

图中文字：
一个过程组是一个部分有序的容器
一个过程组可以包含其他过程组
过程组
一个过程组可以包括选择元过程
一个过程可以模拟一个过程组的执行
一个过程组可以包含过程
选择元过程
过程
选择元过程决定过程组中正在被执行的过程
一个选择元过程是在两个以上过程之间

图2-4　过程组和过程、选择元过程

如果一个过程必须与另一个过程并发执行,意味着第二个过程的约束条件必须得到满足(意思是两个过程不可能属于一个选择元过程)。选择元过程用于描述两个以上的互斥过程。第一个变成可执行的(满足所有执行条件)过程被执行。其他过程不被执行,甚至其全部执行条件随后被满足。一个选择属于过程组的配置单元。

2)顺序元过程

一个顺序元过程是一组过程,是过程组排序中的一个排序要素。在这个元过程中,第一个过程结束后,第二个过程才开始执行(图2-3的"执行战术机动"与"执行接触作战")。

3)并发元过程

一个并发元过程是一组过程,是过程组排序中的一个排序要素。在这个元过程中,各个组分过程同时被执行,且它们之间不发生耦合(图2-3的"实施间接火力打击"与顺序元过程"执行战术机动"并发)。

4)循环元过程

一个循环元过程是一组过程,是过程组排序中的一个排序要素。这个元过程的组分是同一个过程,在这个元过程中,该组分过程被重复执行若干次。

元过程的结构提供了通过在新过程组中重新进行组合,重用过程和过程组的能力,以达成不同情况下不同或相似的目的。

3. 过程组条件和指标

条件和指标可以与过程组相关联(图2-5)。它们与过程组相关联是因为当它们直接应用于一个单独过程的执行时,可能被过程组内其他过程的执行结果改变。条件和指标可被定义为常数、实体属性,或二者的组合。实体属性描

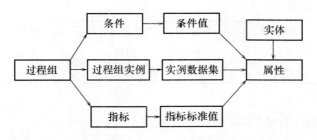

过程组的执行通过过程控制
进行明确,过程控制引用常
数、指标、条件或实体属性

一个过程组的实例引用一个特定的数
据集,设置条件、指标和实例数据值,
这些数值影响过程组内过程的执行

图 2-5　条件、指标、实例数据集

述实体的动态和静态特征,例如位置和燃料箱容积等。

1) 过程组条件

条件指出哪些因素影响特定过程(隐含过程组)的执行。条件的集合详细说明了影响过程执行的态势。对条件值的说明指出过程的执行情况如何随着推演而变化。我们应尽可能重用条件的描述,以使过程的描述形式取得一致。

2) 过程组指标

过程组指标不仅用于测度过程的执行情况,还影响过程的执行序列,是否执行过程,以及何时终止过程的执行。对每个场景或过程组的实例,指标的标准值是变化的,引用的是不同的相关条件值。例如,一个过程的效能标准将随着敌对兵力的(相对)作战力量变化。同样,一个开进过程的终止标准也可能根据天气而变化。指标的重用推动过程描述的一致性。因此,指标与配置单元直接相关联。

4. 过程组排序约束

过程排序标识与记录对排序要素(Sequence Element)的约束。对第一个排序要素的约束包括开始、结束、顺序、循环、并行、持续和无约束;对第二个排序要素的约束包括先于、开始、在……期间、结束、在……之后、顺序、并行和无约束(表2-1)。

表 2-1　过程组排序示例

元过程	第一排序要素	第一部分约束	第二排序要素	第二部分约束	循环次数
1	过程1	顺序	过程2	顺序	
2	过程2	循环			3
3	过程2	并行	过程3	并行	

元过程	第一排序要素	第一部分约束	第二排序要素	第二部分约束	循环次数
4	过程3	顺序	过程4	顺序	
5	过程4	循环	过程5	并行	3

2.3.2 实体的描述信息

在军事概念模型中,实体是对具有相同特征的一类事物,而不是特定个体的抽象描述。在军事使命空间中,相对于行动(过程)模型,实体的描述信息具有更稳定的结构,信息量也比较固定,因此,更适于采用表格法进行描述。

2.3.2.1 实体的属性

在军事概念模型中,一个属性是实体的特征、特性或性质。根据建模的需要,实体的属性可以大致区分为标识属性、状态属性、可感知属性、效能属性。标识属性提供实体区别于其他实体的标识信息,如所属方、番号、队号、级别、类属信息等;实体的状态属性是对客观事物状态的抽象描述,在模拟环境中,一个实体的状态取决于为实体定义的全部状态属性值的组合。状态属性可分为静态属性和动态属性。静态属性定义了实体的固有品质,在模拟执行过程中,静态属性如燃料箱容积、空军基地位置,通常不改变。动态属性的集合定义了实体可变化的状态,预期会由于模拟的运行而改变,如燃料、弹药保有量,飞机位置。一个数据集实例可被来设定实体初始的静态属性值和动态属性值。基于其性质,静态属性值应该在系统初始化时设置,虽然这不意味着应该在功能描述中为其明确一个数据集实例;可感知属性描述实体呈现给其他实体的外部表征,如截面积、声学特征、热学特征、频谱特征等;效能属性表征实体所具备的预期完成某种任务的能力,如部队的战斗力、工程保障能力、武器的杀伤力等,实体的效能将随着实体的损耗而改变。

2.3.2.2 实体关联

关联是两个实体间基本类型的关系,它指明实体间发生交互的可能性。例如,如果实体 A 指挥实体 B,命令将预期在实体 A 和实体 B 的任务之间流动。

2.3.2.3 实体能力

能力是指依据实体所编配的武器装备,固有的执行特定类型作战行动的潜力。在合成军队中,包括作战、作战支援和作战保障兵力,进一步可划分为步兵、装甲兵、炮兵、航空兵、工兵、防化兵、通信兵等专业兵种,在每一兵种内部,还可分为各专业分队,如装甲兵可分为坦克、步兵战斗车、装甲输送车分队;工兵可分为筑城、爆破、道桥等专业分队等。这些专业分队所编配的武器装备,是对其进行分类和定义其能力的基本依据,能力因此可以理解为某类实体的固有属性,它决定了该类实体可能执行的一系列作战任务,对指挥员而言,它表现为一个特定的可执行命令集。

在概念模型中,根据模拟兵力实体(可以是不同规模)所属的专业兵种进行分类,一类实体对应一个特定的可执行命令集。对某个实体的实例而言,根据其兵力编成所组合的实体类,其可执行命令集是全部组分可执行命令集的并集。可执行命令集是模拟的指挥实体或局中人干预模拟兵力实体行为的基本约束。

2.3.2.4 实体的动作

实体的动作是根据实体能力所定义的行动,这些行动是原子的,无须再细分。在每个动作的执行过程中,不考虑各种因素的影响,不涉及控制规则,但应能引起动作执行实体或动作对象的状态变化。软件设计人员可以根据实体动作定义对象类的方法。

实体的详细描述信息项目见表2-2。

表2-2 聚合兵力实体描述信息

属性	标识属性		所属方	
			番号	
			队号	
			级别	
			类属信息	属于××类
	状态属性	静态属性		重要的设计特性,如几何特征(形状、尺寸)、燃油箱容积、重量、硬度等
		动态属性	任务状态	当前正在执行的任务,任务指标、完成的程度
			运动状态	动力学特征:运动方式、速度
			资源保有量	人数、装备数、物资数
			空间属性	位置、幅员、分布(影响密度,进而影响行动的速度和防护能力)

		光学特征	截面积、掩蔽程度
属性	可感知属性	声学特征	震动强度
		热学特征	与背景的温差
		电磁频谱特征	频率、强度
	效能属性		影响其他实体状态的能力或保持自身状态的能力，如攻击能力、保障能力、防护能力
关联			关联实体及关联列表
能力		可执行任务	能够执行的任务类别，如机动作战、后勤保障、工程保障等
		可执行命令集	预先定义的格式化命令，如行军、攻击、防御等
动作	运动		
	出发		
	停止		
	疏散		
	隐蔽		
	掩蔽		

2.3.3 实体的粒度

对某个实体而言，粒度是指作为聚合实体表达的客观事物的规模。例如，一个陆军师实体的粒度是师，一个机场实体的粒度是作为整体的机场。对模拟系统而言，其实体粒度指的是它所表达实体的最小粒度，是模拟系统分辨率的重要方面。

2.3.3.1 粒度与颗粒度

在军事概念模型中，我们常用到"颗粒度"这一概念。而且，在实际使用时，也容易与"实体的粒度"相混淆。其实，这两个概念的内涵是有较大区别的。颗粒度是对单个模型而言的，指的是模型描述内容所覆盖的问题范围，它与模型的分辨率并不存在必然的关联。一个模型的颗粒度可能很大，而其中实体的粒度却可能很小，反之亦然。而实体的粒度与模型的分辨率密切相关。如前所述，实体的粒度越小，模型的分辨率越高。在我们确定模型的颗粒度时，需要考虑的是单个模型应该划定多大的边界，才能使其包含合理的信息量，使模型内部耦合紧密,模型之间相对独立,接口合理,重复内容尽可能少,模型的重用率尽可能高。在我们确定实体粒度的大小时,需要考虑的是,应该提供多么详细的信息,才能在合理的抽象水平上,表达军事行动使命空间的状态、要素之间的相互关联,以及使命空间状态的演变机制。我们可以举一个例子来说明,在一个团进攻战斗模型中,通常把除进攻方行动之外的所有因素都视为其行动条件,只描述进攻方如何根据当前条件采取相应行动的过程,而对于行动结果、战场环境因素,以及防御方的行动,并不具体描述。这样的模型颗粒度是比较合理的。如果不是这样,而是试图在一个模型中同时详细描述攻防双方的行动过程、行动结果以及战场环境的全部属性,反而会把问题复杂化,无法清楚地表达任何一方行动过程的控制规则。这样的模型颗粒度显然是过大了。同样在这个团进攻战斗模型中,我们可以把实体粒度确定为营、连,也可以是排乃至班,当然,实体粒度究竟多大合适,主要取决于模拟应用目标的需要。在单个模型中,实体粒度越小,实体的实例就越多,每个实体的描述信息就越详细,实体间的关联就越复杂,模型整体的分辨率越高。概括起来,模型的颗粒度决定模型提供多少信息,而实体粒度则决定模型所提供的信息详细到什么程度。

2.3.3.2 粒度是对聚合实体而言的

在真实世界里,一个事物可以分解至极小的个体,如分子、原子。我们可以把任何一个事物看作是一个聚合体.是可以继续分解的。在模拟世界里,模拟实体的粒度也可以很小。但我们在考查某个实体时,是将其作为一个整体来看待的。虽然在不同的模拟应用中,可以根据需要继续向下分解或向上聚合,但在当前的模拟应用中,实体的粒度是固定不变的,是原子的、不必再继续分解的。例如,一辆坦克可以看作是一个聚合体,也可以看作由车体、炮塔、履带等部分组合而成的组合体。这时,坦克本身已经不再是一个单独的实体,也就不存在与其相对应的粒度了。而车体、炮塔、履带等组成部分作为单独的实体来进行表达,模拟系统的实体粒度变成了这些实体的粒度。这些实体的聚合度降低了,相应的实体粒度变小了。我们在实际运用时要搞清楚,所谓的实体粒度并不是指某个事物的大小,而是在模拟世界里,作为独立实体描述的事物的大小。

2.3.3.3 粒度的大小要合适

一般地,我们可以认为实体的粒度越小,模拟系统的分辨率越高。在实践中,模拟系统的发起人也容易要求模拟系统的开发者实现尽可能小的实体粒度。但是在实际应用中,实体的粒度也并非越小越好。因为如果实体的粒度确定得过小,我们需要考查的问题层次就越低,需要关注的问题空间的信息将包含更多细节。这样反而会使系统用户的注意力分散到无关紧要的细枝末节,冲淡他们对关键性、全局性问题的关注,从而背离模拟应用目标。因此,在建模时,我们要合理把握实体的粒度,在满足模拟应用目标的前提下,不过分追求小粒度。这样做,既可以节省资源,提高效率,又能更好地实现模拟应用目标。当然,为确定合理的实体粒度,需要全面、综合考虑各种因素,充分结合建模技术和建模艺术,经过深思熟虑之后,做出谨慎、恰当的选择,决不能简单化。

在实际应用中,用户很容易将模型的分辨率与其满足特定应用目标的程度联系起来,几乎没有用户愿意选择分辨率较低的方案,也可以说,对一般用户而言,"分辨率越高的模拟越好"是一个默认的潜在准则。但事实上,追求高分辨率必然极大地增加模拟系统的开发成本。同时,与人们的直觉相反,模型或模拟的真正价值来自通过抽象、简化,过滤掉那些不相关的细节,提取、保留值得关注的要素,并予以"恰当"的描述,这必然在某些方面、某种程度上降低模型的分辨率。

我们知道,模型是对一个真实世界系统、实体、现象或过程的物理的、数学的或者逻辑的描述。模型不是"原型的重复",而是根据不同的使用目的,选取原型的若干侧面加以抽象和简化。在这些侧面,模型具有与原型相似的数学表现或物理表现。从模型的定义中,可以很自然地得出一个结论——任何模型都必然存在着变形,必然与原型之间存在不一致。因为如果模型百分之百忠实于原型,就变成了复制的原型,无法达成通过简化降低风险、节省资源、方便研究的目的。因此,在考查一个模拟或模型是否足够逼真时,不应脱离开使用该模拟或模型预期达成的特定应用目标。

2.3.4　指挥控制规则建模

作战模拟系统是基于规则的知识密集系统,是通过模拟驱动机制调度下的大量模型,对真实世界作战过程的动态复现。假设各个模型及其相对应的模块是有效的,那么从模拟技术的角度,是作战模拟系统的事件调度机制决定了系统的行为轨迹,即在什么时间,执行哪一个模型;而从作战理论和客观规律的角度,则是指挥控制规则模型决定了其他模型逻辑上的因果顺序,即在什么条件下,执行哪一个模型。因此,在作战模拟系统的开发中,指挥控制规则建模是关键的建模问题之一。

2.3.4.1　指挥控制规则建模的必要性

为了满足特定的模拟应用目标,一个作战模拟系统,应具备两个层面的功能——外部功能(External Function)和内部功能(Internal Function)。外部功能指系统界面所提供的操作和服务,其好坏决定了用户对模拟系统行为进行干预和对模拟结果加以利用的便利程度,即系统的可用性(Usability);内部功能一方面指驱动模拟运行的底层支撑功能,如事件调度、通信、数据管理等,另一方面指由系统的一系列内建模型所提供的表达(Representation)功能,这一功能的好坏取决于系统内模型的逼真度,也从根本上决定了模拟结果的可信性。

一个高质量的、实用的作战模拟系统,必须兼备完善的外部功能和内部功能。一个作战模拟系统的核心功能是模拟,即构建一个虚拟的真实世界作战环境。利用现有的计算机模拟技术,我们有可能实现复杂的外部功能,以及足够稳定和有效的底层支撑功能。然而,我们必须依据权威的领域知识,采用可行的建模方法,来构建完备的、详尽的、可验证的模型,只有将这样的模型集成进作战模拟系统,其用户才可能获得可信的模拟结果,以满足特定的模拟应用目标。

在作战模拟应用系统内,模拟的兵力实体,受模拟指挥机构的控制,在模拟的作战环境下,执行模拟的作战行动,与环境、兵力、武器装备及指挥机构发生交互,引起自身和交互客体的行为与状态的改变,从而推动整个虚拟作战空间的状态发生演变,来模拟真实世界作战过程的动态。图2-6表示了指挥体系的一般结构和指挥实体间的关联。为表达作战使命空间的静态结构要素,一个作战模拟系统内需要构建以下实体类模型:环境实体模型、兵力/装备实体模型、指挥实体模型;而为表达作战使命空间的动态,需要构建以下模型:作战指

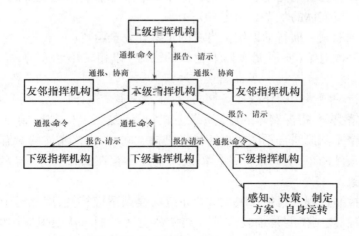

图2-6　指挥体系的结构和指挥实体间关联

挥与控制模型、作战行动模型、交互判断模型和作战行动效果(交互)模型。在作战模拟系统中,全部实体的全部状态属性,构成了虚拟作战环境的总体状态空间,在这一状态空间下,一个模型序列随着模拟时间的推进而被执行。

从模拟技术的角度,模型的执行序列是由作战模拟系统的事件调度机制决定的,而模型的执行序列是否具备军事合理性,则取决于指挥控制规则模型是否足够完备和严密。因为在作战模拟系统中,本质上是通过指挥控制规则模型将其他模型安排到时间轴上的恰当位置的。如果指挥控制规则模型无法通过验证,其他模型就不可能形成符合逻辑的执行序列,即使每个原子模型是有效的,也无法保证作战模拟系统行为的合理性,即在错误的时间执行了正确的模型。这样,作战模拟系统就无法产生可信的模拟结果,来满足特定的模拟应用目标可见,如果不能很好地解决指挥控制规则建模的问题,就不可能开发出真正意义上的实用模拟系统。因此,我们必须正视和重视指挥控制规则建模问题。

2.3.4.2 指挥控制规则建模的主要难点

在作战模拟系统中,一个模拟指挥实体的运行机制如下:

(1)启动自身运转过程;

(2)接受上级指令,确定自身当前任务;

(3)分解任务,向所属实体下达命令,启动任务执行过程;

(4)感知战场(通过自身的观察、探测或接收其他实体的情报反馈);

(5)评估自身的处境和态势(处境由其作为行动实体的重要属性值定义,态势由其所属实体的状态总和定义);

(6)采取某一项行动以维护自身的正常和安全运转;

(7)采取对策(向所属实体下达新的命令)以扭转不利态势,争取战场主动权。

在执行一项特定的作战任务期间,通常存在多个这样往复的运行周期。

通常情况下,指挥实体的行动是受控的,而不是完全自主的,除非这个指挥实体是一个军队或联合军队的最高指挥机构。同时,指挥实体的所有行动或决策都是有条件的,完全无条件的行动或决策是不存在的,这一点与实际的军事活动相一致。

指挥控制过程最集中反映了战争系统的复杂适应特性,因此对于建模者而言,指挥控制规则模型是最复杂的一类使命空间模型。从模拟应用的角度,指挥控制规则模型至少应该表达出那些带有普遍指导意义的"常规"作战原则,或者说战略战术中属于科学的那一部分。因为指挥控制规则模型是对特定作战原则的结构化描述,所以指挥控制规则模型是否足够完善和严密,首先取决于它所依据的军事领域知识是否具有足够的权威性和完备性,其次取决于建模方法是否便于将相应的领域知识直观且无遗漏地描述出来,当然在很大程度上也取决于建模者和 VV&A 人员的态度。

1. 很难获取权威的领域知识

如果说作战模拟是通过定量的方法,来研究战争中定性的不确定现象的话,那么指挥控制规则建模要量化的定性问题和不确定问题无疑是最多的。那么为了构建模型,我们首先必须掌握原型的本体(Ontology),为此我们必须获取权威的领域知识。通常,权威的领域知识一方面源自专业文献,如条令条例、经过官方认可的理论著作和专业教材等,另一方面源自领域主题专家的经验。如果说,经过长期的军事理论研究,我们已经积累了相当数量的有关我军和外军作战理论的军事专业文献,那么,我们现在面临的一个困境是,那些亲历过战争实践的军事领域主题专家已经少之又少了。而多年的模拟开发经验和教训已经明白无误地告诫我们:在很多情形下,领域主题专家的经验具有不可替代的作用。虽然我们承认,在建模时,简化和量化是必要的,我们只能做到在与模拟应用目标相适应的逼真度水平上,提取出真实世界中那些带有规律性的因素,而排除掉那些偶发的、因人而异的因素。即便如此,建模者也不得不面临一个极其庞大和复杂的指挥控制规则体系。以往,建模者多是试图采用某种数学算法或者软件技术来解决指挥控制规则建模的问题。现在看来,如果不能很好解决领域知识获取和表示的问题,单凭数学算法或者软件技术,是不能获得完备的结构化的指挥控制规则体的。或者说,给定一个不完备的指挥控制规则体系,一个模拟的指挥实体是无法通过机器学习,将其扩展为一个完备的指挥控制规则体系的,至少在目前是如此。当前,许多文献提出采用 Agent 技术解决人类智能的表达和机器学习的问题,但在作者看来,Agent 之所以成为 Agent,本质上在于为其赋予的一系列规则,只有依据这一系列规则,Agent 才能对环境做出自主的响应,而并非 Agent 通过学习,获得新的规则而变得聪明起来。那么现在问题的关键就成了这些规则从何而来。显然,只能来自相关的领域知识。因此,对建模者而言,第一位的是要解决权威领域知识的来源问题,这是一切后续工作的前提。

2. 类属规则中存在特例

我们知道,在作战模拟系统中,聚合兵力实体只需要自适应(Self-adaptive)能力,聚合兵力实体的指挥控制和作战行动是集成在过程模型中的,这样的过程模型是类属的(Generic)。而模拟指挥实体则要控制若干所属模拟指挥实体以及聚合兵力实体的行为,即达成一对多的控制。由于在作战中,兵力编成通常是变化的,因此,所属模拟指挥实体以及聚合兵力实体的数目并非固定不变的,由此导致指挥控制规则是特例的(Specific)。编有三个坦克营、一个机械化步兵营、一个炮兵营的装甲团指挥机构,依据的是一套指挥控制规则,如果将其编成中再增加一个炮兵营,指挥控制规则的条件集和对策集必然扩展,它们之间的映射必然增多,从而导致规则的复杂性急剧增加。这一点,无疑给建模增加了相当大的难度。

3. 多实体行为的组合和排序

模拟指挥实体与其所属的若干模拟指挥实体以及聚合兵力实体之间有着控制与被控制的关联,这样,在指挥控制规则中,对策集中的每一项行动必然分解为多个下级实体行动的组合。如果下级实体是指挥实体,还要继续进行分解为聚合兵力实体的行动组合(图2-7),聚合兵力实体的行动控制是由作战行动(过程)模型来表达的,在此我们未将其作为指挥控制规则来考察。在实际作战中,各部队的行动需要在时间、空间、效果等方面达成协同,它们之间互为条件。在作战模拟系统中,表现为多个模拟指挥实体或聚合兵力实体行动的执行顺序,包括顺次、并发、选择等排序组合。这种排序机制在形式上,呈现出条件和过程的嵌套,极大地增加了建模的复杂性。目前,我们对这一问题的研究尚未取得实质性进展。

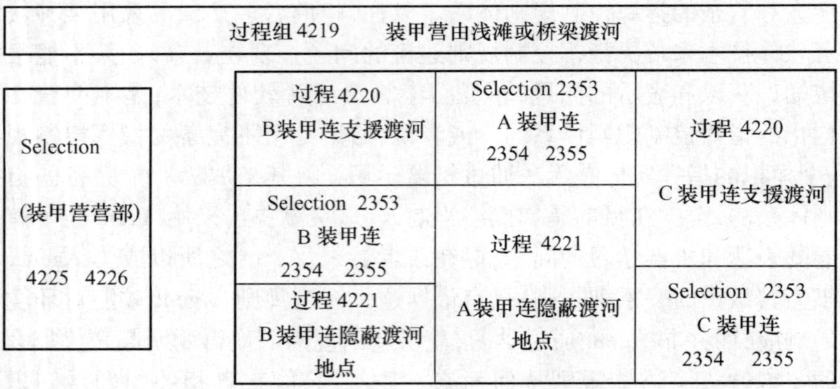

过程组4219　　装甲营由浅滩或桥梁渡河		
Selection (装甲营营部) 4225　4226	过程4220 B装甲连支援渡河	Selection 2353 A装甲连 2354　2355
	Selection 2353 B 装甲连 2354　2355	过程4221 A装甲连隐蔽渡河 地点
	过程4221 B装甲连隐蔽渡河 地点	

※ 注:表中右列另有「过程4220 C装甲连支援渡河」及「Selection 2353 C装甲连 2354　2355」。

图2-7　多个实体行为的组合和排序

过程4225—装甲营营部由浅滩渡河;过程4226—装甲营营部由桥梁渡河;

过程2354—装甲连由浅滩渡河;过程2355—装甲连由桥梁渡河。

2.3.4.3　解决思路

我们提出的解决思路主要包括:①组建以军事领域主题专家为主导的模型开发团队;②设计一种结构化的,且具有一定灵活性的指挥控制规则描述形式。

1. 以军事领域主题专家为主导的多元模型开发团队

所谓以军事领域主题专家为主导的多元模型开发团队,是指由军事领域主题专家和军事运筹专家,以及必要的软件分析专家共同组成的模型开发团队,它既负责军事概念模型的构建,也负责数学建模以及相应的软件模块的开发。

军事概念建模过程并未改变领域知识的实质,而只是从形式上使其对模拟开发更具可用性。为使军事概念模型具有军事合理性,必须保证其与领域知识相一致。而领域知识直接或间接来源于军事人员对作战现象的经验和认识,对军事概念模型进行验证的基本依据也是军事人员对作战现象的经验和认识。为此,军事概念模型的开发团队应以军事领域主题专家,同时对于军事概念模型的验证,军事领域主题专家应拥有最终的决定权。这种做法一方面可以比较好地解决权威领域知识获取的问题,另一方面也有助于提高所提取知识的完备性和可用性。

2. 灵活的结构化指挥控制规则描述形式

这种描述形式主要包括:①建立指挥实体的可执行命令表;②建立指挥实体的态势表;③建立所属模拟指挥实体或聚合兵力实体的行动列表。

1)可执行命令表的建立

实体所编配的武器装备、人员种类和规模,决定了实体固有的执行特定类型作战行动的能力。对指挥实体而言,它表现为一个特定的可执行命令集。在概念建模时,根据模拟指挥实体(可以是不同规模)所属的军兵种及专业进行分类,一类指挥实体对应一个特定的可执行命令集。对一个实体的实例而言,根据其兵力编成所包含的实体类,其可执行命令集是全部组分可执行命令集的并集。可执行命令集是对模拟指挥实体响应其他实体或局中人干预的基本约束。当模拟指挥实体接收到的作战命令属于其可执行命令集时,模拟指挥实体将响应这一命令,否则不予响应(指不能执行命令所要求的行动)。

2)态势表的构造

我们前面提到,模拟指挥实体不仅要控制其自身的行动,还要控制其所属模拟指挥实体或聚合兵力实体的行动(图2-8)。这就要求一个模拟指挥实体的状态不仅包括其作为聚合实体的状态,更重要的还应包括其所属模拟指挥实体或聚合兵力实体的状态集——态势。当然,对于所属模拟指挥实体或聚合兵力实体而言,它们的状态反映到其上级模拟指挥实体的态势空间内,主要表现为各自的任务状态和能力状态。任务状态是指在上级的任务框架内,该实体在执行哪一项任务,任务进展到什么程度;能力状态是指根据人员、装备、位置和任务状态,该实体执行作战任务的能力。例如,一个聚合兵力实体损耗到一定程度,就会失去执行进攻作战任务的能力。

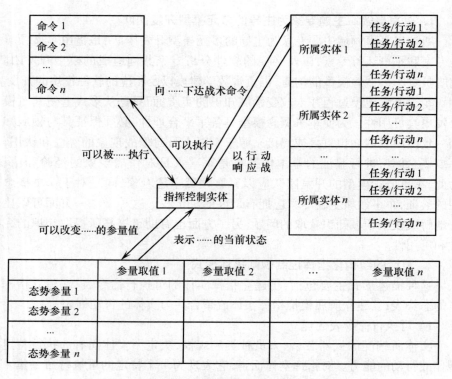

| 命令 1 |
| 命令 2 |
| ... |
| 命令 n |

所属实体 1	任务/行动 1
	任务/行动 2
	...
	任务/行动 n
所属实体 2	任务/行动 1
	任务/行动 2
	...
	任务/行动 n
...	...
所属实体 n	任务/行动 1
	任务/行动 2
	...
	任务/行动 n

向……下达战术命令

可以执行

可以被……执行

以行动响应战

指挥控制实体

可以改变……的参量值

表示……的当前状态

	参量取值 1	参量取值 2	...	参量取值 n
态势参量 1				
态势参量 2				
...				
态势参量 n				

图 2 - 8　指挥控制规则建模的总体思路

　　建立态势表的关键在于态势矩阵的构造和关节点的确定。态势矩阵包括若干个态势参量,每个态势参量可能有若干个取值对应着不同的关节点。态势参量应尽可能选取那些相对独立的、具有明确军事含义的、易于量度的属性,如位置、损耗、物资保有量等,而一些属于定性判断的属性,如进展顺利程度、士气等则不适合作为态势参量;对于与关节点相对应的态势参量取值的确定,则要充分满足军事合理性的需要,要重视各个态势参量取值之间的相关性。虽然建模过程难免较为牵强和机械的量化处理,但我们可以通过一定的模糊处理,使这种硬性的量化看起来较为合理一些。例如为各态势参量赋予不同的权重,完全定义各态势参量取值之间的相关性等,后一种方法显然要比前一种方法复杂得多。当然,无论哪一种方法,都必须依据军事领域主题专家的真知灼见,决不能凭建模者的主观臆断。

　　3)建立所属模拟指挥实体或聚合兵力实体的行动列表

　　在以往的指挥控制规则建模方法中,需要在模拟指挥实体的下一级,考虑所属模拟指挥实体或聚合兵力实体行动的组合和排序。从而不可避免地将条件和过程嵌套起来,极大地增加了建模的复杂性。

我们此处所提出的所属模拟指挥实体或聚合兵力实体的行动列表,是一个相对静态的行动组合,这个行动组合发生于上级模拟指挥实体的两个关键状态值之间。只要上级模拟指挥实体的状态参量和关键状态值选取得足够合理和细致,两个关键状态值之间,就不会出现所属模拟指挥实体或聚合兵力实体的行动互为条件的排序现象,这样就可以完全避免条件和过程的嵌套,既实质性地降低了建模的难度,也极大提高模型对于软件实现的可用性。

对模拟应用开发而言,指挥控制规则建模属于领域知识表示层面的问题,而不是模拟技术和方法层面的问题。因此,任何试图单纯依靠模拟技术和方法解决指挥控制规则建模的努力,都很难取得满意的效果。本书所提出的建模方法,也决不是试图从本质上消除指挥控制规则建模的复杂性,而是试图解决面对一个高度复杂的指挥控制规则体系,建模人员如何对其进行概念解析,如何进行形式化描述的问题。作战模拟系统是典型的知识密集系统,能否采集到足够完备和详尽的领域知识,并以结构化的形式加以描述,使模拟实现人员获取到完备的、无二义的需求信息,是决定作战模拟系统有效性的根本因素。指挥控制规则建模只是指挥控制建模的一个方面,其他问题如时间、战场感知等也有待于深入研究。

参 考 文 献

[1] 胡晓峰,曹晓东,等. 关于模型与数据工程工作的几个问题[J]. 军事仿真,2004.

[2] 王杏林. 军事概念模型研究[D]. 北京:装甲兵工程学院,2005.

[3] Robert B Calder. From Domain Knowledge to Behavior Representation [A]. Proceedings of the Spring 1999 Simulation Interoperability Workshop, March 15 – 19,1999.

[4] 曹晓东. 通用作战仿真系统开发平台研究[D]. 2002.

[5] 胡晓峰,司光亚,等. 战争仿真引论[M]. 北京:国防大学出版社,2004.

[6] 曹晓东. 大型军事概念建模工程研究与实践[D]. 2005.

[7] Department of Defense. Joint Technical Architecture Version 4.0,2002.

[8] Thomas H Johnson. Mission Space Model Development, Reuse and the Conceptual Model of the Mission Space Toolset. http://www. dmso. mil/,1999.

[9] Francis L Dougherty, Frederick Weaver. Jr., Michael L Cluff. Joint Warfare System Conceptual Model of the Mission Space. http://www. dmso. mil/,1999.

[10] Simone Youngblood. Federation Credibility Challenges. http://www. dmso. mil/,2001.

[11] IMC Inc. Functional Description of the Mission Space Knowledge Acquisition Product Style Manual. http://www. dmso. mil/,2001.

[12] DMSO. JWARS CMMS Style Guide. http://www. dmso. mil/ ,2000.

[13] DMSO. Conceptual Models of the Mission Space Strategy and Status. http://www. dmso. mil/ ,2000.

[14] DMSO. Preliminary Draft Copy CMMS Representations. http://www. dmso. mil/ ,2000.

[15] DMSO. Some CMMS Concepts. http://www. dmso. mil/ ,2000.

[16] DMSO. High Level Architecture Federation Development and Execution Process Checklists Version 1. 5. http://www. dmso. mil/ ,2000.

[17] 曹晓东,郭嘉诚. 论指挥控制规则建模[J]. 军事运筹与系统工程,2006.

第 3 章

概念模型描述方法

3.1 引　言

把与概念模型相关的数据、信息抽取出来之后，应当经过整理，最后形成为知识。这个过程就叫做概念模型的描述。本章介绍概念模型的 6 种描述形式及其相互间的转换。

3.2　概念模型的描述形式

概念模型使用的目的不同，也就是需求不同，对概念模型所采取的描述形式也不尽相同。一般来讲，这些描述形式主要有自然语言、结构化、半结构化、层次化、形式化、半形式化和格式化几种形式。这里我们把它们分成有三大类：自然语言描述、半形式化描述和形式化语言描述[1]。其中，结构化、半结构化既可属于半形式化，也可属于形式化，而我们把格式化归属于半形式化，这种分法是笔者的拙见，如有不妥处，可以商榷。

3.2.1　自然语言描述

自然语言是指人类日常使用的语言，它包括口语、书面语等。每个国家和民族都有自己的语言。自然语言是人类最基本的交流思想、传递信息的工具。如果，只是把概念模型作为一种说明、参考，不作深入使用，或者是由纯军事人员对军事问题进行描述，一般就采用自然语言描述，这样既省时又省力，优点比较明显。采用自然语言描述，必须要用书面语言。目前概念建模许多情况下也采用这种语言进行说明。

采用自然语言进行格式化描述,要做到尽量采用用户熟悉的表达语言和方式。自然语言描述比较方便,具有表达能力强的特点,但是它有三大缺点:

(1)自然语言存在二义性。

(2)自然语言不具有严格的一致性结构。

(3)采用自然语言描述,各类知识和信息分散在概念模型文档的行文之间,不方便查找,不利于捕获模型的语义。

另外,如果要对概念模型有深入的利用,比如要从中获取大量的数据、要进行推理,进而进一步建立知识库系统,就不是自然语言描述方式所能满足的了。在这种情形下,就必须要对信息、知识进行半形式化或形式化的描述。

3.2.2 半形式化语言描述

半形式化语言是介于自然语言和形式化语言之间的语言。这种语言运用一定的结构,采用自然语言,并结合采用图、文、表等形式对概念、知识等进行描述。我们又把这种描述叫做格式化描述。这种格式,可以体现为图文并茂,也可以附有大量表格的文档形式。表3-1就是用半形式化语言进行格式化描述的表格模板。目前概念建模许多情况下主要采用这种形式进行说明,附录2就是兵力机动概念模型的半形式化描述。

表3-1 格式化描述的表格概念模型模板

实体名	××××登岛战斗编成		
实体的类型	组织		
实体的用途	登岛作战		
攻击群(分)队	突击上陆群	组 成	
		配置区域	××××
		任务	实施登陆突破,攻占第一线营防御阵地,保障后续部(分)队上陆,并积极向敌纵深发展进攻
	纵深攻击群	组成	××××
		配置区域	××××
		任务	××××
	先遣突击群		
	机降分队		
	袭击分队		
	上陆炮兵群		

实体名	××××登岛战斗编成		
保障 群(分)队	防空兵群		
	电子对抗兵群		
	工程保障群		
	防化保障群		
	后勤技术保障群		
指挥所	联合指挥所		
	前进指挥所		
	预备指挥所		
	后方指挥所	组成	
		配置地域	××××
		任务	统一组织技术后勤保障

半形式化表示可以捕获结构和一定的语义,也可以实施一定的推理和一致性检查,这种描述方式是当前采用得最多的形式。

3.2.3 形式化语言描述

要利用抽取的信息、知识建立知识库,必须要对这些已抽取的元素以某种一致化的结构存储和组织起来,以实现计算机自动知识处理和问题求解。这就是所谓的形式化描述,常见的描述方法主要有如下几种[2]:

(1)基于逻辑的表示方法。最常见的有命题逻辑和一阶谓词逻辑。这种方法把数学中的逻辑论证符号化,具有自然、准确、灵活、模块化等优点,其推理系统采用归结原理,推理严格、完备、通用,在自动定理证明等应用中取得了很大的成功。

这种方法有三个主要缺点:①它所能表达的知识比较简单,无法方便地描述有关领域中的复杂结构;②问题求解大多是不完备和不精确的,因此许多问题不能用精确的逻辑表达式来描述;③其推理方法在事实较多时易于产生组合爆炸,推理效率较低。

(2)基于关系的表示方法。这种形式与前面的 ER 建模相对应,它适合于表示简单事实和陈述性知识,形式相当于关系数据库。

(3)面向对象的表示方法。与前面的面向对象建模方法相对应,特别适合于表示有继承性的、纵向层次关系的知识。面向对象技术的特别应用就是基于框架的知识表示,其实对象类就通常采用框架进行描述。

（4）基于框架的知识表示。框架是一种组织和表示知识的数据结构。它由框架名和一组用于描述框架各方面具体属性的槽和侧面组成。它是一种经过组织的结构化知识表示方法,适合于表示类型的概念、事件和行为。

这种方法的不足:①缺乏框架的形式理论,至今,还没有建立框架的形式理论,其推理和一致性检查机制并非基于良好定义的语义。②缺乏过程性知识表示,框架推理过程中需要乃至一些与领域无关的推理规则,而这些规则在框架系统中很难表达。在使用它时往往同产生式规则相结合。

（5）基于规则的表示方法。基于规则的知识表示使用:"IF CONDITION THEN ACTION"形式的产生式规则表示知识,是目前应用最广泛的知识表示方法之一。它适合于表示由许多相对独立的知识元组成的知识,或者是表示具有因果关系的,由许多相对独立的操作组成的过程性知识。

它的主要局限性:①由于产生式规则知识表示过小,同时每条规则相互独立,因而当知识库变大时,其搜索效率不高。②不适合表示结构性的知识,它不能将具有结构关系的事物区别与联系表示出来。

（6）语义网络表示。它是用有向图表示领域知识的一种技术。在语义网络中,结点表示领域的实体(对象或概念),弧代表了实体之间的关系,弧上的标记说明了该二元关系的类型。它最早用于自然语言理解的研究,现在已发展为一般的知识表示方法。

这种方法的主要缺点:①语义网络系统的管理和维护通常非常复杂,节点与节点之间的联系可能是简单的线状、树状或网状,甚至是递归状的联系结构,这给知识的存储、修改和检索带来不少困难。②有时推理过程难以进行,这主要是语义网络的节点含义往往不明确,不能区分这个节点到底是"类"还是"个体"。

（7）基于 XML（Extensible Marku PLanguage）的表示方法。XML 是一种可扩展标记语言,它以一种统一的方式实现了任意复杂度的自描述结构化数据,它关心的是数据内容,而不是数据的显示样式与布局效果,这种数据内容与显示形式的分离在信息表示与处理上有着非常明显的优点,而且最终的 XML 文档是显式结构化的文本文档,在信息的互操作上具有很重要的意义,能够被任何应用程序方便地访问。

XML 的主要缺点:XML 只是定义文档结构的描述语言,并不具有描述语义信息的能力,因而要更好地描述概念模型就得为 XML 添加语义信息的表达能力。比如,将它与本体相结合,就能起到很好的效果。

（8）基于本体的知识表示。这种方法认为:任何复杂的知识都是由最基本的概念构成,这些最基本的概念构成本体;本体是基本概念的详细说明,它把这些最基本的概念进行显示表示,以便于知识的重用与共享。知识的可重用性和共享性就是本体的重要特点。

(9) 综合表示法。知识是多样化的,知识的表达既包括领域对象的静态属性、行为特征、约束,又要表达专家经验、判断决策等知识,还要有较强的数值计算及过程控制能力,因而对于知识、模型的描述也应是多样化的、综合的描述。上面所提到的单一的描述都存在着这样或那样的缺陷,产生式规则主要用于表达专家解决具体某一问题时的启发性知识,它适合于逻辑推理和决策判断的描述,而对于过程控制、数值计算和领域概念及领域对象的描述能力则非常欠缺。框架、语义网络等结构化知识表示形式则非常适合于概念对象及其相互关系的静态描述,不足的是其推理和计算的能力较差。可见,单一的知识表示形式难以准确有效地表达设计知识。随着,研究的深入,需要利用综合知识的表示方法,将上述两种或几种方法结合起来,共同进行知识描述、模型建立。

3.2.4 描述形式的选择与要求

自然语言形式具有表达能力强的特点,但它不利于捕获模型的语义,一般只用于需求抽取或标记模型。半形式化表示可以捕获结构和一定的语义,也可以实施一定的推理和一致性检查。形式化表示具有精确的语义和推理能力,但要构造一个完整的形式化模型,需要较长时间和对问题领域的深层次理解(表3-2)。

表3-2 三种描述形式的对照

	自然语言	半形式化	形式化
目的	权威、系统、详尽的领域描述,用于需求抽取或标记模型	权威、系统、详尽的领域描述,用于结构化、半结构化或者格式化模型	系统、一致、紧凑的领域描述,用于形式化模型
优点	表达能力强	可以捕获结构和一定的语义,也可以实施一定的推理和一致性检查	具有精确的语义和推理能力
缺点	有二义性 不利于捕获模型的语义	针对性较强,一种结构或格式不一定适合普遍情况	构造一个完整的形式化模型,需要较长时间和对问题领域的深层次理解

	自 然 语 言	半 形 式 化	形 式 化
要求	符合领域人员表述习惯	符合领域人员的思维方式与表述习惯	便于技术人员的理解与建模
读者	技术人员、领域人员	技术人员、领域人员、验模人员等	软件人员、领域人员、验模人员等
形式	叙述性语言	文、图、表	形式化、结构化、层次化、可视化

因而,对采用何种形式描述概念模型需要慎重选择。究竟要采用哪种形式来描述,这就要与概念模型的用途分不开的,这也是决定用哪种形式的唯一衡量原则。

（1）如果只是说明一般的情况,可以用格式化描述形式,也可直接用自然语言描述,甚至只是绘制一幅结构草图即可;

（2）如果是给数据库开发人员用,如建立数据库的概念模型,则可用 E–R 概念图来描述。它反映的是用户角度的数据库结构;

（3）如果是给知识工程人员进行知识库构建等应用,则要用结构、半结构化、形式化、半形式化的语言形式进行描述,如框架、脚本、语义网络、对象式、本体等描述形式;

（4）如果是给软件开发设计人员用,则最好用 UML,E–R 等描述形式。

3.3 基于实体—关系的概念模型描述

3.3.1 实体—关系简介

实体—关系方法也称 E–R 方法,是 20 世纪 70 年代中期被提出的一种概念模型描述方法,到现在仍被广泛采用。E–R 方法特别适合静态模型的描述。

E–R 模型采用图形的描述方式,它由三个要素构成:实体、属性和关系,分别用长方形、椭圆形和菱形来表示,通过线段相连构成一个概念模型。各要素的名称分别标记在各自所表示的图元符号框内。

3.3.2 实体—关系模型描述步骤

E–R 模型描述主要采用以下几个步骤:

（1）识别实体。如对坦克排编制、装备就可抽象出实体"坦克"（Tank）和"指战员"（Fighter），可以用图 3-1 中的两个方框表示。

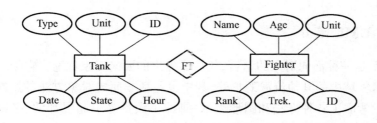

图 3-1　某坦克排的编制装备数据库 ER 图

（2）识别关系。在识别实体的基础上，根据实体之间的语义标识相关实体之间的关系，划出初步的实体—关系图，并且对每一个关系根据它的语义给出一个确切的名称。如指战员与坦克之间的关系（FT）。

（3）识别属性，细化数据模型。如坦克的属性有：型号（Type）、单位（Unit）、编号（ID）、服役日期（Date）、状态（State）、摩托小时（Hour），指战员的属性有：姓名（Name）、年龄（Age）、单位（Unit）、职务（Rank）、级别（Trek）、编号（ID）等。

通过以上三个步骤，可以画出 E-R 图表示的概念模型，它最后的结果是问题域的概念数据模型。图 3-1 就是某坦克排的一个编制装备数据库概念模型。

虽然 E-R 方法在静态模型描述方面非常成功，但也有其局限性，主要表现如下：

（1）不适合于动态模型的表示；

（2）受制于传统数据模型的限制。

这是由于 E-R 模型最初是作为数据库模式设计工具而提出的，它其实是面向数据的建模方法，受到了传统数据模型——网状、层次和关系模型的局限。如在第一范式下，E-R 模型对其三要素（实体、属性和关系）作了严格的区分和限制，属性依附于新的实体，必须是单值的。当属性是多值的，或者是某种构造类型值，必须构造新的实体，把属性进行分解使之成为单值的，而依附于新的实体，并建立关系。可见，当 E-R 模型分析较复杂的问题时会给分析带来不必要的更大的复杂性，而且，也不符合人们的思维习惯，缺乏自然性和直接性。

3.4 基于 UML 的概念模型描述

3.4.1 UML 简介

UML 是一种面向对象的语言,代表了先进的面向对象理论。它吸取了面向对象技术领域中的其他流派的长处,其中也包括非面向对象方法的影响。UML符号表示考虑了各种方法和图形表示,删掉了大量易引起混乱的、多余的和极少使用的符号,也添加了一些新符号。因此,在 UML 中汇入了面向对象领域中很多人的思想。这些思想并不是 UML 的开发者们发明的,而是开发者们依据最优秀的面向对象方法和在一定历史条件下的计算机科学实践经验综合提炼而成的,UML 扩展了现有技术的应用范围[3]。UML 具有如下优点:

(1) 该语言采用视图和文字相结合的表达方式,通俗易懂,便于交流和沟通;

(2) 它有丰富的建模元素,有动态和静态建模机制,具有广泛的适用性和良好的前景;

(3) 它的设计着眼于一些有重大影响的问题,总体上简明扼要,内部功能较全;

(4) 它创建了一种对人和机器都适用的建模语言,有利于使用计算机软件实现自动化建模;

(5) UML 语言在概念模型和可执行体之间建立起明显的对应关系,有利于概念模型和计算机实现模型在构建思想上的一体化。

介绍 UML 的书籍有很多,本书不再赘述,这里只介绍它在概念建模中的应用。

在 UML 的五大类图中,在描述概念模型时只有实现图是不需要的,因为我们所描述的毕竟是概念模型,与具体实现无关。其他四大类图中也并不是全部用到,一般只用到下面几种图:

(1) Use Case 图。Use Case 图主要用于顶层的功能性描述。Use Case 图中主要用到 Use Case、作用者和联系这三类 UML 建模元素,除此之外,依据实际情况还要用到类图中的一些 UML 建模元素。

(2) 类图。类图主要用于表示实体等这一类实在的现实对象及其相互关系,具体而言,类图中一般要用到这些 UML 建模元素:类、联系、聚合、泛化、联系类、接口、依赖等。

（3）状态图。状态图中一般要用到这些 UML 建模元素：状态、状态转移、子转移、起始状态、终止状态、判断、同步等。

（4）活动图。活动图实际上是状态图的超集，活动图中除了要用到状态图中所使用的建模元素外，还要用到这些 UML 建模元素：活动和泳道。

（5）顺序图。为了全面地说明各实体间的信息交互的流程，即每个实体的整个生命期内以及各实体间的交互时序关系，可以通过顺序图，用对象间的消息交互，表示实体间的信息交互的流程。顺序图中一般要用到这些 UML 建模元素：对象和对象消息。

3.4.2　UML 描述步骤与风格

用 UML 描述概念模型一般步骤如下：

（1）首先寻找、建立该模型所涉及的所有用例，逐级建立各种用例图；

（2）找出用例中所涉及到的各种实体，用类图来细化要描述的各种实体；

（3）找出实体的各种活动或行为，用行为图、状态图、活动图以及交互图来进一步完善、说明（1）中的用例图。

按这处步骤，UML 中能在概念建模中使用的视图有：用例图、静态图（类、对象和包图）、行为图、状态图、活动图以及交互图。整个用 UML 描述模型的层次如图 3－2 所示。

Use Case 是由一个或多个对象提供的紧凑的功能性单元。Use Case 主要描述需求与设计之间的关系，它提供的是真实世界活动的顶层描述，标识主要的参与实体以及这些实体间的重要关系，以及影响 Use Case 性能的条件以及活动执行的目标和量度等。

Use Case 的命名方式：以简洁的文字说明 Use Case 所代表的功能。对 Use Case 的附加说明则放在 Use Case 规范的文档中。作用者对于 Use Case 的作用可用联系名具体说明。

在 UML 中实体是用类图来表示的，实体的相关内容可以放在类图的属性里表示。现实世界中实体间的组合关系可以方便的用 UML 中类之间的聚合（Aggregation）来表示。其他关系均用类之间的联系来表示，可以使用版式或命名来区分不同的关系。

在 UML 中任务和行动步骤是用活动图来表示的。活动图进一步描述了 Use Case 中事件流结构。

各种实体之间都存在着大量的信息交互。如在军事领域中，消息的流程，也就是实体任务间的交互更多的表现为命令的发送和接收、敌情报告、我情报

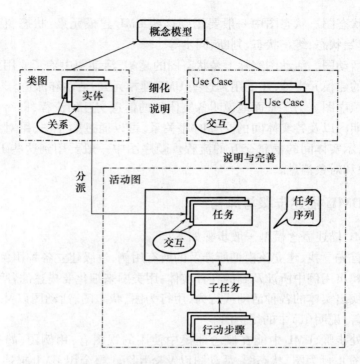

图 3 – 2　概念模型 UML 描述的层次图

告、态势报告等。为了全面地说明各实体间的信息交互的流程,即每个实体的整个生命期内以及各实体间的交互时序关系。可以通过顺序图(sequence diagram),用对象间的消息交互,表示实体间的信息交互的流程。任务间的交互则是用活动间的状态转移来表示的,交互中所传递的消息、事件等则放入转移规范中的事件里。

在活动图中任务间的时序关系是这样表示的:①若两个任务间有表示状态转移(state transition)的线,则表明该两任务是顺序关系。②放在两个同步符号中间的任务表示并发。③嵌套任务同样用放在两个同步符号间的任务表示,只不过在生命期短的任务的前后各加上一个空任务,从而表示生命周期的嵌套。如图 3 – 3 所示,表示任务 A 嵌套任务 B。④嵌套任务同样用放在两个同步符号间的任务表示,只不过在开始时间晚的任务的前面加上一个空任务,而在结束时间早的任务的后面加上一个空任务。⑤任务的重复是用自身转移表示的。如图 3 – 3 所示,表示任务 A 的重复执行。

下面以坦克连对坚固阵地之敌进行战斗为例,对用 UML 描述概念模型的过程加以简单说明。

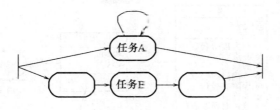

图 3-3 任务时序关系图

首先按照战斗进程过程来划分,找出整个战斗阶段的用例。以战斗实施阶段来讲坦克连所涉及的主要用例如图 3-4 所示。

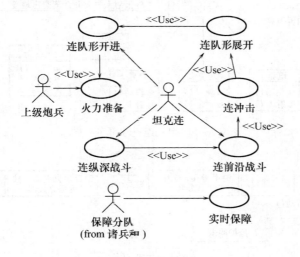

图 3-4 坦克连战斗实施用例图

然后再构建类图、活动图和交互图等。图 3-5 和图 3-6 分别显示的是坦克连进攻战斗中相关的类图及战斗交互图。

虽然 UML 建模有许多优点,也逐步成为面向对象建模的代表,但是,它的应用还比较困难,特别是在知识工程应用方面就更是突出,主要表现如下:

(1) 它的形式化功能还不强。UML 只是半结构、半形式化的建模语言,在形式化推理方面还有待加强。

(2) UML 模型还不能驱动仿真执行。

(3) UML 的描述图过多,太复杂,领域人员不能很快上手。

(4) UML 的数据交换还不完善。当把 UML 向如 C++、Java 或者向 XML 转换时,许多信息会发生丢失,特别是对象间的横向信息常常会体现不出来。

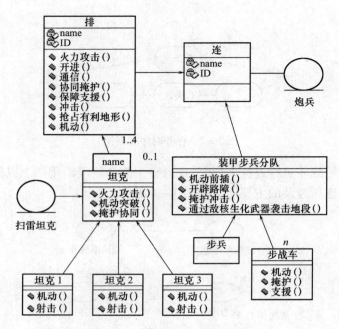

图 3-5   坦克连进攻部分类图

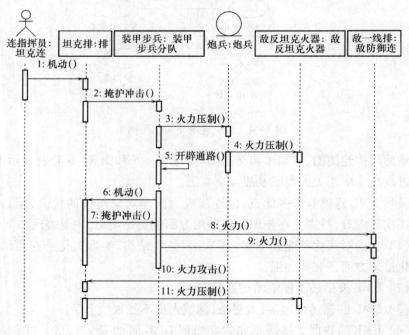

图 3-6   坦克连进攻交互图

3.5　基于 IDEF 的概念模型描述

3.5.1　IDEF 简介

IDEF 是在 20 世纪 70 年代提出的结构化分析方法基础上发展起来的。它是美国空军制定的一体化计算机辅助制造计划以解决人们对更好的分析与交流技术的需要。刚开始时，它包括三个部分：IDEF0、IDEF1、IDEF2，现在它已发展到 IDEF14[4]。

IDEF0　功能模型（function modeling）

IDEF1　数据模型（data modeling）

IDEF2　仿真模型设计（simulation model design）

IDEF3　过程描述获取（process description capture）

IDEF4　面向对象设计（object-oriented design）

IDEF5　本体论描述获取（ontology description capture）

IDEF6　设计原理获取（design rationale capture）

IDEF7　信息系统审定（information system auditing）

IDEF8　人与系统接口设计（human-system interface design）

　　　　用户接口建模（user interface modeling）

IDEF9　经营约束的发现（business constraint discovery）

　　　　场景驱动信息系统设计（scenario-driven IS design）

IDEF10　信息制品建模（information artifact modeling）

　　　　 实施体系结构建模（implementation architecture modeling）

IDEF11　信息工具建模（information artifact modeling）

IDEF12　组织设计（organization design）

　　　　 组织建模（organization modeling）

IDEF13　三模式映射设计（three schema mapping design）

IDEF14　网络设计（network design）

IDEF 在概念建模中主要用到的就是 IDEF0 和 IDEF1。

3.5.2　IDEF0

3.5.2.1　基本语义语法

IDEF0 用于建立概念模型主要是建立功能性的概念模型，这个模型结构化地描述了所研究系统的活动和处理进程。IDEF0 建模方法是通过一系列的图形符号来表示模型的,表示的图形元素主要有盒子(Box)和箭头(Arrow)。IDEF0 中的基本模型是活动,在图中用一个方框表示,这个方框也就是盒子。一个活动代表系统所执行的功能,它对一个输入集进行转化。这个输入可分为三类:输入(input)、控制(control)和机制(mechanism)。输入是一个功能所要转化的或是要消耗掉的东西(如具体的事物、抽象的数据或其他用名词表示的东西),控制是转化的条件、环境或约束,一个活动至少要有一个控制箭头,而机制是活动执行功能所需要的资源(如人或设备)。总之输入、输出箭头表示活动进行的是什么(what),控制箭头表明为何这么做(why),而机制箭头表示如何做(how)。其基本模型图及意义如图 3 – 7 所示。

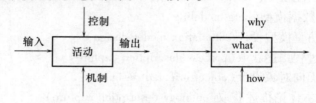

图 3 – 7 IDEF0 基本模型图及意义

3.5.2.2 IDEF0 建模步骤

IDEF0 建立模型的一般过程步骤如下:

(1)建立一张尽可能好但尚未结构化的数据表,或称数据池,列出在父图范围内首先想到的一些项目。有可能时,将其归类。

(2)对作用在数据上的活动进行命名,用盒子将活动名包围起来。

(3)布置合适的箭头。

(4)画出草图。尽可能使盒子及箭头排列清楚,如果结构太细,则把箭头组合在一起。保留最主要的元素。并在必要时进行修改。

(5)必要时写出文字说明以说明重要部分。检查图形目的、观点及平衡性、精确性。必要时提出对父图的修改。

以前面坦克连进攻战斗为例用 IDEF0 来描述其战斗过程如图 3 – 8 所示。

3.5.3 IDEF1X

3.5.3.1 基本语义语法

1. IDEF1X 基本结构

IDEF1X 是用来开发信息模型的,是语义数据模型化技术,它是在 P. P. S

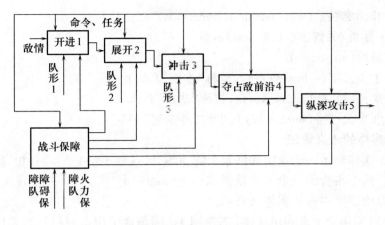

图 3 - 8　坦克连战斗过程的 IDEF0 简图

(Pter)Chen 的实体联系模型化概念与 P. P. (Ted)Codd 的关系理论的基础上发展起来的。IDEF1X 用于概念建模,主要是建立与数据、信息密切相关的概念模型。IDEF1X 的基本结构(图 3 - 9)如下:

(1)包含数据的有关事物。例如:人、概念、地方和事物等用盒子来表示。

(2)事物之间的联系用连接盒子的连线来表示。

(3)事物的特征用盒子中的属性名来表示。

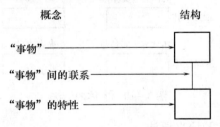

图 3 - 9　IDEF1X 模型化概念

结合 IDEF1X 的的结构,IDEF1X 模型设定了以下成分:

(1)实体(entities):

- 独立标识实体(identifier-independent entities)
- 从属标识实体(identifier-dependent entities)

(2)联系(relationships):

- 可标定连接联系(identifying connection relationships)
- 非标定连接联系(non-identifying connection relationships)
- 分类联系(categorization relationships)

- 非确定联系(non-specific relationships)

（3）属性/关键字(attributes/keys)：

- 属性(attributes)
- 主关键字(primary keys)，也称"主键"(PK)
- 次关键字(alternate keys)，也称"次键"(AK)
- 外来关键字(foreign key)，也称"外来键"(FK)

2. 实体的语义语法

一个实体表示一个现实和抽象事物的集合,这些事物必须具有相同的属性或特征。这个集合的一个元素就是这一实体的一个"实例"。一个现实世界的事物可以由模型中多个实体来表示。

IDEF1X 用盒子来表示实体(图 3 - 10),圆角盒子用来表示从属实体,方角盒子用来表示独立实体。每一个实体分配一个唯一的名字和号码,名字和号码之间用斜杠(/)分开,放在盒子的上方,这个号码必须是正整数。实体名必须是一个名词短语,这个名词短语描述了实体所表示事物的一个集合。这个名词短语是单数而不是复数的。且允许用缩写和字母缩写词。一个实体可以出现在多张 IDEF1X 图上,但在一张图中,只出现一次。

图 3 - 10　实体的语法

3. 属性与关键字的语义语法

属性表示实体的特征或性质。一个属性实例是实体的一个成员的具体特征,也称属性值。属性必须在实体中定义,不允许有游离在实体以外的属性。

关键字是由一个实体中的一个或多个属性组成,它唯一确定实体的每一个实例,每一个实体至少有一个候选关键字。一个实体可以有多个候选关键字,例如属性"雇员号"和"身份证号"都唯一地确定"雇员"实体的实例。如果对一个实体存在多个候选关键字,那么必须指定其中一个为主关键字,而其它候选关键字为"次关键字"。如果只有一个候选关键字,那么它就是主关键字。如果在两个实体之间存在确定连接和分类联系,那么构成父实体或一般实体主关键字的属性将被继承为子实体或分类实体的属性。这些继承属性被称为外来关键字。

　　属性必须由唯一的名字命名。属性名称一般用名词或名词短语表示,从属于某个实体。在实体框中,每个属性用一行表示。实体被一水平分割线分割,其中主关键字属性位于实体分割线上方,次关键字属性位于分割线下方,并用"(AK)"标注放在次关键字属性之后。而外来关键字是通过把继承属性名加"(FK)"标注放到实体盒子中的方法来描述的。如果继承属性属于子实体的主关键字,那么该属性被放在水平线上面,并且这个实体应画成圆角盒子,表示该实体的标识符(主关键字)是根据一个联系而继承的。如果继承属性不属于子实体的主关键字,那么,该继承属性应放在水平线下面(图3-11)。

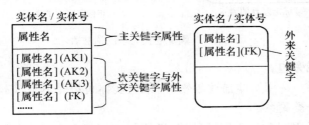

图 3-11　属性与关键字语法

4. 联系的语义语法

　　联系用来描述实体之间的关系。它包括确定连接关系、非确定连接关系和分类关系。

　　确定连接联系也叫连接联系,是实体之间的一种连接或联结。这种连接联系中,被称为父实体的每一个实例与子实体的0个、1个或多个实例相连接,子实体的每个实例精确地同父实体的一个实例相连接。联接关系连接的两个实体之间实例在数量上的对应关系可以由确定关系基数来进一步确定。连接联系用父子实体之间的一条连线来表示,连线的子实体端带有一个小圆点。在此小圆点旁边用字母"P"表示1或多个的基数,用"Z"表示基数为0或1,用正整数表示基数的确定值,缺省情况表示基数可以是0,1或任意大于1的正整数。在确定连接关系中,又可分为可标定的连接联系和非标识的连接联系。可标定的连接关系中,父实体的主关键字属于子实体的主关键字。而非标定的连接关系中,父实体的主关键字则不属于子实体的主关键字。非标定的连接联系中的连线用虚线表示(图3-12)。

　　非确定连接关系又称为多对多关系,这种关系描述两个实体实例之间存在的0、1个或多个对应关系。非确定联系用一个两端都带圆点的连线来描述,非确定联系是被双向命名的。联系名用动词短语来描述,联系名称用斜杠"/"分

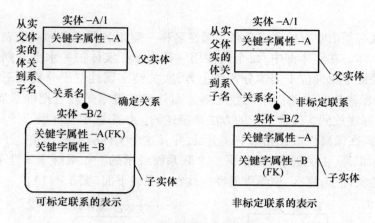

图 3 – 12　确定连接关系的语法表示

开且放在连线旁边。

分类联系。在用实体描述事物时,某些实体可以是其它实体的分类,这种关系就称为分类关系。

分类联系用图 3 – 13 所示的线、圆圈加下划线和几条支线组合起来表示。对分类实体而言,基数不必说明,因为总是 0 或 1,分类实体全部是从属实体。分类联系表示中,圆圈的下划线是双线时,这表示分类实体集是完全的,而单划线时,则表示分类的非完全集。

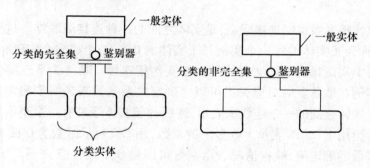

图 3 – 13　分类关系的语法表示

3.5.3.2　IDEF1X 建模步骤

第一步:设计开始

是建模的开始,主要对建模的对象及定义系统的边界有明确的划分。并制定建模的目标。主要工作如下:

（1）制定建模目标；

（2）制定建模计划；

（3）组织队伍。

第二步：定义实体

在这一步主要的工作有两个：标识实体和定义实体。其目的是标识和定义在建模问题范围中的实体，得到实体和早期词汇表。

（1）标识实体，IDEF1X 中实体表示的是一组事物。在问题范围内的一个物体、一个事件、一种状态、一种行为、一种思想、一种概念或者一个地方等都可以构成实体的实例。

（2）定义实体，定义实体的内容包括：

● 实体名。实体名是描述、识别实体的唯一名字，允许简写和缩写，但必须有意义。

● 定义实体。定义实体要以模型内容范围为基础。

● 实体同义词。实体同义词是可以定义实体的一组别名。

第三步：定义关系

定义关系就是标识和定义实体之间的基本联系。其结果是得到联系矩阵、联系定义和实体级图。

（1）标识相关实体—关系。这里的实体—关系，一般是简单的二元关系，如果是多元关系，也要尽量把它简化为二元关系。这样做一方面可以简化关系的复杂程度，仅仅找出关系实体间的关系而不需要标出关系的类型和基数；另一方面，有利于在全局范围内把握模型的正确性。

标识相关实体—关系，最后可得到实体—关系矩阵，在矩阵中在两个相关实体的交叉位置上画"√"。这里关系的性质并不重要，而关系存在的事实必须是充分的，如表3－3所列。

表3－3　实体—关系矩阵

实体 ＼ 实体	坦克	目标	弹种	射击任务
坦克		√	√	√
目标	√		√	
弹药	√	√		
射击任务	√			

（2）定义关系。标识实体的关系后，需要进一步细化，包括表示依赖、确定关系名称和编写关系说明。

在联系所涉及的两个实体间，需要定义它们的依赖关系，实体间的联系必须在两个方向上进行检验，通过联系的每一端决定完成这一工作的基数。具体的方法是，首选假定一个实体存在一个实例，然后决定相对于这个实体来说，另一个实体存在多少确定的实例，然后再反向进行同样的假设检验。例如"坦克"和"目标"之间，首先，假定有"坦克"实体的一个实例，即某辆坦克，它可以发现0，1 或多个目标。当然，目标也可以被多辆坦克发现。因此坦克和目标之间存在多对多的关系，关系的每一端都有基数 0，1，或 n。运用这个方法可以找出实体间确定性关系。构建了关系以后，就可以着手对关系命名和定义。关系名通常选择简单的动词或动词短语。定义的关系必须是具体的、简明的和有意义的，同时可以在附加说明中详细说明关系的含义。

（3）构造实体级图。实体级图是简化的模型，用方框表示实体，可以得出图 3－14 的实体级图。

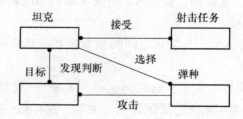

图 3－14　实体级图

第四步：定义键

这一步中要改善上一步中产生的非确定联系，为每个实体定义键属性，迁移主键以建立外来键，确认联系和键。这一步可得到键级图。

（1）分解不确定关系。对于模型中的不确定关系，需要分解成确定关系。如"坦克"实体和"目标"实体之间的不确定关系就需要分解。分解的方法是构造一个新实体，作为两个实体的子实体，新实体与两个父实体之间用确定关系代替，如图 3－13 所示。

（2）标识键属性。实体的属性是其所有实例的该属性值的集合。标识键属性就是找到实体中可以作为键的一个或多个属性，它们的属性的每一个可能的值都不存在重复，这样就可以得到实体的一个或多个候选键。如果只有一个候选键，则将其作为主键，否则，根据问题需要选择一个候选键作为主键，其他作为次键。得到实体主键和次键后。在实体—关系图中，需要将属性标注在实体中,主键放在实体水平分割线的上主,次键放在下方,同时给每个键一个适当的编号。

(3) 迁移键。对于关系连接的实体,需要在实体之间迁移键,完成外键的定义。迁移键的方法:如果关系是标识性连接关系,则将父实体的主键迁移到子实体,作为子实体的外键并作为主键的一部分,放到实体水平分割线的上方;如果关系是非标定的连接关系,则将父实体的主键作为子实体的外键,并作为子实体的次键,放到实体水平分割线的下方;如果是分类关系,则将一般实体的主键作为分类实体的主键,必须注意,迁移后一般实体和分类实体的主键必须完全一致。

(4) 确认键和联系。完成上述工作以后,还需进一步确认和检查,要注意:不允许使用不确定关系,要将不确定关系转化成为确定关系;键从父实体向子实体的迁移是强制性的;构成实体键属性的值不允许重复,也不允许为空值。

(5) 阶段模型。经过上述工作后,就可以得到IDEF1X的阶段模型,最后将本阶段的工作在实体关系图上正确反映,并编制相关的说明文件。

第五步:定义属性

这是模型开发的最后阶段,主要是开发属性池,建立属性的所有者关系,定义非键属性,确认并改进数据结构。

(1) 标识非键属性。收集与问题相关的所有属性,并将它们列表,形成属性池。为每一个属性给一个明确的有意义的名字。

(2) 建立实体属性。将每一个属性分配到实体中。

(3) 改善模型。对即将完成的模型做进一步的确认和检查,检查属性之间的函数依赖关系,根据范式理论将实体分解成范式形式(第5范式),并重新绘制实体—关系矩阵,最后提交评审委员会专家评审,通过评审后才最终得到模型。

(4) 最终模型。形成完整的模型设计报告。

这一步的结果可在一个或多个"属性级"视图中描述。这一步结束时,我们可得到完全改进的模型。图3-15就是美军用来描述实体的IDEF1X视图。

基于IDEF的建模主要存在以下缺点:

(1) 不具备可操作性。IDEF由众多的IDEF图文档组成,也正因为如此,它通常被称为文档模型(Document Model)或纸面模型(Paper Model),这种以图形方式建立的文档不具备可操作性。

(2) 利用不方便。虽然IDEF能表示系统方方面面的联系,但由于数量众多,导致了这一文档模型的复杂性,即难以清晰地反映系统活动及活动间信息联系的全貌,难以准确地反映、验证活动间的信息联系,因此在设计过程的规划

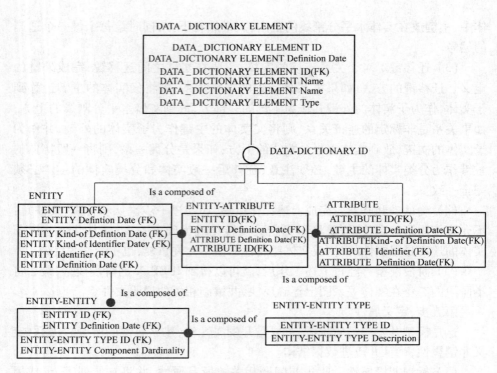

图 3 – 15 实体描述 IDEF1X 视图

过程中无法对其进行有效的利用,不能为设计过程有效的规划提供必要的信息。

3.6 基于概念图的概念模型描述

3.6.1 概念图简介

概念图(Conceptual Graphs,CG)用于概念建模,其目的就是获得领域内的概念和关系。它也叫图形概念模型[1]。

人们常把对客观存在的认识看作概念,对客观存在的规律性的认识看作是概念之间的联系,这样知识即由概念及其关系组成。不论是精确的还是模糊的、不确定的知识,都能用相应的概念及其关系来描述。

基于人们对知识的一般认识,John F. Sowa 于1984 年提出了概念图结构,并给出了用概念图表示知识的方法。概念图的形式化定义:CG = (Concept$C$, Relation, A_{rc}) , 其中, Concept$C \equiv \{ C_1 , C_2 , \cdots , C_m \}$, 是概念节点的集合;Relation =

$\{r_1, r_2, \cdots, r_n\}$,是关系节点的集合;$A_{rc} = ($ Concept $\times$ Relation $) \cup ($ Relation $\times$ Concept $)$ 是弧的集合。

由概念图定义可知,以图形表示的概念图是一个有向连通图,它包括两种节点:概念节点和关系节点。概念节点表示问题领域内一个具体的或抽象的实体,关系节点表示概念节点之间的联系,弧的方向为概念节点和关系节点之间的联系。下面就举一个实例来说明概念图的组成及形式。

例:用概念图描述"坦克连成一字队形向1号高地冲击"。

其概念图如图 3 – 16 所示。

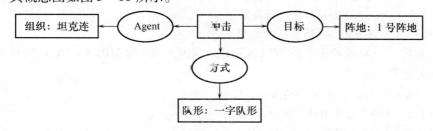

图 3 – 16　坦克连成一字队形向 1 号高地冲击概念图表示

结合图 3 – 16,概念图有如下特点:

(1) 在概念图中,概念节点用方框表示,关系节点用圆圈表示,有向弧标出了概念关系节点所邻接的概念节点。

(2) 一个概念节点可以有两个域:类标号域(Concept Type Label)和所指域(Referent)。图中"坦克连"为指称,"组织"为概念类型。

(3) 指称可以是特定的个体(用单引号括起来,如 人:'张三'),也可以是规定的标识符,如 人: * x1 　'张三'(后面介绍其意义)。这里注意指称可以为空。当指称为空时,如 坦克 表示存在一辆坦克。

概念图的上述显示形式称为图形显示形式(Graphical Display Form,GDF),为了进一步描述方便与形式化,便于计算机处理,又产生了线型化概念图(linear CG)。这种形式又称概念图的线型化表示形式(Linear Form,LF)。线型化概念图是用特殊的文本标记形式来描述概念图,是图形概念图的文本化。

线型概念图的语义和语法:

(1) 用方括弧代替方框表示概念节点,用圆括弧代替圆圈表示关系节点。

(2) 概念节点和关系节点的组成同图形表示的概念图。

(3) 概念类型包含两个基本的类型标记"T"和"⊥",前者表示全称类型"&Top",后者表示荒谬类型。

（4）概念类型的子类关系用"≤"和"＜"表示,其中"＜"表示严格子类关系;超类关系用"≥"和"＞"表示,其中"＞"表示严格超类关系。显然,若 t 是一个类型标记,则 T≥t,并且 t≥⊥;特别地,T＞⊥。

（5）当一个概念与多个概念有关系时,在此概念行后用连接符"－"来连接它所有的关系,这种符号表示连接到此概念的关系是处于一个层次的。

用线型化描述,图 3－9 的线型表示形式如下:

［冲击］－

　　　　　（Agent）→［组织:坦克连］

　　　　　（目标）→［阵地:1 号高地］

　　　　　（方式）→［队形:一字队形］

带有 n 个关系的概念图可以表示成 n 元星形图,因而图 4－16 的线型星形形式可表示如下:

（Agent　［冲击］［组织:坦克连］）

（目标　［冲击］［阵地:1 号高地］）

（方式　［冲击］［队形:一字队形］）

为了很好地显示这种星形图,这种有 n 个关系的概念必须要有相同的指称。概念图中规定:第一个关系的概念后要插入限定标记"＊Identifier",以后的关系,则直接插入范围标记"？Identifier"而不要概念标记,以表示这个概念有一个共同的实例。这样上述线型形式就表示如下:

（Agent　［冲击 ＊x］［组织:坦克连］）

（目标　？x　［阵地:1 号高地］）

（方式　？x　［队形:一字队形］）

3.6.2　概念图描述步骤

概念图是一个形式系统,它把领域的概念和关系表示为一个图形。把领域描述为一个图形概念模型的图形概念建模过程如下:

（1）列出领域中所有的概念和复杂关系。概念是现实世界中的对象、关系或事件。

（2）创建或规范能连接领域概念的关系。如果在多个概念之间需要一种关系,那么可以把这个关系添加到第一步中的列表里作为一个特别的概念对待。例如,射击是一个关系,但它是一个复杂关系,它涉及到主体、客体、射击方式、射击距离、射击弹种等多个概念,因而把它作为一个概念对待。

（3）从列表中选择领域中的主要概念。概念应被包括在领域的基础概念中。

（4）把主要的概念绘制成概念节点,即以方框包围单词来表示概念节点。

（5）绘制连接概念节点的关系,即以圆圈包围单词来表示关系节点。

（6）绘制出概念与关系或关系与概念的连接弧。

（7）检查领域修订概念图,并适当添加概念类型。

例如,建模坦克对敌装甲车射击的概念系统。下面的信息是从领域专家那里抽象出来的:

- 坦克和敌装甲车的位置、距离。
- 坦克射击要选择弹种,对装甲车要用破甲弹。
- 坦克一般实行短停射击。
- 坦克射击开火距离控制在有效射程内。

按上面的步骤:

（1）列出领域中的概念和复杂关系。

- 坦克;
- 装甲车;
- 射击距离、开火距离、有效射程;
- 射击;
- 短停射击;
- 穿甲弹、破甲弹、榴弹、碎甲弹;
- 坐标位置。

（2）关系的构建与规范。

- 弹种(穿甲弹、破甲弹、榴弹、碎甲弹);
- 射击样式(行进间射击、短停射击、停止间射击);
- 目标;
- 主体(Agent);
- 距离。

（3）从列表中选择领域中的主要概念。

- 坦克;
- 射击;
- 装甲车;
- 短停射击;
- 有效射程;
- 破甲弹。

（4）绘制概念节点。

（5）绘制关系节点。

（6）进行弧连接。

（7）检查、修订。

最后的概念图如图 3 – 17 所示。

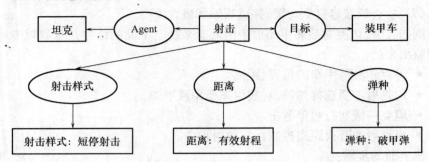

图 3 – 17　坦克对敌装甲车射击概念图

上面讨论的是概念图的图形显示形式,对于复杂概念可用嵌套的概念图来显示,图 3 – 18 表示"团长判断敌军意图对我 3 号阵地实施主攻"的概念图,其中点线表示互为指称连接,即概念 敌军 和 T 拥有共同的个体指称。但是当问题太复杂时,其表示就极为不方便,鉴于此,许多时候常用线型化概念图表示。

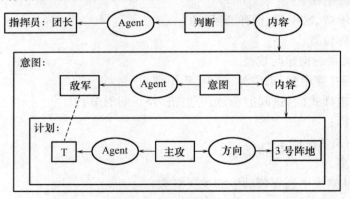

图 3 – 18　嵌套的概念图

用线型化描述,图 3 – 18 的线型形式可表示如下:

[指挥员:团长]←（Agent）←[判断]→（内容）–

　　[意图:[敌军 * x]←（Agent）←[意图]→（内容）–

　　　　[计划:[? x]←（Agent）←[主攻]→（方向）→[3 号阵地]　]]

这样,利用这种线型形式,无论概念图怎么复杂,无论它嵌套多少层,都可以容易地表示出来。

按照上面的方法,下面来构建坦克排交替通过地雷场#1 通路的基于概念图的概念模型。

假如某概念模型可抽象为 CM :: = < <环境 En > , <E > , <任务 T > , <A > , <交互 I > , <规则 C > , <输出 Out > >

为了表示方便,我们用线型化概念图描述。图 3 - 19 是概念模型的线型表示形式:

```
CMCG: :={ 模型名:
      [
       ["环境类": GG 描述 ]  ↗ 双引号表示里面的内容直接显示
       ["实体类": GG 描述 ]
       ["任务类": GG 描述 ]
       ["活动类": GG 描述 ]
       ["规则类": GG 描述 ]
        ["输出":
             [任务  ?  x1]—
             (Agent) → [实体 ? y1] → (Do) → [活动: ? z1]—
                           (NEXT) → [活动: ? z2]
                           (NEXT) → [活动: ? z3]
                           …… …… ……
             (Agent) → [实体: ? y2] → (Do) → [活动: ? z1]—
                           (NEXT) → [活动: ? z2]
                           (NEXT) → [活动: ? z3]
                           …… …… ……
            [任务: ? x1]—
                … … … … … ….
            ]
      ]
            }
```

图 3 - 19 概念模型的概念图

CMCG: : = {坦克排交替通过地雷场概念模型:
    [
       [环境类:
          [战斗区域] –
             (名称)→ [× × 地区]
             (位置)→ [坐标]
             (地形)→ [山地|城市|平原|……]
          [时间: × 年 × 月 × 日 × 时]
          [气象] –
             (天气)→ [晴]

(温度)→[20℃]

(风力)→[3 级]

(风向)→[东南风]

]

[实体类:

[坦克排:'#301']–

(位置)→[坐标]

(状态)→[行进中]

(任务)→[任务:交替过雷场]

(编配)→[坦克]→(数量)→[3 辆]

(现编成)–

[坦克:'#3011']–

(位置)→[坐标]

(状态)→[行进中]

(任务)→[任务1:交替过雷场]

[坦克:'#3012']–

(位置)→[坐标]

(状态)→[行进中]

(任务)→[任务1:交替过雷场]

[坦克:'#3013']–

(位置)→[坐标]

(状态)→[行进中]

(任务)→[任务1:交替过雷场]

[地雷场]–

(位置)→[坐标区域]

(通路)–

[通路:'#1']–

(位置)→[坐标]

(宽度)→[8m]

[通路:'#2']–

(位置)→[坐标]

(宽度)→[8m]

]

[任务类:

[任务1:坦克排过雷场]-

      (描述)→[文本:'……']

      (Agent)→[坦克排:'301']

      (Do)→[活动1]→(搜索)→[规则1]

]

[活动类:

    [活动1:'冲击到雷场']-

      (Agent)→[坦克排:'#301']

      (目的地)→[道路:'#1']

      (方式)→[冲击]

    [活动2:'占领有利地形']-

      (Agent)→[坦克]

      (目的地)→[地点:有利地形]

    [活动3:'通过雷场']-

      (Agent)→[坦克]

      (位置)→[通路:'#1']

      (方式)→[加速前进]

    [活动4:'掩护']-

      (Agent)→[坦克]

      (客体)→[坦克|工兵|步兵]

      (方式)→[射击]→(目标)→[敌目标]

    [活动5:'向上级请求工兵开辟通路']-

      (Agent)→[坦克:'#3011']

      (客体)→[上级单元]

      (发送)→[请求工兵开辟通路]

    [活动6:'从另一通路绕行']-

      (Agent)→[坦克排:'#301']

      (目的地)→[道路:'#2']

      (条件)→[#1道路堵塞]→(and)→[接到上级绕行命令]

      (方式)→[绕行]

    [活动7:'将损坏坦克推出通路']-

      (Agent)→[坦克]

      (客体)→[损坏坦克]

      (方式)→[强行推出]

]

［规则类：

　［规则1：'交替过雷场规则'］−

　　　（IF）→［活动1］→（THEN）−

　　　　　　［坦克：'#3011'］→（Do）→［活动2］

　　　　　　［坦克：'#3012'］→（Do）→［活动2］

　　　　　　［坦克：'#3013'］→（Do）→［活动3］

　　　（FINISH）→［活动2］→（THEN）→［活动4］

　　　（FINISH）→［活动4］→（THEN）−

　　　　　　［坦克：'#3011'］→（Do）→［活动3］

　　　　　　［坦克：'#3012'］→（Do）→［活动3］

　　　（IF）→［通路堵塞］→（THEN）→［活动5］

　　　（IF）→［通路有损坏坦克］→（THEN）→［活动7］→（NEXT）→［活动3］

　　　（IF）→［通路堵塞］→（and）→［接到上级绕行命令］→（THEN）→［活动6］

　［规则2：其他规则］−

　　　……………………

]

［"输出"：

　［任务1：坦克排过雷场］−

　　　（Agent）→［坦克：'#3011'］→（Do）→［活动1］

　　　　　　（NEXT）→［活动2］

　　　　　　（NEXT）→［活动4］

　　　　　　（NEXT）→［活动3］

　　　（Agent）→［坦克：'#3012'］→（Do）→［活动1］

　　　　　　（NEXT）→［活动2］

　　　　　　（NEXT）→［活动4］

　　　　　　（NEXT）→［活动3］

　　　（Agent）→［坦克：'#3013'］→（Do）→［活动1］→（NEXT）→［活动3］

　]

]

}

3.7 基于 XML 的概念模型描述

3.7.1 XML 简介

XML 起源于 SGML,但没有它复杂,却继承了它所有的精华。它是 Web 上表示结构化信息的一种标准文本格式。它可以提供构造网上知识库的合适的体系结构[5]。它具有以下优点:

- XML 建立在 Unicode 基础上,这使它更易创建国际化的文档。
- 语法独立,通过 XML 提供统一的语法表示和存储格式。
- 可扩充性,可以通过对底层 DTD 或 Schema 的扩展增加新的知识表示能力。
- 可综合多种知识表示方法,可用相同的 XML 重写多种传统知识表示方法。
- 可以对不同信息源的信息进行集成,并形成统一的文档。
- 可以实现数据的结构化,允许在不同企业间进行知识交换,提供不同知识库的交换;提供知识库与数据库、应用系统等之间互换。
- 标准化,XML 是 W3C 确定的 Internet 上的标准数据格式。采用 XML 的知识表示可以在世界范围内,定义标准化的、仅用的具备自我描述功能的数据;非常容易地通过企业信息门户向外发布,达到知识共享与交换的目的。

一个 XML 文件最基本的构成如下:

```
XML 声明
处理指示(可选)
XML 元素
```

下面是一个例子,它是有关专有名词解释的 XML 文件:

```
[1]   <? xml version = "1.0" encoding = "GB2312" standalone = "no"? >
[2]   <? xml – stylesheet type = "text/xsl" href = "mystyle. xsl"? >
[3]   <专有名词列表 >
[4]       <专有名词 >
[5]           <名词 > XML </名词 >
[6]               <解释 > XML 是一种可扩展的源置标语言,它可用以规定新的置标规则,
并根据这个规则组织数据 </解释 >
```

```
[7]            <示例>
[8]               <!－－一个 XML 的例子－－>
[9]               <![CDATA[
[10]                  <联系人>
[11]                     <姓名>张三</姓名>
[12]                     <EMAIL>zhang@163.com</EMAIL>
[13]                  </联系人>
[14]               ]]>
[15]            </示例>
[16]         </专有名词>
[17] </专有名词列表>
```

在本例中,[1]是一个 XML 声明,[3]~[17]是文件中的各个元素。

[1][2]是处理指示,其中[1]是版本与编码,[2]是显示样式。[8]是注释。[9]~[14]是 CDATA,当 XML 解析器遇到 <![CDATA[时,它报告在其后跟着不希望把这些字符解释为元素或实体标记的字符的内容。字符引用在 CDATA 节内不起作用。当解析器遇到末尾的]]时,它停止报告,并且返回到正常的语法分析。

在[5]行的"<名词>XML</名词>"中,"<名词>""</名词>"是标记,"XML"是字符数据。

由上面可看到 XML 文件是"形式良好"的。但要使它有效就必须要遵守文件类型描述 DTD(Document Type Definition)中定义的种种规定。DTD 实际上是"元标记"这个概念的产物,它描述了一个置标语言的语法和词汇表,也就是定义了文件的整体结构以及文件的语法。简而言之,DTD 规定了一个语法分析器为了解释一个"有效的"XML 文件所需要知道的所有规则的细节。正因为 DTD 描述了文档的所有元素及其属性,它相当于一个 XML 文件的"模板",因而在大多数情况下是首先定义一个 DTD(它本身也是遵循 XML 语法的),它可以是内部的,也可是外部的,然后按照这个定义来进行描述。

3.7.2　XML 描述过程

用 XML 描述概念模型,其步骤比较简单:

(1)抽取要描述的概念模型要素。

(2)定义模型的文件结构,也就是 DTD 或 XML Schema。

(3)按上面所定义的文档结构对概念模型要素进行具体的描述。

下面就举一些简单的应用实例。

例如,要描述坦克连进攻战斗实施过程,可以首先建立进攻战斗实施的war. DTD 文件(表 3 -4):

表 3 -4　进攻战斗实施过程的 DTD 格式

```
<! ELEMENT 战斗实施 (进攻战斗实施) + >
<! ELEMENT 进攻战斗实施 (火力准备, 开进, 展开, 冲击, 前沿战斗, 纵深战斗) >
<! ATTLIST 进攻战斗实施
作战单元 CDATA    #REQUIRED
样式 (山地战斗 | 平原战斗 | 城市战斗) "山地战斗"
方向 (主攻 | 助攻) "主攻"
>
<! ELEMENT 火力准备 (#PCDATA) >
<! ELEMENT 开进 (#PCDATA) >
<! ELEMENT 展开 (#PCDATA) >
<! ELEMENT 冲击 (#PCDATA) >
<! ELEMENT 前沿战斗 (#PCDATA) >
<! ELEMENT 纵深战斗 (#PCDATA) >
```

然后具体进行实施过程描述,简单示例如表 3 -5 所列。

表 3 -5　坦克连进攻战斗实施过程的 XML 描述

```
<? xml version = "1. 0" encoding = "GB2312" standalone = "no" ? >
  <! DOCTYPE 战斗实施 SYSTEM "war. DTD" >
<战斗实施 >
  <进攻战斗实施 作战单元 = "坦克连" 样式 = "山地战斗" 方向 =
"主攻" >
    <火力准备 >火力准备的描述 </火力准备 >
    <开进 >开进的描述 </开进 >
    <展开 >展开的描述 </展开 >
    <冲击 >冲击的描述 </冲击 >
    <前沿战斗 >前沿战斗的描述 </前沿战斗 >
    <纵深战斗 >纵深战斗的描述 </纵深战斗 >
  </进攻战斗实施 >
</战斗实施 >
```

从这个小示例中我们可以看出用 XML 来描述概念模型没有用 UML 来描述直观,而且比较繁琐,但它若用于模型文件的归档,则具有很大优势,易于存储。表 3 -6 就是模型归档的 DTD 格式:

表 3 – 6   模型归档 DTD 格式

```
<? xml version = "1. 0"  encoding = "GB2312"? >
<! ELEMENT 概念模型（模型）* >
<! ELEMENT 模型（模型名,ID,创建人,创建日期,批准日期,描述）>
<! ELEMENT 模型名（#PCDATA）>
<! ELEMENT ID（#PCDATA）>
<! ELEMENT 创建人（姓名,EMAIL,电话,地址）>
        <! ELEMENT 姓名（#PCDATA）>
        <! ELEMENT 公司（#PCDATA）>
        <! ELEMENT EMAIL（#PCDATA）>
        <! ELEMENT 电话（#PCDATA）>
        <! ELEMENT 地址（#PCDATA）>
<! ELEMENT 创建日期（#PCDATA）>
<! ELEMENT 批准日期（#PCDATA）>
<! ELEMENT 描述（EMPTY）>
<! ATTLIST 描述
        UseCase ENTITY #IMPLIED
        活动图 ENTITY #IMPLIED
        交互图 ENTITY #IMPLIED
        类图 ENTITY #IMPLIED
        >
```

　　不同的人由于所使用的方法不同,会建立不同的概念模型。因而概念模型有不同的表现形式,如图形、文档、数据库甚至是表格等。这适合不同的使用者,但在建立概念模型库时有必要将它们转换为统一的格式进行集成,存储在概念模型库中。由上面 XML 所显示的样式,可以看到 XML 以统一的方式实现了任意复杂度的自描述结构化数据,它能很好地达到数据集成与交换这一目的。

　　XML 很适合解决由于一些原因造成的集成问题:①在平台、操作系统、编程语言等方面,它是中性的。XML 文档就是一些能够在任意平台上通过任意应用程序发送和接收的文本,就像 HTML 一样。②XML 是一种经过 W3C 认可的 Internet 标准,因此几乎可以在您所关心的任意平台（包括 Microsoft Windows、UNIX、LINUX 和 Macintosh 上）获得用于读取和处理 XML 文档的分析程序。③开发人员可以利用一些相关的标准来定义、处理和转换 XML 文档,包括"文档类型定义"（DTD）、XPath 查询语言、"文档对象模型"、"用于 XML 的简单

API"(Simple API for XML,SAX),以及"可扩展样式页语言"(XSL)。另外,更多与 XML 相关的标准正在审核过程中,其中包括 XML 方案,它可以提供一种定义 XML 文档的方法。

基于 XML 的建模存在以下缺点:

(1) XML 虽然是一种结构良好的、自描述性很强的语言,但是 XML 只是在形式上统一了语法,而不是统一了语义的表示。它还不具备支持语义完整性约束声明的机制。

(2) XML 语法被设计用于表示一和串行化的编码,对复杂对象语义建模的表达能力非常有限,XML 难以表示问题域中对象的概念化模型。

基于上述缺点,XML 常常作为一种数据交换格式的语言来使用。

3.8 面向对象的本体论概念模型描述

3.8.1 面向对象的本体论简介

本体最初是一哲学名词,以大写"O"开头的 Ontology 来表示。它是一种存在的系统化解释,用于描述事物的本质。最后本体论的概念和方法被计算机领域采用,并被广泛使用。要明白本体论方法,就要看本体论定义[11]。

在本体论的研究与发展过程中出现过许多定义,目前普遍为大家所接受的定义是:

定义 1 本体论是领域概念化(Conceptualization)对象的显式(Explicit)说明和描述。

领域是一个比较大的范畴,可以指某个具体的主题领域或知识领域,例如医药、法律、工业制造等,也可以指与某个任务或活动相关的领域。

概念化从广义上讲是指世界观,是指对某个领域的思维方法。它是通过标识某个现象的相关概念而得到的这个现象的抽象模型。它可以被看作是"限制实体某一部分结构的非形式化规则的集合",它也可以被典型地理解并表示为概念的集合(例如实体,属性,过程)以及它们的定义和相互间的联系。这里可借用 Nicola Guarino 的定义来理解概念化对象 C:

领域空间为一个二元结构 $<D,W>$,其中 D 是一个领域,W 是该领域中相关的事务状态(state of affairs)的集合。

概念化对象是一个三元结构 $C = <D,W,R>$,其中 R 是领域空间 $<D,W>$ 上的概念关联集。n 维的概念关联 ρ^n 为全函数 $\rho^n : W \to 2^{D^n}$,表示从 W 到 D 上

全体 n 维关系的映射。我们称之为概念体系。

D^n 是 $\overbrace{D \times D \times \cdots \times D}^{n}$ 的缩写(其中各个 D 的取值可能不同,在实际取值中,往往只取 $\overbrace{D \times D \times \cdots \times D}^{n}$ 中的子集),2^{D^n} 表示 D^n 的幂集,即 D^n 的所有子集,这种 D 上的 n 维关系称之为外延关系,n 维的概念关联 ρ^n 称为内涵关系,外延关系用以描述领域概念之间的组织结构,而内涵关系主要用于表达关系本身的含义。

概念化可以是显式的,也可以是隐式的,显式的说明和描述则是努力使问题域中的概念与概念、概念与对象、对象与对象之间的关系以及在问题域中对象上所施加的约束进行明确的定义和说明,而不是隐式地存在于分析者的头脑中或嵌入在程序员的程序中。这样可大幅度地减少对概念和逻辑关系可能造成的误解。

根据上述理解我们进一步可以得到本体的形式化定义:

定义 2 一般来讲,一个本体可以由三部分组成:$< C, R, Ru >$,其中 C 表示概念集,R 表示概念间的关系,Ru 表示本体中存在的规则。

按定义 2 就可以定义一个军事本体,军事本体由三部分组成:$<$ ConTypes, ConRelations, Rules $>$。其中 ConTypes 为组成本体的军事概念类集合;ConRelations 是本体中概念间的关系集合;Rules 是本体中普遍成立的规则集合。

进行概念模型研究的一个主要目的就是要进行知识的重用、共享与操作。面向对象的方法[9,10]适合于表示模块化的、有纵向继承关系的知识,但是它不便于表示有横向联系的知识。而要加强这种横向关系的描述,就得引入上面介绍的本体论方法。因为本体论强调知识的结构,重视事物之间的横向联系。由此可见,本体论建模方法与面向对象方法互为补充,如果将这二者相结合就是强有力的建模方法和知识表示手段,因此本文提出面向对象的本体论概念建模方法。

所谓面向对象的本体论概念建模方法就是用本体来加强横向知识表示,用面向对象描述本体结构。这种方法既充分利用了面向对象方法的适合于表示模块化和有纵向继承关系的知识这一优点,又克服了其不便于表示有横向联系的知识这一局限性。

3.8.2 面向对象的本体语言

3.8.2.1 组成

面向对象的本体语言由两大部分组成:本体部分和对象部分。

本体部分的描述这里采用的是框架结构,是整个语言的核心部分,产生式规则隶属框架,作为框架行为处理的描述。对象部分采用面向对象的方法将框架用对象来处理,最后成为整个概念模型的模型表现结构。用框架这种方法结构化比较强,比较直观,符合领域人员的习惯和思考特点,而最后模型转化为面向对象(类)的形式,则是为工程技术人员使用考虑,相当于直接代码化。

3.8.2.2 框架的描述形式

作为核心的框架,其形式化形式如下:

/ * Header Section * /
Defframe　< Frame – Name >:　Name

/ *　Inheritance Section * /
    super – class:　< superclasses >
    sub – class:　< subclasses >

/ * Attribute Section * /
    slot – 1:　< value – 1 >
        facet　– 11:　< value of facet – l1 >
        facet　– 12:　< value of facet – l2 >
        ……
    slot – n:　< value – n >
        facet – n1:　< value of facet – n1 >
        facet – n2:　< value of facet – n2 >
        ……
/ * Relation Section * /
    slot – 1:　< value – 1 >
    slot – n:　< value – n >
    ……
/ * Documentation Section * /
    Creator:　< name of knowledge engineer >
    Source:　< Where the original or model text comes from >
    Creation_time:　< when was the ontology or model created >
    Modification_time:　< when was the ontology or model modified >

本体是客观世界概念模型的显示描述,本体用框架的形式来定义。我们把具体的框架看作是本体的实例化。每个框架都有与之相对应的本体。下面给出本体框架的 BNF 描述形式:

框架∷= ontology <框架名> in <模型名>; /*框架标识段*/
　　｛superclasses:<超类框架名>｛,<超类框架名>｝;｝/*继承部分定义段*/
　　｛subclasss:<子类框架名>｛,<子类框架名>｝;｝
　　　<槽>｛<槽>｝　　　　　　　　　　　　　　　/*框架属性定义段*/
　　　[Constraint(约束):｛<约束>｝]
End ontology; /*框架结尾段*/

槽∷= slot:<槽名> from <框架名> /*槽标识段*/
　　valuetype:<槽值类型>;
　　｛<自定义侧面>:<侧面值>;｝
　　values:<槽值>;
End slot;
槽名∷= <字符> ｛<字符> | <数字>｝
槽值类型∷= integer｛real | string | conception | relation | rules | <框架名>｝
侧面值∷= <数值> | <字符串>
槽值∷= <数值> | <字符串> | <概念名> | <关系名> | <框架名>| <规则>
数值∷= <整数> | <实数>
字符串∷= <字符>｛<字符> | <数字>｝
约束∷= <基数>| <字符串>
基数∷= <min> |[<max>]
min∷= <natural>
max∷= <natural>

由上述形式可看出,槽名与槽值类型其实与概念、关系、规则等相对应,它也与对象的属性名或关系名相对应,约束是对槽值的约束。因此,上述框架形式化特征可基本概括如下:

(1)每个框架都有框架名,并且每个框架都有本体类型;

(2)每个框架都有一组属性或关系,每个属性或关系称为一个槽,用于存放属性值;

(3)每个属性对它的值都有类型要求,槽值可以允许是概念、关系、规则等;

(4)有些属性是子框架的调用;

(5)有些属性在代入时需要满足一定的条件,不同的属性值之间还有一些条件要满足。

3.8.2.3　规则组的描述形式

规则一般是用产生式规则来表达,但产生式规则表达方法有两个明显的缺点：

（1）表达能力低，它只便于表达定性的、浅层的知识，不便于表达定量的、深层的复杂的知识。

（2）简单产生式规则库缺乏结构关系，只能顺序扫描，遍历全库，检索效率低，不适用于建造大型规则库。

专家在解决问题时，有一个规律，通常是先考虑问题会涉及哪些因素，然后根据一组关系来描述此问题。这组关系常常是经验知识，或是运算公式。而每个因素除了有些能明确给出外，往往又各自需要一组新的因素，以及这些因素之间的关系来确定。这些因素的确定相当于一个子问题的求解。子问题又可能有子子问题，如此一步一步推理下去。根据这一特点，可采用一种具有层次结构描述的规则组形式来表达。一个规则组相当于一个子问题，由规则架和规则体两层组成。其 BNF 如下：

规则组∷= <规则架> <规则体>

规则架∷= 'IF' <前提因素集> 'THEN' <结论因素集>

前提因素集∷= <前提因素>|<前提因素> <前提因素>

结论因素集∷= <结论因素>|<结论因素> <结论因素>

前提因素∷= <因素>

结论因素∷= <因素>

规则体∷= <运算公式集集> <规则体>|<体规则> <规则体>

运算公式集∷= <运算公式>|<运算公式> <运算公式集>

运算公式∷= <因素> '=' 代数表达式

体规则∷= 'IF' <前提集> 'THEN' <结论集>

前提集∷= <前提>|<前提> ∨ <前提集>|<前提> ∧ <前提集>

结论集∷= <结论>|<结论> <结论集>

前提∷= <因素> <关系符> <值>|<因素>

结论∷= <因素> <关系符> <值>|<因素>

值∷= 数据串|汉字串|代数表达式

因素∷= 汉字串

关系符∷= =|>|=>|<|=

按照这个结构，前一章所提到的坦克排交替通过地雷场的规则可描述如下：

IF　任务，敌情，我情，地形

THEN　采取的行动

IF　（任务＝通过地雷场）∨（我情＝已开辟通路）

THEN　采取的行动＝按标识交替通过（先到的后通过）

IF　（任务＝通过地雷场）∨（敌情＝通路堵塞）∨（我情＝上级已命令工兵继续开辟）
∨（地形＝有利）

THEN　采取的行动 = 占领有利地形掩护开辟

IF　（任务 = 通过地雷场）∨（敌情 = 通路堵塞）∨（我情 = 获准从友邻通路通过）

THEN　采取的行动 = 从友邻通路通过

IF　（任务 = 通过地雷场）∨（我情 = 通路中有我坦克被击伤而堵塞）

THEN　采取的行动 = 后面通过的坦克将其推出通路

IF　（任务 = 通过地雷场）∨（我情 = 本车在通路中被打坏）

THEN　采取的行动 = 掩护其他坦克和步兵通过

3.8.3　面向对象的本体论概念模型描述步骤

面向对象的本体论概念模型描述主要采用以下步骤：

（1）抽取要描述的概念模型要素。

（2）运用框架的方法对这些要素进行描述。

（3）运用面向对象的分析方法将框架结构转换成对象形式。

以军事概念模型为例，假设某一军事概念模型可以抽象如下：

CM :: = < < 环境 En > , < E > , < 任务 T > , < A > , < 交互 I > , < 规则 C > , < 输出 Out > >

这些要素就对应着本体的概念、关系、规则这三个基本元素。其中输出隐含在任务、活动和规则的描述中，体现为任务和活动的执行顺序和方法。

以实体为例，实体本体的框架描述如下：

实体 : : = Eontology　< 实体名 >　　in　< 模型名 H >

　　　实体标识

　　　　　值:整型

　　　实体名称

　　　　　值:字符型

　　　实体类型

　　　　　值:整型

　　　　　值范围:0 表示编组单元,1 表示装备,2 为个人,3 为其他

　　　　　默认值:编组单元

　　　实体性质

　　　　　值:整型

　　　　　值范围:0 为红方,1 为蓝方,3 为白方,4 为其他

　　　　　默认值:红方

　　　位置

　　　　　值:字符型　　　　　　　// (x,y,z)结构

　　　状态

値:字符型

是否词典项　　　　　//对应名词词典

　　値:布尔型

所在单位

　　値:字符型

End Eontology

将它转换为面向对象的形式:

```
class CEntityConception :
{
public：
    char    entityName[30]；  //实体名称
    UINT    entityID；  //实体标识
    UINT    entityType；    //实体类型,0 为编组单元,1 为装备,2 为个人,3 其他
    UINT    FORCEID；    //实体属性,0 为红方,1 为蓝方,2 为白方
    char    postion[20]；
    char    fromunit[30]；
    CEntity()；
    virtual  ~ CEntity()；
};
```

其他的概念可类似进行描述,最后整个模型的可表示如下:

```
class CModel :
{
public：
    CEntityConception              m_entity；          //实体
    CEnvironmentConception         m_environment；     //环境
    CTaskConception                m_task；            //任务
    CActionConception              m_action；          //行动
    CInteractionConception         m_interaction；     //交互
    CRule                          m_rule；            //规则
    UINT       modelid；                               //模型标识
    char       modelname[30]；                         //模型名
    CModel ()；
    virtual  ~ CModel ()；
};
```

3.9　不同描述形式间的转换

从上面可以看到知识的描述有多种多样的形式,为了在异构的数据形式之

间,异构的系统之间进行数据的互操作与集成,必须要把这些多种多样的知识表述形式以及异构的数据转换成统一的知识数据形式。

3.9.1　XML 是数据交换的选择

3.9.1.1　XML 对数据交换的贡献

数据交换是进行数据互操作和数据集成的重要方法和步骤[12,13]。通过数据交换格式(Data Interchange Formats,DIF's)将不同的数据形式,转换为相同的数据格式,以便于数据的交换与集成(图 3 - 20)。数据交换的核心问题是信息的标准化,主要解决信息的可理解性问题,包括人和机器对信息的理解。而且,更重要的是机器对信息的识别,并能根据数据进行自动处理。在 XML 出现之前,常用的数据交换方式有传真、电子邮件和电子数据交换(EDI)。前两种方式中信息须经过再次输入和数据转换才能纳入后台信息管理系统,效率低,实时性差。EDI 通过增值网(VAN)在各应用系统间传输数据。这种方式可使各计算机系统可靠的协同工作,但技术复杂,灵活性差,费用昂贵,报文读写转换困难,这些缺点使 EDI 未能得到广泛使用。XML 的出现,为信息的标准化提供了有力的工具。

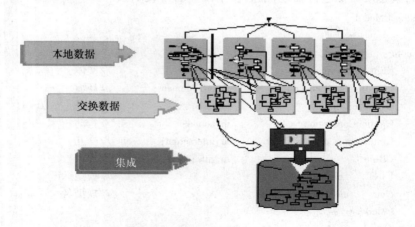

图 4 - 20　数据交换与集成

XML 是一种可扩展、自描述和基于内容的标记语言,它允许作者创建自己的标记,这些标记带有一定的语义信息(知识),但对复杂的问题,还很难明了这些标记中蕴含的概念和概念间的关系,因而,XML 难以表达问题域中复杂对象的概念化模型。虽然如此,但它可为不同领域的人员提供一种描述数据结构的中间模型,也就是作为一种数据交换形式语言。因而,这里选择 XML 作为数据交换语言。之所以选择 XML 主要有以下优点:

(1) XML 将数据内容与形式分开,能描述各类专门的应用。XML 的关键是将数据内容与显示处理分开以提高效率。将需要交换的数据转换为 XML 文档在各个应用程序之间传递。只要数据交换中各参与方采用统一的 XML 标签和格式生成 XML 文档,不同应用系统中不同语言编写的应用程序就可正确识别和解析文档中的数据,实现数据的动态交换。

(2) XML 是一种串行化的树形式结构的文本,XML 开放性好,是一种中间格式,独立于特定的平台,能方便地为任何程序访问。

(3) 语法独立,XML 可提供统一的语法表示和存储格式。

(4) 可综合多种知识表示方法,可用相同的 XML 语言重写多种传统知识表示方法。

(5) XML 是 W3C 的标准,和标准、流行的网络传输协议密切相结合,便于传输,从而便于进行基于 Web 的应用。

(6) 通过查询接口(自己开发或者是商业软件 XQL、XML – QL、XQuery 等),可以方便地在大型 XML 文档中查询、抽取出能够满足用户需求的数据,从而在应用程序或者用户之间传送数据。

从整体上讲,基于 XML 的数据交换格式定义了应用间传递数据的结构,而且这种结构的描述不是基于二进制的、只能由程序去判读的代码,而是一种简单的、能够用通用编辑器读取的文本。利用这种机制,程序员可以制订底层数据交换的规范,而各模块之间传输的数据将是规范的符合既定规则的数据。

3.9.1.2　XML 数据交换的形式

从应用的角度来看,XML 信息交换大致可分为下面几种类型:数据发布、数据集成和交易自动化。通过 XML 可以实现跨媒体、多介质的数据发布。传统的信息发布方式多是基于纸介质和 CD – ROM 的信息发布,而 XML 的出现,使得跨媒体数据发布技术又向前发展了一步。如果说数据发布涉及到的是服务器—浏览器形式的数据交换,那么,数据集成则是一种服务器—服务器之间的数据交换,这对于 B2B 电子商务系统尤其重要。另外,XML 也有助于提高应用的自动化程度。遵循共同的标准,使得应用程序开发商开发出具有一定自动处理能力的代理程序,从而提高工作效率。

面向军事行动的概念模型数据交换主要是集中在数据发布与数据集成上,不管是哪种交换形式,其交换的表现形式主要有三种形式:BNF,XML 模式,表格形式。

这里主要使用第二种形式。

XML 模式主要目的是定义 XML 文档语法和结构的约束。它主要包括 DTD 和 XML Schema。

XML Schema 定义了两种主要的数据类型：预定义简单类型和复杂类型。这两种数据类型之间的主要区别是复杂类型可以像数据一样包含其他元素而简单类型则只能包含数据。复杂类型由 ComplexType 元素定义。所有的复杂类型都会包含一个内容定义类型，其主要功能是定义类型能包含的内容模式。而 DTD 是为 SGML 开发的，是 SGML 中的模式机制，包含定义内容模式、限制范围、属性的数据类型。XML Schema 与 DTD 的主要区别如下：

（1）DTD 是基于专门的语法——EBNF（扩展巴科斯—诺尔范式）书写，而 XML Schema 基于 XML 书写，它可以像其他 XML 文件一样被解析和管理。

（2）DTD 很简洁但 XML Schema 相反。

（3）XML Schema 支持大量的数据类型（整数、浮点数、布尔数、日期数等等），而 DTD 将所有数据看作字符串或枚举字符串。

（4）XML Schema 支持属性组，它允许你逻辑的组合属性。DTD 支持通过参数实体进行组合的基本形式。

相对来讲，XML Schema 具有一定的优越性，因而 XML Schema 也成为 W3C 的推荐标准。它代表着 XML 数据建模的未来，并开始逐步取代 DTD 的趋势，但 DTD 从 SGML 之初就出现了，其结构简洁明了，能满足绝大多数的 XML 文件需要，目前使用也比较频繁，而 XML Schema 是新品种，其相关的标准还未形成，鉴于此，DTD 与 XML Schema 还是按需要混合使用。

3.9.2 XML 对知识不同表达形式的交换

知识的描述形式有许多种，常规的主要有框架形式、产生式规则形式和语义网络形式等等。下面来讨论 XML 对这几种常见形式的交换。

3.9.2.1 规则的 XML 转换

规则一般使用产生式或者一阶谓词逻辑的形式来描述。一阶谓词逻辑和产生式可以相互转化。产生式的一般形式如下：

A→B

其中，A 和 B 分别是规则前件和后件。A 总能化成一个析取范式（或者合取范式）。所以对于产生式规则可以用以下的 XML Schema 来描述。

<? xml version = "1.0" encoding = "gb2312"? >

```
< xs: schema                              xmlns: xs = " http://www.w3.org/2001/
XMLSchema"
elementFormDefault = " qualified"  attributeFormDefault = " unqualified" >
    < xs: element name = " rule" >
        < xs: complexType >
            < xs: sequence >
                < xs: element name = " antecedent" >
                    < xs: complexType >
                        < xs: sequence >
                            < xs: element type = " clause"  minOccurs = " 1" / >
                        </xs: sequence >
                    </xs: complexType >
                </xs: element >
                < xs: element name = ' consequent" >
                    < xs: complexType >
                        < xs: sequence >
                            < xs: element type = " clause"  minOccurs = " 1"  maxOccurs
= " 1" / >
                        </xs: sequence >
                    </xs: complexType >
                </xs: element >
                < xs: element name = " support"  type = " decimal" / >
                < xs: element name = " threshold"  type = " decimal" / >
            </xs: sequence >
        </xs: complexType >
    </xs: element >
</xs: schema >
```

3.9.2.2　框架的 XML 转换

框架用来表示结构性非常强的知识。它由框架名、槽、侧面和值组成,结构成树形,这与 XML 的组织形式一模一样。下面是用 XML Schema 描述的框架。

```
<? xml version = " 1.0"  encoding = " gb2312" ? >
< xs: schema xmlns: xs = " http://www.w3.org/2001/XMLSchema" >
    < xs: element name = " Frame" >
        < xs: complexType >
            < xs: sequence >
```

```
                < xs:element name = "Slot" >
                    < xs:complexType >
                        < xs:sequence >
                            < xs:element name = "facet" type = "xs:anyType" / >
                        </xs:sequence >
                    </xs:complexType >
                </xs:element >
            </xs:sequence >
        </xs:complexType >
    </xs:element >
</xs:schema >
```

3.9.2.3 语义网络的 XML 转换

语义网络是通过概念及其语义关系来表达知识的。它由节点和弧组成,节点一般由属性—值对构成。节点用 XML 描述,节点之间的联系用 XLinK 来描述,用 XLinK 描述的联系可以包含特定的语义。下面是用 XML Schema 定义的语义网络。

```
< ? xml version = "1.0" encoding = "gb2312" ? >
< xs:schema xmlns:xs = "http://www.w3.org/2001/XMLSchema" >
    < xs:element name = "SemanticNet" >
        < xs:complexType >
            < xs:sequence >
                < xs:element name = "node" >
                    < xs:complexType >
                        < xs:sequence >
                            < xs:element name = "link" type = "semanticLink" / >
                        </xs:sequence >
                        < xs:attribute name = "name" type = "xs:string" / >
                    </xs:complexType >
                </xs:element >
            </xs:sequence >
        </xs:complexType >
    </xs:element >
</xs:schema >
```

3.9.2.4 本体的 XML 交换

本体与 XML 的抽象层次是不同的,本体是概念模型的显式表示,它强调数据的语义表达,而 XML Schema 类似于结构数据模型。

生成基于本体的概念模型的 XML Schema 分如下几步:

(1)声明模式文件。即加入文件头:

```
<? xml version = "1. 0" encoding = 'gb2312" ? >
<xs:schema xmlns:xs = "http://www. w3.org/2001/XMLSchema" >
```

(2)详细列出本体所描述的概念体系,包括类和槽约束,将本体中类之间的隐含关系以及隐含的槽约束表示出来。

(3)将本体中的槽或类转化为 XML Schema 中类型为 complexType 的 element。

(4)将槽下的侧面按出现顺序转化为 XML Schema 中槽复杂 element 下的 element。

(5)根据步骤(3)的结果,在 XML Schema 中为本体中的每一个类或槽建立一个 element 定义,element 的类型是(2)中的已生成的 complexType。

(6)加入名称空间,最终完成 XML Schema 的定义。

按照上述步骤某种基于本体的概念模型就可描述为下述 XML Schema。

实体的 XML Schema 描述:

```
<? xml version = "1. 0" encoding = "gb2312" ? >
<xs:schema xmlns:xs = "http://www. w3.org/2001/XMLSchema" >
<xs:element name = "entity" >
    <xs:complexType >
        <xs:sequence >
            <xs:element name = "实体标识" type = "xs:string" / >
            <xs:element name = "实体名" type = "xs:string" / >
            <xs:element name = "类型" type = "xs:string" minOccurs = "0" / >
            <xs:element name = "实体性质" type = "xs:string" minOccurs = "0" / >
            <xs:element name = "词典标识" type = "xs:string" minOccurs = "0" / >
            <xs:element name = "状态" type = "xs:string" minOccurs = "0" / >
            <xs:element name = "任务" type = "xs:string" minOccurs = "0" / >
            <xs:element name = '实体能力" type = "xs:string" minOccurs = "0" / >
            <xs:element name = "所在单位" type = "xs:string" minOccurs = "0" / >
            <xs:element name = "所在模型" type = "xs:string" minOccurs = "0" / >
        </xs:sequence >
    </xs:complexType >
</xs:element >
</xs:schema >
```

规则的 XML Schema 描述：

```
< ? xml version = "1. 0" encoding = "gb2312" ? >
< xs:schema xmlns:xs = "http://www. w3. org/2001/XMLSchema" >
    < xs:element name = "rule" >
        < xs:complexType >
            < xs:sequence >
                < xs:element name = "规则号" type = "xs:string" minOccurs = "0"
/ >
                < xs:element name = "实体名" type = "xs:string" minOccurs = "0"
/ >
                < xs:element name = "任务" type = "xs:string" minOccurs = "0" / >
                < xs:element name = "敌情" type = "xs:string" minOccurs = "0" / >
                < xs:element name = "我情" type = "xs:string" minOccurs = "0" / >
                < xs:element name = "地形" type = "xs:string" minOccurs = "0" / >
                < xs:element name = "活动" type = "xs:string" minOccurs = "0" / >
                < xs:element name = "活动 ID" type = "xs:string" minOccurs = "0"
/ >
                < xs:element name = "所处模型" type = "xs:string" minOccurs = "0"
/ >
            </xs:sequence >
        </xs:complexType >
    </xs:element >
</xs:schema >
```

其他的本体概念依此类推。

3.9.2.5　概念图的 XML 交换

概念图是由概念节点、关系节点和弧构成。通过以下步骤,可以从概念图（图形概念模式）创建 XML 模式。

（1）整个概念图作为一个根元素,标记为 CG,其属性为概念图的名称。子元素类型为概念节点、关系节点和弧集,分别标记为 Cnode、Rnode、Arc。

（2）每个节点变成一个元素。概念节点变成概念节点元素,标记为 conception,关系节点变成关系节点元素,标记为 relation。

（3）把组成概念节点概念的类型、指称变成概念元素的子元素。

（4）把每条弧变成弧集的子元素,标记为 edge。把边的两端节点（源节点和目标节点）分别表示为边的子元素,其顺序为边的方向。

整个概念图的 XML 形式的 DTD 结构如表 3-7 所列。

表 3-7　概念图的 DTD

```
<! ELEMENT CG (Cnode, Rnode, Arc) >
<! ATTLIST CG
    name CDATA    REQUIRED
>
<! ELEMENT Cnode (conception + ) >
    <! ELEMENT conception (type?, referent?) >
    <! ELEMENT type (#PCDATA) >
    <! ELEMENT referent (#PCDATA) >
<! ELEMENT Rnode (relation * ) >
    <! ELEMENT relation (#PCDATA) >
<! ELEMENT Arc (edge * ) >
    <! ELEMENT edge (souce, destination) >
        <! ELEMENT souce (#PCDATA) >
        <! ELEMENT destnation (#PCDATA) >
```

3.9.2.6　XML 布局的转换

　　XML 布局的转换主要是将 XML 从一种布局转换为另一种布局。所谓布局是文档的一种表现形式。布局的转换实质是将 XML 源文档转换为另一种格式文档,它的输出结果可以是 HTML 文档,也可以是另一种 XML 文档。

　　布局转换的方法主要是采用可扩展样式表语言转换 XSLT(eXtensible Stylesheet Language Transformations)。XSLT 转换的方法:首先遍历 XML 源文档树,找到要处理的节点,然后将定义好的模板信息施加到该节点中。对节点的匹配规则遵照 XPath。

　　XML 布局的转换主要是用于 Web 程序中,常常将 XML 转换为 HTML(严格地说是 XHTML),然后将 HTML 发送给 Web 浏览器进行显示。

3.9.3　关系数据库到 XML 的转换

　　概念模型的信息大多都存储在数据库中,而且是以关系数据库为主。因而有必要研究关系数据库到 XML 的转换[14-16]。

　　我们使用数据库,主要关心的是数据而不是这些数据如何在文档中进行物理的存储。数据库存储只是为了有效地恢复,因而 XML 把数据内容和显示形式分开的这种只关心数据的特性就提供了一种容易的信息交换方法,使得不同的应用程序之间可以进行互操作。

XML 本身并不能和数据库挂上钩,但它仍可看成是一个数据库系统。XML 文档本身可以看成是数据库中的数据区,DTD 或模式可以看成是数据库模式设计,XQL 可以看成是数据库查询语言,SAX 或 DOM 可以看成是数据库处理工具。但 XML 还缺少很多在真实数据库中所必备的内容如有效的存储、索引、安全、事务、数据完备性、多用户访问、触发和多文档查询等。

到目前为止,已有大量关于 XML 数据交换技术和应用面世。其中,有的只是将现有技术扩展 XML 支持,有的属于 XML 中间件产品,还有的是比较完整的 XML 应用。它们大多数都提供了对数据库的支持,这从一个侧面反映出 XML 与数据库的密切关系以及基于 XML 数据库应用的潜力。不同的编程语言和脚本语言需要不同的 SQL API 和 XML 语法分析器组合。例如,对于一个 C++ 程序员来说,编写一套访问数据库的 XML 应用程序可能需要利用 ODBC 和 C++ XML 语法分析器;而对于一个 Java 程序员来说,可能只需要 JDBC 和 Java XML 语法分析器就够了;更为特殊地,如果对微软的 Visual Basic 和 VBScript脚本语言比较熟,则只要再了解一下 ADO,然后就可借助微软的 XML 语法分析器进行编程。除此之外,DB2XML、InterAccess、ODBC2XML、XML Servlet、XOSL、ASP2XML 都提供了基于 XML 的数据存取机制,它们有的是以组件的形式提供,有的属于转换工具,还有的则是完整的软件包。

以 SQL Server 2000 为例,主要通过以下几种途径与 XML 进行转换。

通过 URL 来访问 SQL Server。在 IIS(Internet Information Service)上运行的 ISAPI 过滤器允许用 HTTP 直接对 SQL Server 查询。只要指向一个格式正确的 URL,得到的就是格式为 XML 数据的结果集数据。

创建关系数据的 XML 模式驱动视图。这个特性允许把结果集表示为根据给定的 XML 模式编写的 XML 文件。指定本地字段与 XML 属性和元素之间的映射规则。产生的 XML 文件可以被视为一个规则的 XML DOM 对象,并使用 XPath 表达式进行查询。

以 XML 返回提取的数据。这个特征是 SQL Server 2000 中整个支持 XML 的基础。SQL Server 2000 带有一个内部引擎,可以把原始列数据格式化为 XML 片断,并把这些片断作为字符串展示给调用程序。这种能力被集成到 SELECT 语句中,并通过一些子句与属性进行控制。

插入表示为 XML 文档的数据。这是把关系数据读到层次结构的 XML 文档中的逆过程,即是把 XML 数据写到表中。源文档由一个名为 sp_xml_prepare-document 的系统存储过程进行预处理。解析过的文件被 传递给一个特殊的模块——OPENXML,它提供 XML 数据的一个行集视图。

不管是哪种形式,最后一个数据库转换为 XML 文档的形式如下:

```
<? xml version = "1. 0" encoding = "gb2312"? >
<database name = " " >
  <table name = " " >
    <field1/ >
    <field2/ >
    …… ……
  </table >
  <table name = " " >
    <field1/ >
    <field2/ >
    …… ……
  </table >
  …… ……
</database >
```

整个 XML 在 SQL 中的应用如图 3 - 21 所示。

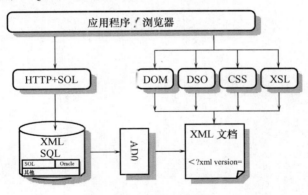

图 3 - 21 XML 在数据库中的转换应用

参 考 文 献

[1] 王杏林 . 军事概念模型研究[D]. 北京:装甲兵工程学院,2005.

[2] 史忠植 . 知识发现[M]. 北京:清华大学出版社,2002.

[3] 刘润东 . UML 对象设计与编程[M]. 北京:希望电子出版社, 2001.

[4] 陈禹六 . IDEF 建模分析和设计方法[M]. 北京:清华大学出版社,2000.

［5］ 王杏林,郭齐胜. XML 在概念建模中的应用[J]. 军事装备学研究与发展. 北京:军事科学出版社,2004.

［6］ MAYER R, et al. Information intergration for concurrent engineering(IICE)-IDEF process description capture method report［EB/OL］. http://www.kbsi.com 1992.

［7］ Guus Schreiber,等. 知识工程和知识管理[M]. 史忠植,等译. 北京:机械工业出版社,2003.

［8］ 孙光明,徐宝祥,刘凤勤. OOA 在信息系统概念建模中的概念模型方法研究[J]. 现代情报. 1999.

［9］ 徐宝祥,刘爽. OOA 在信息系统中概念建模方法[J]. 情报科学. 2001.

［10］ 李祖踏,匡继勇,童水光. 对面向对象概念建模方法用于系统开发的一些思考[J]. 计算机工程与应用. 2000.

［11］ 王杏林,郭齐胜. 基于本体的军事概念建模[J]. 军事装备学研究与发展. 北京:军事科学出版社,2004.

［12］ Joshua Lubell. From Model to Marku PXML 2002 Proceedings by deepX.

［13］ GENESERETH M R, et al. Knowledge interchange format version 3.0 reference manual, Technical Report, Logic−92−1［EB/OL］. http://www.cs.umbc.edu/kse.

［14］ Mark Graves. XML 数据库设计[M]. 尹志军,等译. 北京:机械工业出版社,2002.

［15］ Dino Esposito. Microsoft. NET XML 程序设计[M]. 宁建平,等译. 北京:机械工业出版社,2003.

［16］ Graeme Malcolm. SQL Server 2000 与 XML 数据库编程(第 2 版)[M]. 北京:清华大学出版社,2003.

第 **4** 章

概念模型文档化

4.1 引 言

概念模型作为一种知识产品,其最终形式是相对独立的概念模型文档。每份文档对应着一个特定的概念模型条目,对相应的使命空间要素进行集中、详尽的概念描述。概念模型文档化,就是形成概念模型文档的过程。美军建议概念模型文档采用科技论文的行文方法撰写,包含以下内容:

(1) 概念模型特定问题域的标识(Conceptual Model Portion Identification);

(2) 概念模型主要开发者的联系方法;

(3) 需求和目标;

(4) 概述;

(5) 基本假定(用来界定问题域的边界);

(6) 标识所描述实体和过程的可能的状态、任务、行动、行为、关系和交互、事件、参数和因数;

(7) 算法的标识;

(8) 开发计划;

(9) 摘要和大纲。

上述要求虽然概略列举了概念模型文档的基本要素,但是对于概念模型文档的形成过程,仍缺乏具体指导意义。因此,有必要进一步探讨概念模型文档的特征,以及构建一个概念模型文档要遵循哪些步骤。

本章的概念模型文档化是以军事概念模型文档化为实例。

4.2　概念模型文档的基本要求

作为一种领域知识产品,为了更好地满足用户进行模拟系统分析和设计的需要,军事概念模型应符合以下要求。

4.2.1　符合模拟应用目标的需要

模拟应用目标是用户期望由模拟系统所完成的任务或所解决的问题,是获取模拟系统需求的基础和根本依据。在模拟应用目标的陈述中,隐含了对所关注问题域的界定以及对模拟表达精度的约定,从而基本决定了军事概念模型所需关注的领域知识的范围和描述的抽象程度。虽然军事概念模型独立于特定的模拟实现,但是概念分析活动和军事概念模型必须服从和服务于明确的模拟应用目标。对特定的模拟应用目标而言,军事概念模型应提供足够全面和详尽的对真实世界军事活动的描述信息,同时,应进行合理的剪裁和取舍,合理划定军事行动使命空间的边界,不过多地包含不必要的细节和说明信息。规模再大的模拟应用,也无法覆盖全部军事行动使命空间,军事概念模型必须集中于模拟应用所对应的局部军事行动使命空间,提取适当的使命空间要素,进行恰当的描述。

4.2.2　有较好的可读性

可读性是指军事概念模型文档的描述形式对读者友好,在特定的语义环境下,读者能够从语素中迅速、准确地读取其期望表达的信息。当然,军事概念模型的两类主要读者——军事人员和软件开发人员对可读性的要求是不同的。

军事人员习惯于从地图、编制(编成)图表、叙述性想定文本中读取军事行动使命空间的有关信息。但是为了验证军事概念模型的军事合理性,军事人员需要从军事概念模型中获取下述关键信息:特定军事概念模型所对应的军事行动使命空间的范围;实体在模拟世界中是如何表达的,是以什么形态存在的;行为在模拟世界中是如何表达的,其遵循何种运行机制。

软件开发人员需要围绕真实世界实体的静态结构信息:在所关注的军事行动使命空间中,可提取出多少类实体;每一类实体需要定义哪些属性、具有哪些能力、可以执行哪些动作;各类实体间存在哪些关联,在特定的状态下,实体会执行什么动作,发生哪些交互;当某个实体执行某个动作,或实体间发生交互时,有哪些实体的属性和状态会发生改变,如何改变。

在确定军事概念模型文档的描述形式时,必须兼顾军事人员和软件开发人员的认知习惯和认知能力。一方面,既不能要求军事人员具有较深厚的软件技术背景;另一方面,也不能要求软件开发人员具备领域主题专家一样丰富的领域知识储备。这样的一种描述形式,应该在满足模拟软件开发的前提下,以军事领域术语,对相应的军事行动使命空间要素,加以必要的叙述性说明。便于军事人员掌握从领域知识向概念模型的演变过程,对军事概念模型知识源的权威性和军事概念模型与领域知识的一致性进行验证。尽管对软件开发人员而言,这些描述信息是冗余的,但对于军事人员来说却是必要的。

基于上述考虑,军事概念模型文档的描述形式所采用的符号、符号排列方式、文字叙述和标注应力求规范、简洁、直观、含义明确,要相对集中地表达两类读者所需要的信息。

4.2.3　有可验证的军事合理性

在模拟开发过程中,军事概念模型所描述的军事行动使命空间要素,要由软件开发人员转化为程序化的模型,在模拟系统运行时随着时间的推进而执行,形成按一定顺序执行的模型序列,以表达相应军事行动使命空间的动态演变过程。模拟的军事行动使命空间的演变是否符合真实世界军事行动使命空间的运行规律,从根本上取决于单个模型所采用的状态转换算法,是否符合真实世界军事行动的运行规律,以及模型间的排序机制是否符合特定军事理论体系的相应作战原则。因此,在军事概念模型中,要全面、无遗漏地提取出那些对实现模拟应用目标有价值的军事行动使命空间要素,并合理地定义这些要素间的关联,以准确地表达真实世界实体和行动;同时,要在依据相关作战原则的基础上,通过必要的假设和简化,构建一系列行动控制规则,使模拟实体行动的发生、结束和转换与真实实体基本一致,只有这样,军事概念模型才是有效的。在这样的军事概念模型基础上演变而来的作战模拟系统,才能产生出比较符合实际的行为和结果,创造一个较为逼真的模拟环境,使模拟系统赢得用户的信任,发挥预期的作用。

4.2.4　保持内部的一致性

军事概念模型的内部一致性是指在为某一特定的模拟应用目标服务的军事概念模型文档集合内部,对分类特性相同的军事概念模型元素,所提供的描述信息是一致的。对模型的内容而言,在静态方面,表现为对同一类实体,所提取的属性、能力数据项以及对这些数据项的描述方法是一致的；在动态方面，表现为对同一类行动或交互，所强调的对行动或交互结果构成影响的因素，以及描述这些影响因素与行动或交互结果间关系的规则是一致的。对模型的形式而言，同一模型元素的不同描述形式，所提供的信息必须是一致的，例如文字叙述的行动控制规则和用逻辑流程图所描述的行动控制规则。对软件开发人员来说，军事概念模型是形成详细设计说明书的重要依据。只有依据一致的概念描述，才可能定义一致的对象类和算法。这一点对同一模型条目的不同描述形式尤其重要。我们知道，概念模型的文字叙述或说明的主要作用是帮助军事人员了解由非形式化的领域知识向形式化的领域知识转变的过程，以便对其有效性进行验证；而图、表等形式化的描述形式则帮助软件开发人员更直接、更便利地获取软件开发所需的信息，对软件开发人员来说，文字叙述或说明所起的作用只是辅助性的。如果这两种描述形式所提供的描述信息不一致，则可能导致这样一种结果：领域主题专家依据文字叙述或说明验证了军事概念模型，而软件开发人员却使用已经偏离知识本体的、未经验证的领域知识作为软件实现的基本参照，这样所构建的程序化模型必然是变形的，无法保证其逼真度。

4.2.5 可重用

我们必须下大气力研究如何充分发挥面向对象技术的优势，为那些不具备技术背景的领域主题专家提供可理解的，对军事行动使命空间的简明易懂、含义明确的描述。当然，首先应确保这些描述能够被软件技术人员准确地理解和方便地使用，这样才能获得最大程度的可重用性。

军事概念模型的重用是指为某一模拟应用项目服务的军事概念模型，可以被另一模拟应用项目借用，或者在模拟应用项目内部，通过合理的分解和问题域界定，若干相对独立的军事概念模型要素可组合成对应更大问题域的军事概念模型要素。军事概念模型可重用的意义在于：一是可以达成资源共享，在一定范围内降低军事概念模型的开发成本，缩短项目的开发周期；二是在所关注的问题域边界内，减少冗余工作量和发生不一致的机会；三是支持模拟之间的互操作。在传统的开发模式下，各开发群体相对独立，缺少协作和沟通机制，通常依据不同的知识源，从不同的角度，获取同一问题域的信息，构建相应的军事概念模型。这种"从零开始"的军事概念建模做法，通常会导致对真实世界描述的差异。这种差异反映在模拟系统中，必然是对真实世界的不一致表达，即使模拟系统之间在技术上实现了互联和互操作，这种互操作也不可能具备军事上的合理性，不会产生合理的模拟结果。因此，军事概念模型必须采用规范的建模方法,准确把握其描述内容、描述方法、实体粒度、抽象程度、数据需求、数据输出等与重用有关的关键方面,使模型在概念层面,具有重用的潜力。

4.3 概念模型文档化的基本方法

4.3.1 模拟系统概念分析的文档化方法

概念分析是根据系统使用目标,在作战使命空间内分析提取满足需求的相关信息。这一过程的执行者由领域问题专家(军事人员)和系统分析人员组成,其中领域问题专家是执行的主导者。概念分析的对象是具体的作战想定,基本依据是权威数据源(如条令、条例、教材),基本思路是逐层的分解细化。概念分析的成果是对特定问题空间要素的完全、简明、结构化的描述。它的文档化基本方法如下:

(1)选择一种记录概念模型的方法和格式(如过程流图、对象和行为的关联表、叙述性文本);

(2)描述(以选择的格式)在上一步中明确的执行想定的对象和行为;

(3)尽可能参考权威知识源以获取经过认可的战场过程、装备特征及行为的描述和解释,这样将减少不确定性和与 VV&A 过程相关的工作量;

(4)决定可容忍的相对于期望逼真度的偏离程度;

(5)检验以保证概念模型可进行测试;

(6)识别需测试的行为;

(7)确定量度指定因素影响的测试法;

(8)审查概念模型的安全需求。

4.3.2 概念模型文档的基本步骤

按作战模拟系统的应用目的,通常可将作战模拟系统分为试验与分析系统、训练系统及测试与评估系统。不同的应用目的,决定这些模拟系统需要实现的具体功能有所区别,从而,概念模型作为获取表达需求的主要依据,应提供不同类别及详细程度的描述信息。

4.3.2.1 试验和分析系统的概念模型文档

试验和分析系统主要用于武器系统的发展规划论证、效能评估,作战思想和作战理论的检验等。这类系统通常设计成可控的方式,试验者可以方便地改变某些数据,以体现不同的发展规划、技术方案或作战方案,最后通过模拟结果考察各种参数或方案的影响,选出较优的方案(包括预测的方案)。试验和分析模拟系统的概念模型文档步骤如下:

(1) 识别每个案例(Case)的关键事件和对象(基本流程和变化范围),每个案例可能有多少个对象参加,一共有多少个案例(情形、场景);

(2) 记录所有属于概念模型的规定和描述,可采用一种或几种方法:每个案例的过程流模型、实体(或对象)与行动的关联表、叙述性文本及其他;

(3) 识别影响当前和未来事件或对象行为的因素,如"未来成像系统将不再受云量的影响";

(4) 确认可从哪些资源获取关于未来对象及其行为的知识;

(5) 识别新实体或对象及其行为的执行效果数据;

(6) 修订 MOE(效能指标)和 MOP(执行指标);

(7) 将概念模型补充进系统文档(定义系统目标),包括对象、行动以及每个事件的影响因素;

(8) 检验系统文档和试验计划的一致性;

(9) 确认并记录假设的试验条件,如"假设蓝方指挥控制飞机不被敌方作为攻击目标,因为该飞机在防空区外活动"。

4.3.2.2 训练系统的概念模型文档

训练模拟系统主要用于指挥员和武器操纵员的训练。指挥员训练系统可以训练指挥员处理战场情报、定下决心、制定作战方案、通过具体的处置执行作战方案,模拟结果可对指挥员决策和处置的合理性进行评估,考察指挥员的思维能力和指挥技能;武器操作员训练系统可以训练武器操纵员的操作技能。训练模拟系统采用实时的控制方式,它的概念模型文档步骤如下:

(1) 识别满足特定训练需求的事件和对象;

(2) 识别满足训练目标的,供训练指导者控制/监视/记录训练的功能;

(3) 识别为生成合理的训练环境所需的对威胁、形象和环境的表示;

(4) 检验系统文档和训练主计划的一致性;

(5) 记录所有属于训练应用系统概念模型的规定和描述。

4.3.2.3 测试和评估系统的概念模型文档

测试和评估模拟系统主要用于检验作战方案和计划的合理性及有效性,发现作战方案和计划的缺陷,从而启发更优的作战方案和计划。为了保证方案和模拟结果的对应关系,不允许在模拟运行过程中修订方案,因此,测试和评估模

拟系统通常采用批处理的控制方式,它的概念模型文档步骤如下:

（1）识别为满足由系统目标定义的运行指标而必须描述的主要对象；

（2）为满足由系统目标定义的运行指标,描述主要对象的能力,随时间展开的行为和对象之间的关系；

（3）明确影响对象或对被对象影响的相关环境条件；

（4）确定对数据时间戳精度的要求；

（5）确定可接受的时滞和时滞变化,尤其在包含闭环交互的情况下；

（6）确定可接受的诱发错误水平（例如:信息遗失率、数据丢失）；

（7）修订由系统目标定义的测试后数据管理、处理和分析需求；

（8）确定网络需求,包括所采用的协议；

（9）确定测试控制和监视需求；

（10）确定显示和监视需求；

（11）确定语音通信需求。

4.4　概念模型文档示例

4.4.1　概念模型文档登记表

概念模型文档登记表（表4-1）,主要是用来记录概念模型文档的元数据,以便于在模型资源库中,对概念模型文档进行管理,以方便用户检索和使用。以下是表中各项的简要说明。

表4-1　军事概念模型文档登记表

模型标识特性	模型名称				
	模型编号			版本号	
	关键词			密级	
	模型类型	所属军兵种、专业		红蓝方	☐红方　☐蓝方 ☐双方　☐无关方
		应用层次	☐战略　　☐联合战役　☐军种战役　☐合同战术 ☐兵种战术　☐军队战术　☐单兵战术　☐武器平台　☐其他		
		适用范围和内容			
		所支持模拟应用类型	☐作战分析　　☐训练 ☐武器装备　　☐其他		

（续）

模型标识特性	模型类型	模型属性	□行动模型　□实体模型　□自动决策模型 □效果模型　□混合模型　□其他模型		
		建模语言抽象程度	□军事概念模型　　□数学/逻辑模型　　□其他		
		模型描述形式	□叙述性文本文件　　□表格型文本文件　□概念模型模板 □图形表示法文本文件　□伪代码文本文件　□其他		
	分辨率	实体聚合水平(最小实体粒度)		行动要素抽象程度	
模型功能特性	模型功能				
	简化假设	1. 2. 3. …			
联系卡	研制单位				
	研制负责人	姓名	通信地址	邮编	电话
	上级主管单位		批准时间	年　月　日	模型提交时间　年　月　日
备注					

1. 模型名称

模型名称是对模型文档所描述内容的浓缩,应采用简明、规范的用语为模型命名,使用户可以通过模型名称较容易地判断出模型对特定模拟应用的适用程度。

2. 模型编号

模型编号是模型唯一性的标识,它有助于减少模型资源在管理、分发和使用过程中的不明确信息。模型编号由五部分组成,每部分用"－"隔开。第一部分为项目名称;第二部分为各军(兵)种、专业名称,如"军种"或"装备";第三部分为模型的层次划分,如"战役"或"分队战术";第四部分为模型的研制单位;第五部分为模型研制单位自行确定的四位序号。

3. 关键词

选取方法同一般科技文献,用以扼要说明模型所描述的真实世界方面或要素。

4. 模型所属军兵种、专业及红蓝方

根据模型所描述使命空间要素所属的军兵种或专业由模型生产者填写。红蓝方是为了明确模型所描述使命空间要素依据的是红方、蓝方、双方或无关方的武器装备、编制体制和作战原则。

5. 应用层次

表示模型所支持的模拟应用的层次。分为:战略、联合战役、军种战役、合同战术、兵种战术、分队战术、单兵战术、武器平台和其他九个层次,"其他"是指前八个层次所不能涵盖的层次,如联盟战略或武器部件层次等,应注明具体层次。

6. 适用范围和内容

指模型适于表现的使命空间要素(行动、实体)类的范围。

7. 所支持模拟应用类型

表示模型所支持的模型应用的类型。一般分为:作战分析、训练、武器装备。作战分析系统指用于对部队的作战能力和作战方案的合理性及有效性进行分析评估的系统;训练系统主要用于指挥员和武器操纵人员的训练;武器装备模拟系统主要用于对已列装武器装备或概念武器装备进行模拟试验。需要指出的是,一个模型可能支持不只一种模拟应用,因此,此项可以复选。"其他"指以上模拟应用类型所不能涵盖的模拟应用类型,请注明具体应用类型。

8. 模型属性

根据在使命空间概念模型中,对概念模型要素的分类,一般分为行动模型、实体模型、自动决策模型、效果模型、混合模型及其他模型。其中,自动决策模型是模拟智能指挥实体自动决策规则的模型,混合模型指包含两类模型要素以上的模型,其他模型指上述分类不能涵盖的模型,请注明具体要素类别。

9. 建模语言抽象程度

表示从用户认知的角度,描述模型时所采用语言的抽象程度的分类。可分为军事概念模型、数学/逻辑模型、程序代码模块和其他。其中,军事概念模型指对使命空间内的实体、行动、实体间发生的关联及交互所作的概念描述;数学/逻辑代码指采用数学公式、逻辑符号对上述概念模型的进一步抽象;程序代码模块是用特定的编程语言对数学/逻辑模型的实现。在模型工程中,通常需要提交军事概念模型及数学/逻辑模型,对于个别不能用上述备选值准确表述的模型,请具体注明。

10. 模型描述形式(格式)

表示模型所采用的描述形式(格式)。分为叙述性文本文件、表格型文本文件、图形表示法文本文件、伪代码文本文件、其他。

11. 分辨率

指模型表达使命空间要素的详细程度。通常,实体模型主要由其聚合水平(最小实体粒度)来表征,行动模型主要由行动要素的抽象程度来表征,此处行动要素抽象程度指在建模过程中,作为原子的(不可再分解的)动作加以描述的行动片段。其他模型由两者共同表征。

12. 模型功能特性

指模型通过表达特定的使命空间要素所提供的模拟功能及其局限性。模型功能指模型对其进行类属描述的特定使命空间要素,简体假设指在建模时,为确定模型的边界,过滤到相关性较弱要素提取有用信息,而对该模型所集中关注的语义环境所作的基本规定。

13. 研制开发单位

分为军委总部、大军区和军种、军队院校、集团军、科研院所和其他。

14. 密级

分为无密级、秘密、机密和绝密四类。主要涉及模型的保密安全需要。

4.4.2 概念模型文档示例

以下是兵力机动军事概念模型文档登记表,军事概念模型文档见附录2(表4-2)。

表4-2 军事概念模型文档登记表

	模型名称		兵力机动军事概念模型			
	模型编号 ××××				版本号	1.0
	关键词	陆军	合成部队	机动	密 级	机密
模型标识特性	**模型类型** 所属军兵种、专业	陆军		红蓝方	☒红方 ☐蓝方 ☐双方 ☐无关	
	应用层次	☐战略 ☒联合战役 ☐军种战役 ☐合同战术 ☐兵种战术 ☐分队战术 ☐单兵战术 ☐武器平台 ☐其他				
	适用范围和内容	适于描述陆军部队机动过程的控制规则				
	所支持模拟应用类型	☐作战分析 ☒训练 ☐武器装备 ☐其他				
	模型属性	☐行动模型 ☐实体模型 ☐自动决策模型 ☐效果模型 ☒混合模型 ☐其他模型				
	建模语言抽象程度	☒军事概念模型 ☐数学/逻辑模型 ☐其他				
	模型描述形式	☒叙述性文本文件 ☐表格型文本文件 ☐概念模型模板 ☒图形表示法文本文件 ☐伪代码文本文件 ☐其他				
分辨率	实体聚合水平(最小实体粒度)	营	行动要素抽象程度	陆军部队机动开始、结束、中止、暂停、继续及采取其他防护或作战行动的规则和机动速度计算		

模型功能特性	模型功能	描述步兵、摩托化步兵、装甲机械化部队、炮兵部队以及战役战术导弹部队沿道路（公路、大车路、铁路）机动、越野机动
	简化假设	1. 不考虑风力和风向对机动速度的影响； 2. 未经上级同意，不得使用上级指定路线以外的机动路线； 3. 机动出发前，储备有足够的油料和给养 且一切准备就绪； 4. 对敌方作战行动，只作为影响因素考虑 不具体描述其实施过程

联系卡	研制单位		××××			
	任务角色	姓名	通信地址		邮编	电话
	研制负责人					
	研制者					
	审定人					
	上级主管单位		批准时间	年 月 日	模型提交时间	年 月 日
备注						

参 考 文 献

[1] 曹晓东. 大型军事概念建模工程研究与实践[D]. 国防大学,2005.

[2] 胡晓峰,曹晓东,等. 关于模型与数据工程工作的几个问题[J]. 军事仿真,2004.

[3] 曹晓东. 通用作战仿真系统开发平台研究[D]. 北京:军事科学院,2002.

[4] Francis L Dougherty, Frederick Weaver, Jr., Michael L Cluff. Joint Warfare System Conceptual Model of the Mission Space. http://www. dmso. mil/,1999.

[5] DMSO. High Level Architecture Federation Development and Execution Process Checklists Version 1. 5. http://www. dmso. mil/,2000.

[6] Thomas H Johnson. Mission Space Model Development, Reuse and the Conceptual Model of the Mission Space Toolset. http://www. dmso. mil/,1999.

[7] IMC Inc. Functional Description of the Mission Space Knowledge Acquisition Product Style Manual. http://www. dmso. mil/,2001.

[8] DMSO. Preliminary Draft Copy CMMS Representations. http://www. dmso. mil/,2000.

第 **5** 章

概念模型 VV&A

5.1 引　言

模型的 VV&A[1] 是建模与仿真重要的、必要的步骤,是保证模型准确性与仿真结果有效性的前提和重要手段[3-10]。本章介绍概念模型 VV&A。

5.2 VV&A 概述

5.2.1 VV&A 的概念

VV&A 贯穿于 M&S 的全过程(图 5 – 1)。

在《DoD 5000.59 – M: DoD Modeling and Simulation (M&S) Glossary》中,对 VV&A 分别定义如下。

5.2.1.1 校核(Verification)的定义及实质

校核——确定一个模型或仿真系统的实现是否准确表达了开发者的概念描述和具体设计要求的过程。校核还评价模型或仿真系统的开发在何种程度上采用了合理的和成熟的软件工程技术。校核是一个决定模型及其相关仿真是否准确体现了需要什么和开发者按照需要建立了什么的过程。简单地说,检验的实质是在默认问题选择本身是对的这一前提下,回答"我是否把事情做对了?"或"我是否正确地解决了问题"或"是否正确地建立了模型"。

5.2.1.2 验证(Validation) 的定义及实质

验证——从预期使用目标的角度,确定一个模型或仿真系统及其相关数据

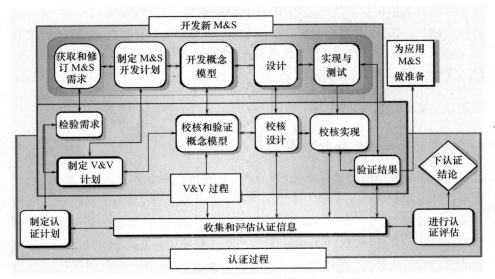

图 5 - 1　开发新模型和仿真（M&S）的过程

在何种程度上准确表达（描述）现实世界的过程；确定一个模型或仿真系统及其相关数据对特定应用目标的适合程度的过程。验证，主要关注仿真系统所表达的真实世界对象和现象，如所表达的作战使命空间（军兵种、规模、武器装备、作战环境、实体粒度等）是否与用户提供的想定一致；对作战环境、作战实体、作战行动过程和指挥控制过程建模所采用的简化和假定是否合理；数学模型是否能准确地定义相关要素之间的关联；仿真系统运行的轨迹和流程是否与真实世界系统相似；仿真系统执行所需的基础数据是否可获取、准确可靠，仿真结果与其参照物是否相一致等。简单地说，检验的实质是在默认目标选择本身是对的这一前提下，回答"我是否做了正确的事情"或"我是否解决了正确的问题"或"是否建立了有效的模型"。

5.2.1.3　确认（Accreditation）的定义及实质

确认——由官方证明一个模型或仿真系统对特定应用目标而言是可接受的。确认是由权威的第三方机构，受项目发起人或用户的委托，对已完成系统进行的全面质量检测和鉴定。该机构应该由领域主题专家、军事运筹专家、软件专家共同组成，对仿真系统的表达内容、表达方法、框架结构、外部功能以及通用质量特性进行全方位的验收。简单地说，确认是在已经确定用户和仿真应用前提下，回答"它是否应该被采用？"。只有通过确认的仿真系统，才能交付用户使用。

一个计算机仿真系统要赢得用户的信任,必须经过严格的、高水平的校核、验证和确认。因此,在进行仿真系统开发的同时,必须把校核、验证和确认作为开发过程的有机组成部分,并为之提供有效的机制和足够的信息及资源保障,保证 VV&A 活动顺利、有效地实施。

5.2.2　V&V 之间的关系

5.2.2.1　校核与验证的联系

校核确定模型或仿真系统的设计和实现是否正确地满足了设计要求,这些要求在经过验证的概念模型中被最恰当准确地反映出来。因此,当校核过程被正确地执行时,它可以保证设计与实现过程在启用的仿真系统中保持了概念模型的有效性。此外,校核活动所形成的重要文献如需求追踪及校核记录,是对验证活动的重要补充,而这些文献在单独的验证活动中是不会提供的。反过来,经过验证的概念模型为仿真系统软件的设计与实现奠定了正确的基础,并保证对其进行的校核活动是有意义的。

校核回答我是否正确建立了模型的问题,验证回答我是否建立了正确的模型的问题。两个过程顺序共同实施。校核保证产品在每一步保持完整性和一致性,而验证可集中关注仿真运行和表达方面的充分性。因此,验证确定仿真系统行为和表达当中的交互、反应和能力是否足够完成所要求的使命、职责和作用(行动)。验证减少运行风险,提高测试的彻底性,提升用户对仿真产品的信心,最重要的,是极大提高仿真系统的总体可信度。

5.2.2.2　校核与验证的区别

校核是确定一个模型或仿真系统的实现及其数据是否精确地表达开发者的概念描述和具体说明的过程。在仿真开发中,校核通常是一个循环往复的过程,确定一个模型及最终的仿真系统是否精确表达了合同要求的内容,以及开发者根据这些要求提出的应该构建的内容。由于校核与各开发阶段同步实施时效果最佳,基本的校核活动通常与所涉及的开发活动类型相对应(如需求校核、设计校核、实现校核)。执行校核的目的是确保仿真系统拥有完备和一致的需求,准确定义的概念模型,一个更加详尽和准确的设计,一个较校核前运行问题少得多的实现。校核活动的结果应该是对仿真硬件及软件配置的更深入理解,质量更高的开发产品,更少悬而未决或偶发性问题,更低的开发风险,更容易的重用和维护,以及更满意的用户。

验证是从模型或仿真预期应用目标的角度,确定一个模型及其相关数据在何种程度上准确表达真实世界的过程。验证考察仿真可能的用途以确定其所表达的细节在数量或水平上是否达到了与真实世界现象(或参照物)相符合的程度,这一程度是仿真应用获得信任所必需的。验证意在建立仿真系统对给定应用的总体可信度,包括概念模型、单个组件以及输出的合理性和精度。与校核活动根据其对应的开发阶段命名相似,验证活动根据其所验证的仿真系统构成要素命名(如概念模型、数据、结果)。最简单形式的验证包括对比预测值(如仿真的结果)与观察值(如参照物),判断二者是否足够接近以至可满足应用的要求。这类验证一般被认为是结果验证,而且主要针对开发周期的最后阶段。尽管验证主要基于测试(Testing),但它还经常包括灵敏度分析、与其他模型及仿真的对比,以及领域主题专家的观点。

5.2.2.3 验证无法替代校核

刚接触 VV&A 的人普遍会产生一个问题:如果验证决定模型及其相关数据精确表达真实世界的程度,如果这一精确程度被认为足以保证对其进行有限的或完全的认证,那么为什么花费资源首先进行校核活动是必要的,甚至是理想的? 为什么验证本身不足以胜任呢? 隐含的论点是如果一个仿真系统运行得足够好(如它被证明是"正确的模型",强调"验证"问题),这一点也必然意味着要么所开发的仿真系统具有必要的合理性(如它被正确地建模,因此同时回答了"校核"问题),要么这一合理的开发并不重要。这个观点并不错,而且如果对仿真中所有可能发生的情形进行完全的穷尽测试是可行的,甚至是可能的,则可以认为这个观点是可以接受的。然而,实际上,这样广泛详尽的测试在总体上既负担不起,也不现实。同时,原型的参照物的完备性和精度也限制了使用这些参照物进行有效性评估的精度。从实践的角度,如果不事先确保即将予以验证的仿真系统按照期望的方式和内容工作,就启动验证活动是不明智的。直到结果验证阶段,这时仿真系统已经开发完成,才发现其无法支持和实现需求,意味着不仅已经浪费了大量的资源和时间,而且想改正这一问题可能已为时太晚。在软件工程界,一个公认的事实是问题发现得越早,改正问题所涉及的成本越低。此外,校核有助于保证一个仿真系统在那些未经测试或无法测试的方面,不会展现出不切实际的或不稳定的行为,由此有助于提高仿真系统的总体可信度。

例如,如果需求中提出在某些参数值域内,给出精确的仿真表达,并且在系统的详细说明中并未指出有任何理由在该值域内预期发生不一致的行为(例如,需求中不包含可能在本质上存在不稳定或无秩序的公式或其他特征),如果校核的结果是仿真系统软件合理地实现了详细说明,则这一结果距离使用户(明确的或潜在的)相信仿真将以合理的、可预测的方式运行,还为时尚早。反之,如果数学算法中存在某些参数值域,在这些值域内,这些算法所导致的固有的数学行为变得不稳定或无法确定,或者如果软件实现存在某些固有的局限性,可能导致在某些参数值域内,计算结果偏离纯理论的数学结果,那么可以预料在这些输入值域内,仿真不可能是可靠的。

校核还有助于识别和避免存在问题的参数值域(如将它们标识为仿真的约束或限制条件)。校核允许对开发者已经准备的材料进行充实和完善,而验证通常做不到这一点。校核为验证提供基础。校核在问题的需求和开发成果(如概念模型、设计、编码)间建立联系,而这些开发成果将在测试和验证中被检查。某些情况下,实施一个相对全面的验证可能比执行校核更简单,开销更小,但这些情况是极少见的特例,而不是普遍的。执行(而不是省略)校核将提升用户对 V&V 结果的信任,并且在大多数情况下,将使执行全部 VV&A 过程的总体成本更低。

5.2.3 确认与 V&V 的关系

确认机构和 V&V 机构的关系对于实施成功和高效费比的 VV&A 活动而言,是很关键的。确认机构应与 V&V 机构合作,以保证 V&V 活动足够全面有效和紧扣主题,能够提供确认所需的信息。确认机构既是 V&V 活动的指导者,也是 V&V 活动的消费者。作为指导者,确认机构向 V&V 机构提出关于确认信息的需求以及 V&V 活动需要优先考虑的方面,以帮助策划 V&V 计划和过程。作为消费者,确认机构接收关于仿真系统能力和局限性的信息,这些信息将用于确认评估。

5.2.3.1 需要由 V&V 活动回答的基本确认问题

为对仿真系统进行合理的确认评估,需要由 V&V 活动回答以下几个基本问题:

(1)仿真系统的能力和逼真度是否与问题的需求相匹配?

(2)现行版本的仿真软件(包括分布仿真的实现)是否准确?

(3)仿真的输出是否充分和真实以满足应用的需要?

(4)仿真使用的数据是否足够准确和合理?

(5)仿真是否有足够的支持使其在预期的应用中对指定的人员可用?

5.2.3.2 确认如何影响 VV&A

确认者在仿真系统的整个开发过程中,执行一系列任务以保证有足够的证据对仿真系统的能力进行评估,例如,保证仿真的需求及可接受性标准是完备的、足够详尽的并且完全文献化。确认机构在 VV&A 中的基本职责如下:

(1) 与用户和开发者合作完善模型仿真需求,制定适当的指标和可接受性标准;

(2) 与用户和 V&V 机构合作制定总体的 VV&A 策略和确认计划;

(3) 支持 V&V 活动,评估 V&V 结果的可用性和充分性是否满足确认需要;

(4) 融入演化的模型仿真需求,在确认计划中考虑波动的风险和优先级;

(5) 提供指导和信息,帮助 V&V 机构调整 V&V 计划和活动以适应优先级和目标的变化;

(6) 执行必要的确认评估并进行报告;

(7) 在整个开发过程中表达用户的兴趣。

5.2.3.3 V&V 如何影响认证

确认过程的目标是积累和评估一系列证据,提高用户使用仿真达成特定应用目标的信心。

大多数(不是全部)支持确认的信息来自 V&V 活动的结果,V&V 活动在仿真开发和准备期间执行。因此,确认机构任务的范围和深度在很大程度上受 V&V 任务的有效性和合理性以及 V&V 结果的精确度和完备性的影响。如果 V&V 活动预算不足,与开发进程不同步,或缺少明确的确认信息需求,则不可能提供必要的证据量。如果 V&V 活动不集中于适当的优先(事务)或采用不合理的技术,可能产生误导的和不可用的结果。

5.2.4 概念模型与 VV& A

概念模型的准确性是模型与仿真质量的基本保障,唯有准确的概念模型才能真实地反映客观世界,才能实现可信度高的仿真。概念模型的准确性有三个方面的含义:语法的、语义的和语用的。为保证概念模型的准确性,需要对概念模型进行 VV&A。

概念模型 V&V 通常由一个领域专家组来判断所提议的概念模型的准确性,以及所提议的仿真设计组件和体系结构(如仿真的功能、交互和输出等)可能导出的仿真结果真实性。

概念模型的 V&V 应当在 M&S 的进一步开发之前进行,以尽早发现概念模型中可能存在的错误。这个过程的工作主要有三项:第一,校核概念模型,就是对照演练需求,考查概念模型是否正确反映了要求的所有过程、实体、数据及其相互关系。第二,评估逻辑设计,就是对概念设计中的基本逻辑进行跟踪,考查概念模型中各种动态过程的正确性。特别地,对于聚合级仿真来说,还要考查聚合和解聚过程的正确性。第三,验证概念模型,确保概念模型在物理和行为各个方面,完整充分地反映演练的内容和要求。这些工作完成后,要提交阶段性的 V&V 报告,详细记录概念模型 V&V 的结果、概念模型中存在的缺陷以及在使用过程中可能存在的风险等。

在概念模型校核与验证完成后,应该有一个正式的确认陈述,说明该概念模型对特定应用的适用性。

5.3 概念模型 VV&A 原则

概念校验有两个目的:提高仿真系统的准确性和增强仿真系统的可信性。为了增强仿真可信性,需要外部仿真开发团队包括仿真权威阶层对概念模型进行全面或部分的 VV&A。在整个 VV&A 过程中应遵循以下几条原则[2]。

(1)相对正确性原则:模型是一种抽象,抽象就是一种近似。模型是对客观事物的抽象和近似描述,因此没有任何模型是完全正确的。当概念模型能反映需求要求时,就认为概念模型是有效的。

(2)全生命周期原则:VV&A 应贯穿于概念模型开发的始末。应该在概念模型开发的初级阶段就制定 VV&A 计划,对每一个中间产品进行审查。

(3)明确性原则:对预期应用准确清楚的表达和阐述是 VV&A 的基础。如果需求表达不清,无论开发出的概念模型如何完美,所得到的 M&S 结果也没有什么实际意义。

(4)有限目标原则:概念模型有效性的高低与仿真系统的预期应用紧密相关。仿真目的不同,逼真度要求也不同,不同的逼真度要求有不同的概念抽象。验证和确认都是针对预期应用进行的,针对一种应用所做的 VV&A 并不适用于其他场合。

(5)必要不充分原则:概念模型的验证并不保证概念模型对于预期应用的可接受性。概念模型通过验证只是概念模型具有可用性的必要条件,但不是充分条件。要想进一步应用就必须要继续精化,设计仿真模型。

（6）全局性原则：子模型的 V&V 并不意味着整个模型的可信度。每个子模型在特定范围内具有足够的可信度，并不能保证整个概念模型应用是足够可信的。这是因为，模型和模型之间的接口关系和连接方式也会影响整个模型的可信度。因此，即使子模型进行了各自的 V&V，整体概念模型仍然需要进行 V&V。

（7）创造性原则：VV&A 需要评估人员有足够的创造性和洞察力。VV&A 并不是一个简单的选择和运用 V&V 技术的过程。它要求工作人员不仅要对仿真的预期应用具有深入透彻的了解，而且还要具备 M&S 开发应用的专门知识以及丰富的 M&S 开发经验。除此之外，创造性地运用各种技术的能力以及对问题准确分析、把握的洞察力也同样重要。

（8）良好计划和记录原则：概念模型的 VV&A 必须进行计划和存档。对于成功的 VV&A 过程来说，详细 VV&A 计划是必须的。在计划中应确定测试项目，准备测试基准数据，安排 V&V 工作进程。另外，整个 VV&A 过程都应当以标准格式进行记录和存档，内容包括对 VV&A 工作过程的记录以及所得到的结果等。这些文档既是对前面进行的 VV&A 工作的总结，又对以后的 VV&A 工作打下一个良好的基础。

（9）相对独立性原则：概念模型 VV&A 的进行需要一定程度的独立性。类似于建筑工程中的工程监理，VV&A 有时就是在开发工作中挑毛病。为减少概念模型开发者出于自身利益考虑给 VV&A 带来的负面影响，有必要让概念模型开发者尽量不参与到 VV&A 工作中，以保证 VV&A 的效果。但应注意，这种独立性不应该是完全的独立。如果进行 V&V 工作的 V&V 代理和概念模型开发者之间过分独立，将导致一些工作的重复进行，而且不利于各自工作的顺利进行。

（10）数据正确性原则：概念模型所涉及的数据要进行校核、验证和鉴定（Verification，Validation and Certification，VV&C）。数据是 VV&A 工作中的一个关键因素。数据不正确或者不合适，都会导致下一步 M&S 应用的失败。所有的数据都必须是合适的、准确的和完全的，必须具有正确的表现形式，并且经过有效的校核和验证。

5.4　概念模型 V&V 理论

模型的校核与验证（V&V），也称为模型的校验。

5.4.1 概念模型与真实系统

相似理论是系统仿真的理论基础。从相似的角度看,仿真模型是根据相似原理建立的与实际系统相似的对象,应该具有被仿真对象(原型系统)的具体特征。与原型系统相似的模型有两类:同态模型与同构模型。

同构系统是指对外部激励具有同样反应的系统。如图 5 - 2 所示,对于系统 A 和 B,在任何时刻 t,如果:

$$I_{1A}(t) = I_{1B}(t), I_{2A}(t) = I_{2B}(t), \cdots, I_{nA}(t) = I_{nB}(t)$$

就有

$$O_{1A}(t) = O_{1B}(t), O_{2A}(t) = O_{2B}(t), \cdots, O_{nA}(t) = I_{nB}(t)$$

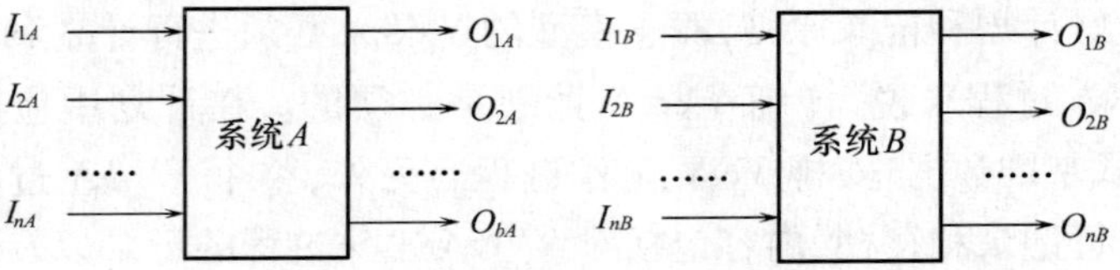

图 5 - 2　同构系统示意图

则系统 A 和 B 是同构系统。也就是说,同构系统 A 和 B 具有相"匹配"的输入与输出集,只要给予同样的输入就会得到同样的输出。

而系统同态是指上述等价性弱化了的一类关系。称系统 B 是系统 A 的同态系统,是指系统 B 的输入与输出只与系统 A 中少数具有代表性的输入与输出相对应。

原型系统和同构模型的输入与输出之间存在一对一的关系,原型系统和模型彼此之间是可逆的;原型系统和同态模型的输入与输出之间存在的是多对一的关系,原型系统和它的模型之间是不可逆的。同构系统一定是同态的,但反之未必。

有了同构和同态的概念,对建立模型和模型校验的方法就有了更明确的理解。仿真模型与真实系统之间的关系大都是同态的。一个比较理想的仿真模型,应该是原型系统的比较好的同态系统。所谓好,就是从具体建模目的出发,在模型中抓住了决定真实系统性能的重要状态量。重要状态量首先反映在概念模型中,因此验证概念是模型校验的关键性步骤,模型与原型系统的相似程度在很大程度上要在概念模型校验这一步来检验。

抽取真实系统的重要状态,要对其进行系统分析。系统理论认为:任何系统都是由相互作用和相互依赖的若干要素组成的、具有特定功能的有机整体;系统要素按照一定的方式结合呈现特定的结构特征;系统要素按照其内在的规律性相互作用,表现出特定的内部和外部功能特征;在系统要素相互作用的同时,伴随着物质、能量和信息的转移与转换,并导致要素状态的更新;系统具有相对的独立性,有其特定的内涵与外部环境。按照系统相似性原理,理想的概念模型与相应的真实系统应该具有以下相似性关系:

- 系统内涵 <——> 使命空间
- 系统要素 <——> 实体
- 系统结构 <——> 实体关系
- 系统状态 <——> 实体属性
- 系统运行 <——> 实体行动
- 系统功能 <——> 实体交互

其中,系统功能又包括两方面:内部功能和外部功能。内部功能是系统要素之间的相互作用和相互影响,它体现系统内部的输出能力;外部功能是从外部视角来观察系统要素相互作用和相互影响而产生的作用,它体现系统整体的外部能力,也是最终对用户发挥的作用,如指挥训练、方案、评估等。

5.4.2 概念模型校核内容

当开发一个模型或仿真时,首先需要建立并校核一个概念模型。概念模型包括了如何将建模需求分析分解成可建模的各个部分,这些组成部分是如何组织到一起并如何交互的,以及它们之间是如何协调工作以完成特定的仿真任务。它还必须描述用于完成任务的方程、算法和解决途径,以及对这些方程、算法和解决途径的假设、限制条件的描述,并说明这些假设、限制条件对仿真能否满足特定任务需求所可能带来的影响。校核概念模型,确保它满足特定的仿真需求的过程,就称为概念模型校核。

概念模型的校核主要包括以下内容:

1. 校核概念模型的使命空间

检查概念模型的使命空间是否反映的是所要求的用户空间。

2. 校核概念模型的需求

对照演练需求,考查概念模型是否正确反映了要求的所有过程、实体、数据及其相互关系。

3. 校核概念建模过程中相关假设

检查概念模型的假设是否合理。

5.4.3 概念模型验证内容

根据概念模型与真实系统的关系可以确定概念模型验证内容:

1. 验证概念模型的使命空间

检查使命空间的多维变量描述是否符合用户使用仿真模型的用途和目的。

2. 验证概念模型的静态结构和动态行为

检查概念模型到真实系统的映射,即检查概念模型中的实体、实体关系、实体属性信息是否正确、合理、无二义性;检查概念模型中的实体行动、实体状态、实体交互是否符合客观规律。评判上述内容是否具有足够的逼真度,确保以适当的逼真度定义了每个要素。

理论上,概念模型中每个元素都对应一个真实系统中相同的"副本"。实际建模中,仿真元素不是"副本"的重现而是其抽象与简化,降低了逼真度。如,实体在聚合时,由多变一,会降低逼真度;描述实体行动与交互时也常常要简化,由繁变简,减少行动和交互细节,将复杂行动与交互简单化,略去影响实体行动和交互的次要因素,只考虑有重要影响力的因素,这也降低了逼真度。

验证人员一般可借助检查表,采用比较验证的手段对概念模型文档进行审查。具体做法是:针对检查表中列出的每一项,从概念模型文档中找到相关描述内容,以特定用户需求和特定应用目的为大背景,以相关条令条例、规章、权威著作、科学规律、专家意见等为依据,对其进行评判,作出相应的判断。

以某军事概念模型为例(表5-1),这种判断有4种可能:

(1) 完全一致:描述内容完全符合真实军事系统的实际情况或规律。

(2) 合理简化:不完全符合实际情况,对其进行了合理的简化、假设。

(3) 基本合理:不完全符合实际,所作简化和假设基本合理。

(4) 不合理:描述内容不符合实际或过于简化、假设不合理。

表5-1 某军事概念模型检查表1

类 别	检 查 项	完全一致	合理简化	基本合理	不合理
兵力	参加作战行动的兵力类型是否合理				
	作战单位的级别和编制是否符合军事实际				
	作战单位的作战编组是否符合军事实际				
	作战单位的属性与状态描述是否合理				
	所确定的模型最高分辨率是否合理				
	非定量因素对作战人员的影响是否合理				
	作战单位所承担的任务是否符合军事实际				

类别	检 查 项	完全一致	合理简化	基本合理	不合理
作战行动	各种作战行动过程的描述是否符合军事实际				
	作战行动的开始与结束条件是否符合军事实际				
	环境因素对作战行动的影响是否合理				
	对作战行动效果的描述是否合理				
	非定量因素对作战行动的影响是否合理				
武器装备	武器装备的使用类型搭配是否符合军事实际				
	武器装备的使用先后顺序是否符合军事实际				
	武器装备、弹药使用的数量是否符合军事实际				
	弹药对武器使用的约束是否符合军事实际				
	武器所打击目标的选择是否合理				
	对武器使用效果的描述是否合理				
	环境因素(天候、地形、植被、气候、海况、风力、电磁、卫星等)对武器使用选择的影响是否合理				
	环境因素对武器使用效果的影响是否合理				
	武器使用效果对环境因素的影响是否合理				
指挥控制	作战单位对作战单位的指挥关系是否符合军事实际				
	上级作战单位对下级的指挥方式是否符合军事实际				
	上级作战单位对下级作战单位的指挥内容是否合理				
交互	作战单位之间的交互方式是否符合军事实际				
	每种交互的交互过程是否符合军事实际				
	每种交互的交互内容是否合理				
填表时间	××××年××月××日				

　　如果模型中涉及到军事规则,则可依据表5-2对其作出进一步的判定,并列出规则的具体内容。对于不合理的评判项,要求概念模型人员重新建模。

表 5-2　某军事概念模型检查表 2

军事规则内容 军事规则	应用场合	适用对象	前　提	结　果	所有规则是否一致、有无冲突
规则 1					
规则 2					
……					
填表时间	×××× 年 ×× 月 ×× 日				

3. 验证概念模型的仿真表现能力

检查概念模型中由实体交互体现出的系统外部功能,考察其是否满足用户域需求。

仿真模型对被研究的系统进行的描述、简化和抽象是有目的、有用途的,是为满足用户的问题域需求。不同的需求要求模型拥有不同的仿真表现能力,验证概念模型的仿真表现能力时,要注意:

(1) 有些用于研究论证的仿真模型在开发之初,由于所研究对象的规律还在探索中,用户往往不能非常具体或完整地提出需求。在这种情况下进行概念建模,就要对用户需求作进一步的推导,产生补充的问题域需求。如在进行军事概念建模时,这种情况显得特别突出,用户很难提出完整的需求,因而常常会要补充许多需求。这种情况下,进行验证时,这些补充的需求要经过用户检查,并保证它们能追踪到原始需求而且不会造成不一致。

(2) 对同一个仿真模型,概念模型支持一般仿真应用和特殊仿真应用的能力要分别进行验证。如,一个评估阵地战武器系统作战效能的模型,用户的一般仿真需求是想让它拥有表现许多不同阵地战武器系统效能的能力,而特殊仿真应用只关心某些武器系统的全面作战效能。在验证时,为满足一般需求,要求军事概念模型包括所有仿真能够表现的武器类型,但通常不会涉及每种武器的全部可能应用。为满足特殊需求,可能只要求军事概念模型包括打算应用的武器类型,但要涉及这些具体武器类型的可能应用。

验证仿真表现能力包括两个方面的内容:

(1) 验证是否满足问题域需求。在验证时,一般采用可溯性评估技术,将概念模型与用户问题域需求相比较,确保每一项问题域需求在概念模型中有所表达、得到实现;而概念模型中每一项内容,都直接或间接地对应一项问题域需求。

(2) 检查相关指标。指标直接体现仿真表现能力,这些指标主要是指效能指标。确定指标是否合适,一般要符合以下要求:

① 针对所研究的特定问题,能表示完成相应任务的真实目的;

② 对应用中感兴趣的参数或影响因数相当敏感;

③ 物理意义明显,便于计算;

④ 可用仿真等试验方法加以评估。

4. 校验输入数据

许多数据决策在概念模型研制阶段就产生了,且数据的可获得性、可用性和数据的合适性对模型下一步的设计会产生影响。建模人员只确定仿真所需的数据,通常对相应数据是否存在考虑较少。因此,概念模型的验证必须包括对数据的校核。

输入数据一般包括以下内容:

(1) 用于特定功能和行为的实例数据。如,常用的作战仿真模型,需要输入双方的初始态势、兵力构成以及作战方案等。

(2) 支持应用所需逼真度的特定数据。如,分队作战仿真需要分辨率为 $10\text{km} \times 10\text{km}$ 的风格地形数据。

(3) 固定的而动态输入的基础数据。如,作战单位的基本编制、武器装备的基础性能数据等预告确定的初始数据,在模型运行过程中根据需要调用。此类数据在概念模型中都有确定描述。

在数据校验时,要注意两个方面:

(1) 校验数据源。一旦确定了数据源,就要对数据源的元数据进行审查,以确保数据源的权威性、对应用的适合性,并能够及时提供所需数据。如,对同一种武器装备的权威数据源,会由于仿真模型的目的和不同作战样式而有所不同。

(2) 校验输入数据库。当数据源确定下来并经过审查后,就要校核输入数据库。输入数据库是所有输入实例数据的聚合集,它们将映射到模型和算法中。要检查输入数据库,确保它们包含应用规定的数据,具有充足性和完整性。比如检查地形数据库,确保它包括所有在概念模型中指定的特性。

如发现数据源或数据存在问题,用户就需要作出决定:是修改问题域需求?或是使用并不完全正确的可用数据? 还是承担数据创建工作以填补空缺? 在模型开发过程中,这种决策越早作出越好。一旦仿真模型建立起来、程序创建出来,为解决数据问题所做的改动就会既耗时间又耗人力与物力。

5.4.4　概念模型 V&V 方法

原则上讲,仿真模型 V&V 的方法都可适用于概念模型的 V&V,但由于概念模型是独立于仿真执行的,因而它的 V&V 也有相对的独立性。概念模型 V&V 方法简单来说可分为两大类:非形式化方法和形式化方法。整个方法如表 5-3 所列。

表 5-3   可用于概念模型 VV&A 的方法

分　类	方法名称	分　类	方法名称
非形式化方法	主题专家表面验证/SMEs Face Validation	形式化方法	结构分析/Structural Analysis
	审查/Review		数据分析/Data Analysis
	模型用例验证/Model use case Validation		一致性检查/Consistency Checking
	可溯性评估/ Traceability Assessment		断言检查/Assertion Checking
形式化方法	词法分析/Syntax Analysis		归纳断言/Inductive Assertion
	语义分析/Semantic Analysis		边界分析/Boundary Analysis

5.4.4.1　非形式化方法

非形式化技术的途径主要依赖于人们并不具备严格数学形式的检查、推理、判断,因此被认为是非形式化的。但很多非形式化技术采用的是有明确定义步骤的结构化程序,而且确定了专门的数据要求(如:检查表格、提问等)。利用良好结构的途径应用形式化技术,能够发挥很有效的作用。在部分非形式化技术中,还可以使用自动化工具,帮助对模型的控制与结构进行检查。

1. 主题专家表面验证

主题专家表面验证(SMEs Face Validation)就是主题专家审读概念模型文档,依据用户需求从表面上来确定概念模型是否正确。这是一种非结构化技术,主要运用专家的知识,也会受到专家偏见的影响。在以下几种情况下可以运用这种技术:

(1)能够找到具有相当专业知识和经验,而且能够为模型校验各个阶段连续工作的主题专家;

(2)用户充分信任主题专家的水平以及他们表达用户要求的能力;

(3)用户的需求表述不精确或是不能得到充分理解。

主题专家表面验证概念模型只是一种初步的验证方式。当新开发仿真模型或是修改已有模型,而该模型又缺乏完备的 VV&A 记录时,只采用这一种验证方法是不够的。

2. 审查

审查(Review)是一种高度结构化的逐步检查,目的在于识别潜在的缺陷,可用于对仿真模型生命周期各阶段的产品进行检查。审查通常由一个小组执行,对概念模型进行审查的小组成员包括建模人员代表、V&V 人员、主题专家、记录员等。审查通常包括 5 个阶段:

(1) 明确任务:概念建模人员将概念模型文档和有关文档(用户需求、概念模型验证的问题定义和目标、概念模型审查工作日程)分发给小组每位成员。

(2) 准备:小组成员审阅所提供的人武部文件。审查成功与否,很大程度上取决于小组成员在准备阶段的认真程度。

(3) 审查:概念建模人员代表可以借助投影仪等工具,向小组成员介绍概念建模的思路、模型的每一部分;小组成员通过一系列提问来辅助查找问题。这个阶段的目的是,概念建模人员证明自己对问题域的要求有正确的理解,建立的概念模型是有效的;小组检查人员努力找出问题,但并不纠正。在审查结束时,记录员向小组提交一份所查找到问题的报告。

(4) 修正:概念建模人员解决该报告提出的所有问题,并记录所做的全部响应和修正。

(5) 后续工作:V&V 人员确信所有的错误和问题都已得到满意解决,并仔细检查所做的变更,确保不会因为修正错误而引入新问题。

结构化的非形式化技术往往造成比非结构化技术更多的额外开销,因此应当在经费状况和时间进度都允许时,侚用高度结构化的审查技术。

3. 模型用例验证

模型用例验证(Model Use Case Validation)是检查概念模型是否已正确获取、描述需求的一种有效方法。其方法是用一个模型的用例与概念模型对比、进行验证。模型用例既是用户利用仿真模型解决需求时的一套输入,也是概念模型的一次概念实例化。模型用例直接针对特定的问题域空间,确定了模型描述范围、模型粒度等因素,还提供了领域知识的细节。

模型用例既可能先于概念模型产生,也可在概念模型建立后提供。前一种情况下,进行模型用例分析就是模型设计和开发的基础。概念建模是在用例的基础上进行知识提炼,再针对其他应用需求,对实体活动流程作进一步的扩充。后一种情况下,模型用例不再是开发概念模型的指导,而是对其概念的印证,概念模型对它有一定的约束作用。两种情况下,模型用例都可以验证概念模型:即检查模型用例的内容是否能够全部映射到概念模型(反之则未必)。当二者出现不一致时,首先要检查是否需求自身存在不一致;其次,如果是概念模型未满足模型用例的要求,就用模型用例补充、修改概念模型。

4. 可溯性评估

可溯性评估(Traceability Assessment)是模型校核与验证中都普遍使用的方

法,就是将仿真开发各阶段的最后产品与前一阶段的产品相比较,确保前一阶段的要求在后一阶段得到实现。当仿真模型的用户、设计者和实现者不是同一个人时,可溯性评估显得特别重要。

在概念模型校验时进行可溯性评估,就是将概念模型与用户问题域需求相比较,确保每一项问题域需求在概念模型中有所表达、得到实现;而概念模型中每一项内容,都直接或间接地对应一项问题域需求。

要注意的是,从用户问题域需求到概念模型的映射,要求每一项需求,要在概念模型的描述内容中至少存在一对应项以及与该对应项相关的一系列连贯内容。这是一对多的映射。反过来,从概念模型到问题域需求的映射则是多对一的映射。当评估从用户问题域需求到概念模型的映射时,验证人员要立足模型应用目的来判断满足需求的内容是否包括在概念模型中。而评估从概念模型到问题域需求的映射时,对于那些找不到映射关系的内容,要从概念模型中删除,否则会浪费仿真资源。

5.4.4.2 形式化方法

形式化方法基于形式数学证明数学上的正确性,是最精确的模型 V&V 方法。在概念模型的校核中,主要有以下几种技术:

- 数据分析(Data Analysis)。包括数据相关性分析和数据流分析,用于保证数据对象(如数据结构)的恰当使用和正确定义。数据相关性分析技术用于确定变量和其他变量之间的依赖关系。数据流分析技术则是从模型变量的使用角度评价模型正确性,可用于检测未定义和定义后未使用的变量,追踪变量值的最大、最小值以及数据的转换,同时也可用于检测数据结构声明的不一致性。

- 结构化分析(Structural Analysis)。用于检查模型结构是否符合结构化设计原则。通过建立模型结构的控制流程图,对模型结构进行分析并检查该流程图是否存在不规范、不符合结构化设计原则的地方(如滥用 goto 语句)。

- 语义分析(Semantic Analysis)。语义分析一般由编程语言编译器进行。在编译过程中,编译器可以显示各种编译信息,帮助开发者将自己的真实意图正确转换成可执行程序。

- 语法分析(Syntax Analysis)。和语义分析类似,语法分析一般也是通过编程语言编译器来进行,确保编程语言语法使用的正确性。

- 一致性检查(Consistency Checking)。就是检查概念模型的概念(实体)关系、属性描述是否前后一致。

- 断言检查(Assertion Checking)。断言是在仿真运行时应当有效的程序语句。断言检查是一种校核技术,用于检测仿真运行过程中可能会出现的错误。断言可以被放置要执行的模块的各个不同的部分以检查模块的运行情况。现在大多数编程语言都支持这种测试。

- 归纳断言（Inductive Assertion）评估是根据归纳原理的评估。具体方法是:确定所有变量的输入、输入关系,把这些关系转变为断言描述,并且沿模型执行路径放置,于是每条模型执行路径的开始和结束处都有一条断言描述,通过检验每条路径来进行评估,如果在路径最开始处的断言是正确的,而且沿路径所有的断言都能执行,那么在路径结尾处的断言也是正确的,如果所有的路径都能通过检验,并且模型也是终止的,那么根据归纳原理,这个模型就被认为是正确的。

- 边界分析（Boundary Analysis）是使用输入条件的边界值作为测试用例进行模型测试,因为模型容易在输入范围的边缘处发生错误。

在形式化方法中,最常用的就是语义、语法分析。它主要是用于对词汇进行检查、验证,看看词汇是否是来源于权威数据源,是否描述正确,如果合格则进行模型的正确性检验。否则,则是一个不合法的概念模型,并批出不合法的地方及修改意见。

对于词汇的 VV&A,整个流程如图 5 – 3 所示。

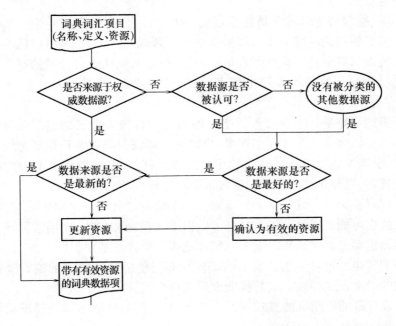

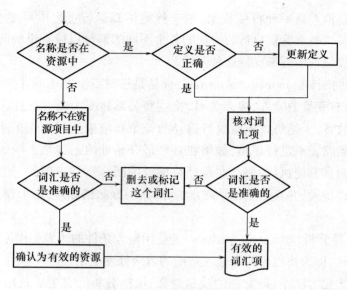

图 5-3　概念词汇的 V&V 流程

5.4.5　形式化概念模型的验证理论

形式化技术主要有归纳、推理、逻辑演绎、拉姆达运算、谓词运算、谓词变换和正确性证明。

归纳、推理和逻辑演绎是在给定前提的基础上,推导正当结论。如果一个论点从前提到结论的推导步骤都是建立在推理规则上,那么就可以认为它是有效的。假设那些最初的模型断言是正确的,那么如果从断言开始的每一步推导以及从已知断言的相继推导也都正确,而且可以终止,那么这个模型就是正确的。

拉姆达运算是一个通过重写字符串将模型转换为形式描述的系统。模型本身可以被认为是一个大的字符串,拉姆达计算法根据对字符串独得的重写规则,将模型转换成拉姆达描述。利用拉姆达计算法,模型操作者可以对模型进行正式描述,以便于使用数学验证技术来验证模型的正确性。

谓词运算提供了处理谓词的规则。一个谓词就代表一个简单的关系,它可能是对的也可能是错的。一个模型可以根据其谓词和操作,使用谓词计算法的规则加以定义。谓词计算法是所有形式化规范语言的基础。

谓词转换通过对模型从输出状态到所有可能的输入状态的映射来正式定义模型的语义。这种表示法是验证模型正确性的基础。

正确性证明以精确的方式对模型进行描述,然后精确地验证模型的执行直至结束,并且满足足够多的精度要求。

使用形式化技术具有很高的要求。用数学证明正确性尽管在原理上可能,但在实践中往往不都是可行的。比外,形式化方法本身能够描述的内容也是有限的。采用任何一种形式化技术进行 V&V 都要求建模过程拥有良好的定义和结构,使用形式化的语法和语义(至少被验证部分要求使用)。从目前来看,完全应用形式化技术来完成 V&V 工作基本上是很难。因而当概念模型用语义、语法都很清晰的的表示法来描述时,一般只对其内部一致性进行一定程度的逻辑分析。下面就介绍一致性的相关理论。

5.4.5.1 概念关系一致性检查关系的性质

关系具有以下性质:

(1) 自反性(Reflexivity of relations):$(\forall x)(x \in C \longrightarrow xRx)$,否则,称为非自反性(Irreflexivity of relations);

(2) 反自反性(Antireflexivity of relations):$(\forall x)(x \in C \longrightarrow <x,x> \notin R)$;

(3) 对称性(Symmetry of relations):$(\forall x)(\forall y)(x,y \in C \cap xRy \longrightarrow yRx)$ 否则,称为非对称性(Asymmetry of relations);

(4) 反对称性(Antisymmetry of relations):$(\forall x)(\forall y)(x,y \in C \cap xRy \cap yRx \longrightarrow x = y)$

(5) 传递性(Transitivity of relations):$(\forall x)(\forall y)(\forall z)(x,y,z \in C \cap xRy \cap yRz \longrightarrow xRz)$,否则,称为不可传递性(Antitransitivity of relations);

(6) 逆关系(Inverse relations):$R' = \{ <y,x> | <x,y> \in R \}$。

5.4.5.2 部分关系的公理

部分关系(*part - of*)在概念模型中是一个非常重要的关系,Pxy 表示 x 是 y 的部分,严格部分关系(*proper part - of* relation)PPxy 表示 x 是 y 的严格的部分,Pxy 可以定义为:

Pxy $=_{\text{def}}$ PPxy $\vee$ $x = y$

部分关系有如下的公理:

(1) PP$xy \longrightarrow \exists z$ (PP$zy \wedge \neg z = x$)	(x 是 y 的严格部分)
(2) PP$xy \wedge$ PP$yz \longrightarrow$ PPxz	(严格部分的传递性)
(3) O$xy \longrightarrow \exists z$(P$zx \wedge$ Pzy)	(x 和 y 重叠)
(4) PO$xy \longrightarrow$ O$xy \wedge \neg$P$xy \wedge \neg$Pyx	(x 和 y 严格重叠)
(5) PNP$xy \longrightarrow \neg$P$xy \wedge \neg$Pyx	(x 和 y 不互为部分)
(6) $x = y \longleftrightarrow$(P$zx \longleftrightarrow$ Pzy)	(x 和 y 等同)

5.4.5.3 一致性关系的检查

概念模型的正确性,不仅要满足模型描述语义要正确,而且语法和语义要满足一致性。对于不一致,主要表现在以下几种(其中:F 表示定义的框架):

定义 5.1 如果 $F \vdash superconcept(C1,C2) \wedge superconcept(C2,C1)$,称为类属结构的不一致性。

定义 5.2 假定父概念的属性 A 的值为 C1,子概念的属性 A 的值为 C2,如果 C1 与 C2 的类属结构不一致,则为继承结构的不一致性。

定义 5.3 如果 $C1 \neq C2$,并且 $F \vdash superpart(C1,C2) \wedge superpart(C2,C1)$,则称为部分结构不一致性。

利用关系的这些性质及公理,可以对概念模型中的概念关系进行一致性检查。如 R 是一个具有传递性而没有对称性的关系,如果有 $F \vdash R(x,y) \cap R(y,z)$,并且有 $F \vdash R(z,x)$,由关系 R 具有传递性可以推出 $F \vdash R(x,z)$ 成立,但 R 不具有对称性,因此 $F \nvdash R(z,x)$,这与 $F \vdash R(z,x)$ 相矛盾,也即模型中存在着不一致的关系。

5.5 概念模型 VV&A 指标

概念模型的正确性有三个方面的含义:语法的、语义的和语用的。因而对概念模型的 VV&A 也主要是从这三个方面着手。相应概念模型 VV&A 有三大指标:

语义质量指标,它反映概念模型和真实世界之间对应的程度,如果模型的陈述和真实世界不一致,则这个模型就是不合格的。

语法质量指标,它主要反映概念模型和它的描述之间的一致程度。

语用质量指标,它主要反映概念模型与它的解释以及使用者的个人理解之间的符合程度。

这三个方面非常符合人们对概念模型的观念。图 5-4 就展示了这种概念模型观念。在"概念世界"中的模型抽取、捕获了"真实世界"中的所有要素,这些要素是具体的建模对象的体现。这种模型由一种语言("符号世界")来表达,以便于人们同它进行通信。而设计者常关注的就是这个共享的"符号世界",当然他也有他自己的观念,有他个人对模型的理解。

由这种概念模型观念,可以得出判断是否是一个好的概念模型原则的三条准绳:

(1) 概念模型应对真实世界的事物提供一个形式化地描述;

(2) 概念模型应满足用户需求;

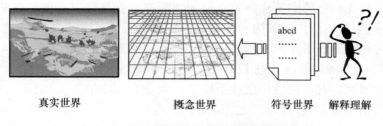

| 真实世界 | 概念世界 | 符号世界 | 解释理解 |

图 5 - 4　涉及真实性、语言和理解的概念模型

（3）概念模型要便于将来信息系统执行和更新。

这三个准绳构成了一个概念模型 VV&A 的三维坐标系（图 5 - 5）。

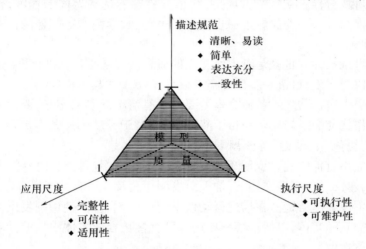

图 5 - 5　概念模型质量 VV&A 尺度

描述规范轴：主要是判定是否有效地使用了模型所提供的符号。它考虑的是以下四个方面：

（1）模型的易读性：不但要人可读，更要机器可读，要清晰明确。

（2）表达充分性：模型的描述要能充分地说明问题领域。这就要求所抽象的概念要完备，所建的模型要充分。

（3）简单性：模型的描述不能复杂化，应简单明了。

（4）一致性：在满足以上要求时，必须要保证模型描述的一致性。这就是要满足模型描述语义要正确，同时语法和语义要一致。可运用第 6.3 节中的相关性质公理对不一致性进行检查。

应用尺度轴：它主要判定概念模型接近用户所理解的概念模式的程度。它关注的是：

（1）概念模型的完整性。完整性的判断标准就是要概念模型完整地覆盖用户需求，要反映用户需求的方方面面。从逻辑意义上讲，完整性是指"真的"断言都可以通过证明得出，即如果 $F(A) \vdash R(A,B)$，且 $R(A,B) \longrightarrow R'(B,A)$，但 $F(B) \nvdash R'(B,A)$，则 $F(B)$ 的知识的不完整的。

（2）模型要有可信性。也就是模型要保证有一定的逼真度，逼真度差，自然没有可信可言，不会得到广泛的应用。

（3）概念模型的适用性。也就是要确定在领域内概念模型所适合的范围。

执行尺度轴：它主要是用来判定模型是否容易执行，是否容易进化。它关注的是：

（1）可执行性。从执行方面讲，模型的构建能达到怎样的程度，也就是考虑所建的概念模型是否能够进一步由仿真模型、数学模型等其他的执行模型来执行、实现。

（2）可维护性。也就是考虑所建立的概念模型是否容易进化更新。

针对以上尺度，可进一步确定概念模型 VV&A 的具体指标：

（1）概念表达清晰。各概念模型要素要有清晰准确的定义，要使用户对其所描述的作战使命空间要素一目了然，这一点对于行动要素尤为重要。要特别防止使用"可能"、"就近"等模糊语言。

（2）应用目标明确。要明确说明模型的应用范围、层次、内容等方面的信息。因此，建议在各模型文档前，加上对模型用途及其他有关模型管理的说明。

（3）主体客体清楚。在描述行动效果（交互）时，应清楚识别发出交互的实体及接收交互的实体，以便于模型使用者可直接从相应实体中提取计算行动效果所需的属性值。

（4）行动过程完整。在概念模型颗粒度的框架内，对所涉及的行动过程应完整地描述其发生、结束及其内部的运行阶段和机制，无遗漏地描述行动的正常流程及由条件所引发的重要分支，以保证仿真系统行为的合理性。

（5）逻辑表达正确。在描述行动过程的控制规则时，条件与行动要有合理的对应关系，要与相似的真实系统条件下，决策的结果或行为选择基本相一致。

（6）规则约束合理。一方面要将对行动过程控制有重要影响的约束条件全面列举出来，另一方面在由定性规则转化为定量规则时，条件值的确定要尽量合理。

（7）行动结果合理。计算行动效果的算法，应保证相似条件下的同一行动，产生与实际系统基本一致的结果，如战损、干扰等。

（8）数据图表准确。模型文档中的数据表格和流程图应清晰醒目，简洁易读。数据的来源、结构、类型应准确清楚，图表要素间的逻辑关系要合理、易于识别与追踪。

（9）输出表达清楚。对输出数据的表现形式（如报告、军标、示意图等）、数据结构和类型要有清晰的交代。

（10）格式规范。构成概念模型的各种描述在遣词造句上要力求规范用语、特别是应符合科技文献的用语规范，使用标准所规范的概念与名词述评，尽量避免使用自造词语。如果不得已必须使用，则应当用规范语言解释清楚。

根据这些指标可以建立概念模型的验收指标，下面就是建立的某军事概念模型的验收指标示例（表5-4）。

表5-4　某军事概念模型文档验收标准

评价项目	通　　过	不　　通　　过
分类信息	①使用统一下发的军事概念模型成果登记表； ②命名准确，编号规范； ③应用层次、所支持仿真应用类型、模型属性、建模语言抽象程度、模型描述形式等项目选择正确； ④适用范围和内容、模型功能、简化假设、行动要素抽象程度等项目表述简明易读，能准确反映军事概念模型的分类特性； ⑤其他必选项无遗漏	①未使用统一下发的军事概念模型成果登记表或无分类信息； ②命名不准确，编号不规范； ③对适用范围和内容、模型功能、简化假设所作描述不能准确反映模型的分类特性； ④其他各选项有多处遗漏，或所选分类信息与模型分类特性严重不符
权威性	①经主管部门正式认证； ②组织本领域资深专家集中进行过认真评审，验证可用于支持本领域及其他相关仿真应用目标； ③曾用于成熟作战仿真系统开发，且应用该作战仿真系统实施过军事演习，其仿真结果经验证具有较高的可信性。原创性模型经军事专家和软件技术专家共同验证； ④编写人员专业化水平高，是本单位该领域最具权威专家，或编写过程及所提交成果经其严格把关	①未经主管部门正式认证； ②未组织本领域资深专家集中进行过认真评审； ③编写人员主体专业化水平一般，编写过程有较大的随意性，所提交成果未经本单位该领域最具权威专家严格把关
内容结构	①包括概念定义、规则描述、数据需求三大部分； ②概念定义引用自权威知识源（《中国人民解放军军语》、《中国军事百科全书》、条令条例、经典军事著作、统编教材）；使用背景的表述易于为军事人员和软件技术人员理解； ③规则描述包括文字叙述性规则和逻辑框图； ④数据包括输入数据、输出数据、所涉及的中间数据、所涉及的主要算法以及报告时机及内容	①三大部分不齐全，结构混乱； ②概念定义不准确，对使用背景的表述令人费解； ③规则、数据有较大缺项

评价项目	通　　过	不　通　过
行动描述	①模型层次、颗粒度、分辨率选择适当，可有效支持特定仿真应用目标； ②在模型层次和颗粒度的框架内，完整描述所涉及作战行动过程发生、结束（含正常结束、中断、异常终止）及内部运行机制，给出完整的正常流程，当发生异常时，应无遗漏地提取引发异常的条件及其引发的重要分支流程，在合理的分辨率水平上加以描述； ③在描述作战行动过程、作战行动效果（交互）时，应清楚地识别和标示执行作战行动的实体，参与作战行动的实体，发出交互的实体及接收交互的实体； ④在作战行动过程控制军事规则中，全面、准确提取对作战行动过程和结果产生重要影响的约束条件项，以及由条件项组合而成的条件集；各条件集与下一步行动之间有合理的逻辑关系，并且这种关系是严格的一对一关系；在将定性的作战或行动原则简化处理为定量的军事规则时，要尽可能选取经过领域专家认同的，合理的条件项和条件值； ⑤在计算作战行动效果（交互）时，全面考虑各种影响因素，计算影响（包括直接影响如战损、干扰、反应及间接影响如失控）的算法合理，基本反映真实世界客观规律	①模型层次、分辨率、颗粒度极不适当，导致过多冗余信息或遗漏重要信息，无法支持特定仿真应用目标； ②所描述作战行动过程很不完整，多个重要分支有明显遗漏； ③行动（交互）主、客体模糊不清； ④作战行动过程控制规则极不合理，条件项有严重遗漏，条件值的选取带有较明显的随意性和主观臆断性，与军事原则极不一致； ⑤在描述作战行动效果（交互）时，影响因素考虑得比较片面，无法体现出作战行动互相之间的影响
图形	①图形、符号符合规范，能准确表达作战行动过程的时间顺序和逻辑关系； ②图形内标注简洁明了，能准确说明所执行事务，判断符号各分支标注清楚； ③图面整洁醒目，图形符号连接处不留空隙，跨页转接点布局合理、对应准确	①图形、符号不规范，无法准确表达作战行动过程的时间顺序和逻辑关系； ②图形内文字意思模糊不清，判断符号各分支标注多处遗漏； ③图面布局不合理，整体视觉效果较差
数据表格	①全部列举出输入数据、输出数据、所涉及的中间数据及各种报告； ②各种数据的枚举备选值、输入形式、输出数据的表现形式完备； ③如果给出算法，算法表示采用符合惯例的数学符号，并对每个符号的含义作具体说明	①输入数据、输出数据及各种报告有较明显遗漏

评价项目	通　　过	不　通　过
文字	①所使用文字符合军事及科技文献的用语规范； ②语法结构基本不含二义性、冗余信息较少； ③没有文字错误	①所使用文字极不规范； ②部分语法结构具有二义性，含大量冗余信息； ③文字错误较多
备注	此次所验收军事概念模型中，未对算法作统一要求	

表 5-4 中，确定了分类信息、权威性、内容结构、行动描述、图形、数据表格、文字等七个评价项目，依据这七个评价项目，基本能够涵盖某军事概念模型成果的全部质量要素，对所验收的军事概念模型条目给出一个比较全面和客观的评价结论。以下分别解释一下各个评价项目。

1. 分类信息

如果说军事概念模型是一种经过加工的知识产品，是一类数据，那么分类信息就可以认为是这些知识产品外包装上的说明书，是关于数据的数据。共享这些军事概念模型资源，就必须向明确的用户以及潜在的用户说明这些模型有哪些用途，可支持哪些仿真应用目标，以及这些模型有哪些局限。另外，当这些模型由模型库管理系统进行存储，供其他受权用户访问，分类信息也可以作为模型数据查询的重要依据。模型的生产者必须提供全面、详尽、准确的分类信息，用户才能高效地将这些模型对特写仿真应用的可用性，做出正确的取舍。所以要求分类信息要使用统一下发的军事概念模型成果登记表，并认真填写各个项目。

2. 权威性

军事概念模型的权威性是保证用户对其产生信任的重要方面，它主要表现在两个方面，一个方面是知识产品本身的质量。也就是说，如果是由军事领域问题专家直接编写，或由他们严格把关的，就可以认为这些军事概念模型是出自内行之手，是可信的。另一方面是官方对知识产品的认证。官方本身是一种权威机构，他们对知识产品质量的认同，自然带有权威性。当然认证不仅仅是下一个简单的结论，而要组织专门的团队，进行一系列工作，搜集可用于认证的信息和数据，这样才能保证认证结论的权威性。

3. 内容结构

内容结构主要是评价从总体上看，各个军事概念模型条目是否包括几个大的组成部分,各部分是否采取规定的描述形式和知识来源。

4. 行动描述

行动描述评价要注意以下几点:

第一,是对模型层次、颗粒度、分辨率的要求,其中颗粒度的概念是指模型所关注的问题域的范围。比如说我们在构建地面机动的模型时,如果未把敌方空中攻击行动的影响考虑在内,就是因为所选取的模型颗粒度较小而造成的。

第二,是关于行动过程完整性的要求。任何作战行动过程都有一个发生、发展、结束的"正常"流程,以及由一些意外的情况所引发的分支流程,而且它们分别对应着具体的约束条件。要想准确地描述一个作战行动过程,就要将这些正常流程及异常分支都考虑在内,予以适当的描述。

第三,是关于标识行动所涉及实体的要求。同样的行动,由不同的实体执行,有不同的实体参与,行动的轨迹和效果通常是不一样的。虽然在作战行动模型中,不要求对所涉及的实体进行具体描述,但必须将它们清楚地标识出来。使用户很准确地把握是哪一个实体在行动,哪些实体参与了行动的执行,哪一个实体发出了交互,哪一个实体接受了交互。

第四,是关于行动规则的要求。这主要是指条件和实体行为的对应关系。一方面要求只要是在实际作战中可能发生的,对行动有重大影响的重要条件,应该全面地考虑到。另一方面要求条件和行为之间保持一对一的对应关系,是因为软件无法处理模糊的规则。

第五,是关于作战行动效果的算法,备注中已有说明。

5. 图形

主要是对逻辑流程图的要求。在描述复杂的,影响因素和约束条件较多的作战行动时,流程图也一般会生出许多分支,占用较大的篇幅,只有绘图规范、布局合理,才能保证较好的可读性。

6. 数据表格

数据是模型算法的基本要素,在军事概念模型中,对于算法需要用到的输入数据、输出数据、所涉及的中间数据及各种报告,应全部列举出来。这里,所涉及的中间数据指那些未在模型的启动指令中明确,也不需要在界面上显示,而是由模型自行访问、感知,或在模型运行过程中产生的,对运行结果构成影响的数据。例如地形数据、环境数据、物资消耗数据等。各种报告是模型在特定的事件或状态下所给出的反馈,是局中人重要的情报来源。表述清楚这些数据,既是模型算法设计的需要,也是定义仿真系统功能的需要。

7. 文字

文字水平高本身并不能代表军事概念模型描述的形式更合理,军事概念模型的逼真度更高,但如果军事概念模型文档的文字水平低,辞不达意,模棱两可,甚至错字连篇,却足以说明模型生产者的态度很不认真,对模型成果的质量把关不严,这样的模型,可用性也必然较差。因此,我们将文字水平也作为一个评价项目。

5.6 概念模型 VV&A 步骤

概念模型的 VV&A 主要分为以下几个步骤实施:

第一步:建立检查的范围和评估标准。

确定范围包括方方面面,但实际上,这个评审范围经常受到仿真所关心的重点方面的约束。评审原则来源于两个方面,首先要考虑概念模型满足仿真需求的能力,这是仿真常规的 VV 部分;其次要考虑到概念模型支持一个特定仿真应用的能力,以支持一个可信的决策。

评审范围和评估标准是由仿真发起者、用户或者指定的权威人士来确定。否则仿真开发人员不可能对评审结果做出反应。正常情况下,范围和标准是由 VV 团队来起草,并适当地结合仿真开发人员的观点。

第二步:确定进行概念模型 VV&A 的审查人员。领域专家确定所需要的技术专家。上层阶层也影响评审人员的确定。一个理想的状况是这个评审团队既代表了所有的上层阶层也包含了其他有资格的专家。以军事概念模型为例,一般来讲,军事概念模型的 VV&A 要由三种专家组成:军事领域专家、知识工程专家和仿真设计专家。军事领域专家由权威的军事人员组成,主要负责军事概念正确性 VV&A;知识工程专家主要负责知识描述正确性的 VV&A;仿真设计专家主要负责概念模型可执行实现的 VV&A。

第三步:确定概念模型 VV&A 的过程。这主要是决定评审活动如何进行(是仅仅通过文档,或者通过同仿真开发团队的一些交互,还是通过试验等等方式来进行),以及评审采取怎样的形式来汇报。一个结构化的评审报告有助于确保评审的一致性、广泛性和可比较性。

第四步:对概念模型进行 VV&A 评审。特别是对那些关键部分或重要部分应特别注意。

第五步:对检查做出相应的反馈,即评审过程中的互动。这主要是指在评审过程中,模型开发人员与校核人员之间的交互。

第六步:对各部分的评审进行集成,得到评审概要和结论。

5.7   概念模型 VV&A 报告

上面提到,概念模型的 VV&A 要有评审报告,以确保评审的一致性、广泛性和可比较性。对军事概念模型来讲,其评审报告主要包含以下内容:

(1) 所评审的概念模型名称、版本、构建日期。

(2) 评审人员完整和具体的信息:姓名、联系方式、专家领域。

(3) 评审过程中所使用的信息(包括一些文档,模型开发团队人员的姓名、日期等)。

(4) 评审范围和原则。

(5) 概念完备性列举。

① 概念词汇是否来源于权威数据源?

② 是否包括了所有的元素(实体、状态、行为、活动、任务等)?

③ 有哪些被忽略?

④ 那些被忽略的元素同特定的仿真应用关系如何?

(6) 概念模型假设的评估。

① 所有的假设是否被指出?

② 这些假设的含义是否明确、正确阐述?

③ 哪些假设被忽略,哪些假设其含义需要澄清?

(7) 使用算法的评估。

① 算法对仿真是否有足够的逼真性,是否满足仿真需求,是否遵守给定的原则?

② 算法是否正确?

③ 这些算法与常用的算法之间的关系?

(8) 评估结论和概要。

(9) 改善仿真可信度或者以后概念模型评估过程的建议。

参 考 文 献

[1]   王杏林. 军事概念模型研究[D].北京:装甲兵工程学院,2005.

[2]   张伟.仿真可信度研究[D]. 北京:北京航空航天大学,2002.

[3]   Michael R Moulding. Application Domain Modelling for the Verification and Validation of Synthetic Environments: from Requirements Engineering to Conceptual Modelling [A]. Proceedings of the Spring 2000

Simulation Interoperability Workshop, March 26 – 31, 2000, Orlando, FL.

[4] Mr. F, Furman Haddix. Prescribing Fidelity and Resolution for CMMS [A]. 98 Spring Simulation Interoperability Worksho PPapers, March 1998, Volume 2, pp. 893 – 900.

[5] DMSO (2000) Verification, Validation, and Accrediation (VV&A) Recommended Practices Guide. http://www.msiac.dmso.mil/vva.

[6] John K. Sharp. Validating an Object – Oriented Model. Journal of Conceptual Modeling, Issue [J]. No. 6, December 1998 http://www.inconcept.com/JCM.

[7] Menzies, Tim, Robert F. Cohen, and Sam Waugh. Evaluating Conceptual Modeling Languages [A]. http://www.cse.unsw.edu.au/~timm/pub/docs/97evalcon/words.html.

[8] W B Teeuw, H. van den Berg, On the Quality of Conceptual Models. 16th International Conference on Conceptual Modeling. 3 – 6 November 1997 (ER '97) in Los Angeles, CA http://osm7.cs.byu.edu/ER97/workshop4/tvdb.html.

[9] Sheehan J. Brief of DMSO CMMS Program, VV&A Technical Working Group. 1997.

[10] 刘复岩. 仿真系统概念模型的有效性确认[J]. 系统工程与电子技术,1996.

第**6**章

概 念 建 模 工 具

6.1 引 言

建立概念模型需要有建模工具的支持。在这方面,目前还没有完全成型的专用工具。甚至大多数情况下,我们只是使用 Office Word 文档来直接进行建模描述。建模时,为了描述方面,人们又将其他系统的附带功能来作为其描述工具,如上面的 UML 语言对应的 Rational Rose 工具,XML 语言所对应的 XML SPY 工具等。有的工具还将多种语言结合起来,如 Microsoft Visio 就将 IDEF0、UML 等多种语言结合起来作为一个工具集。对于这些工具,前面大部分在讲概念模型的描述方法时,都可以看出其用法。这些工具都有一个共同的特点:都方便相关的技术人员使用,而不方便领域专家使用。但是,现实情况专业知识大多掌握在领域专家手中,这些工具大多不符合领域专家的习惯、风格,而技术人员一般对这些专业知识不熟悉,需要在领域专家的配合下才能使用这些工具进行相关的描述、建模等活动,在此不再进一步讨论。本章只讲解其他的有特点的概念建模工具,目的是希望将来能有一个专门的概念建模工具。

6.2 概念知识获取工具

无论是系统开发还是知识工程开发,知识获取都是相当重要的。因而,概念建模工具必须包括知识获取工具的功能。知识获取工具要求在知识表达方面,首先要通过必要的形式和格式,规范建模者对知识的描述,从形式上降低产生非结构化、二义性和不完备描述的可能性;其次,要提供某种机制,引导知识生产者遵循概念分析的基本准则,采取合理的步骤对领域空间进行逐层的分析和分解,最终获得足够完备和详尽的描述信息;另外,系统在操作功能方面,具备较好的易用性,可以方便地执行模型库访问、更新和存储等操作。这些功能可由建模工具的知识获取工具——KAT(Knowledge Acquisition Tool)来完成。

1. 知识采集工具的特征

知识采集工具具有保证数据质量和提高知识生产效率的特征:

(1)方便的下拉列表。这些控件将减少数据输入量并强制保持数据的一致性。

(2)支持图形。许多数据片段带有一个图形,用来辅助说明概念。

(3)强制用户遵循业务规则。例如,除非填入必选的字段,否则将不会产生一条新纪录。

(4)支持过滤和查询。用户可以只查找和浏览自己感兴趣的信息。

(5)可扩展性。数据输入形式和输出格式可根据用户的特定需要进行剪裁;在知识获取过程中,可加入向导对用户进行指导;可加入检验工具以核对输入和输出的一致性;可加入字典组件以支持通用语义和语法。

2. 知识采集工具的优点

(1)商用 CASE 工具的低成本替代方案。KAT 可作为不受授权限制的应用软件发布。

(2)可提高生产率。方便的控件如下拉式列表可减少键盘输入。用户不必进行字处理即可生成格式优美的文件。领域主题专家可以集中精力于数据内容而不必关心数据输入形式。

(3)提高知识重用潜力。可将数据导出为 CMMS 数据格式,集成进 CMMS 模型库;易于解析;其他模拟应用可利用 CMMS 集成与分析工具重用 CMMS 模型库中的数据。

这里介绍一个叫 PC – PACK[ ] 的知识抽取工具。PC – PACK 的场景和演示版可以从 CommonKADS 站点下载。目前的版本是 PC – PACK4 3.6 版。

PC – PACK 的主要功能是:

① 从文本中分析知识;

② 使用各种知识工具(如树、网络、图表和超文本等)来结构化知识;

③ 获取并且验证来源于专家的知识;

④ 出版包获得的知识;

⑤ 跨领域地重用知识。

PC – PACK 主要包括以下7个工具(图6 – 1):

① 协议分析工具(Protocol Tool):用于分析抄本或其他的文本文件;

② 阶梯法工具(Ladder Tool):用于建立多层次结构的图形;

③ 图表工具(Diagram Tool):用于构建网络风格的图表;

④ 网格矩阵工具(Matrix Tool):用于构建各种各样的网格矩阵;

⑤ 注释工具(Annotation Tool):用于为每一个知识对象创建万维网风格页面;

⑥ 发行工具(Publisher Tool):将用其他工具捕获的信息创建成网站;

⑦ 图表模型工具(Diagram Template Tool):用于创建编辑在图表工具中要用到的图表格式。

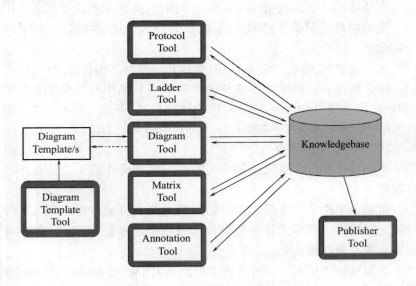

图6 – 1   PC – PACK   工具的组成

协议分析工具可以导入 Word、rtf、txt、html 四种格式的报告、规范说明和手册等文件,并用不同颜色编号的标记工具来标记选取的 Concept、Task、Categorical Attribute 三类词语(图6 – 2),并将这些词语高亮显示出来。其作用就是能从文件中快速地提取相应的概念对象,存储在知识库中,并给其他工具使用。

用协议分析工具提取了概念后,直接打开阶梯法工具,就可以看到这些概念都显示在阶梯图中,右侧对应的是概念对象树,左侧是图形式的概念树。将这些概念进行调整就可得到概念的阶梯图(图6 – 3)。也可建立新的概念树,从而得到新的阶梯图。

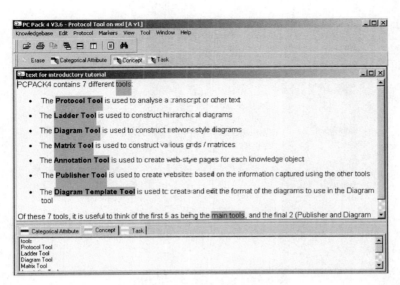

图 6 - 2 协议分析工具

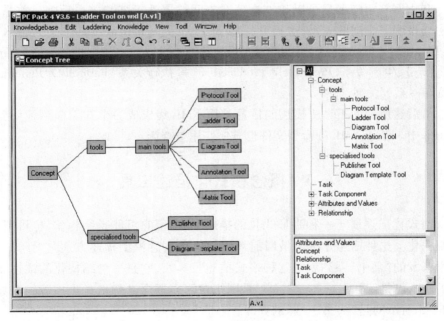

图 6 - 3 阶梯工具

　　概念树可以通过注释工具将所选择的概念转换成网页,通过发行工具可以构建成网站。图 6 - 4 就是将 main tools 这一概念通过注释工具将其转换成网页视图。

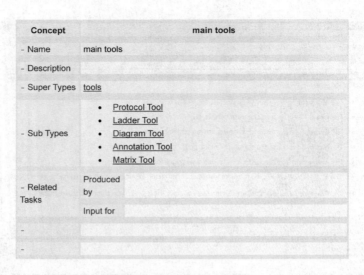

Concept	main tools		
- Name	main tools		
- Description			
- Super Types	tools		
- Sub Types	• Protocol Tool • Ladder Tool • Diagram Tool • Annotation Tool • Matrix Tool		
- Related Tasks	Produced by		
	Input for		
-			
-			

图 6 - 4　注释工具所生成的网页

利用网格矩阵工具可以建立概念对象间的属性矩阵和关系矩阵。关系矩阵主要说明概念间的关系,这些关系有:部分关系(is part of / has part)、输入关系(Input for / has input)、资源关系(Resource of / has resource)、跟随关系(Followed by)、生成关系(Produces / Produced by)、执行关系(Performs / Performed by)等一系列关系。

最后这所有的工具所描述的信息都用 XML 集成成一个知识模型,存储在知识库中。基于 XML 的模型文件也方便使用与查询。

6.3　概念格式化描述工具

格式化描述属于一种半形式化的描述形式,但它可能是结构化,也可能是半结构化。这种描述方法也是当前常用的一种概念模型描述方式。国防科技大学开发的"兵书"系列就是这种格式描述工具[2],它是一种结构化的描述,现在的版本已是"兵书二号",它主要是用来对军事概念进行格式化描述的工具。图 6 - 5 所示的是"兵书一号"的界面。

该工具的总体结构包括三层:总控层/用户交互层、功能层、数据库层。总体而言,工具的主要功能包括:

1. 军事知识的格式化输入

军事知识的格式化输入以模板为向导,引导军事人员格式化地输入军事知

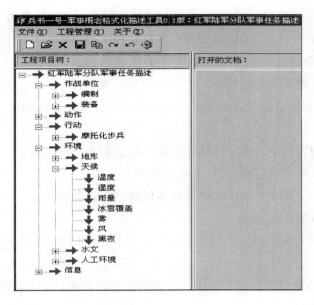

图 6-5 "兵书一号"界面

识,系统提供动态检查机制。对输入的军事知识进行检查,并将输入的军事格式化信息输入数据库,或以文件的方式输出和打印。

2. 军事知识的检索和查询

系统提供对主题的检索和查询功能,查询的结果以表格等直观的方式进行显示,系统还利用基础数据库和工程数据库的信息提供 Web 页的查询和访问。

3. 军事知识的一致性检查

系统提供对军事知识的一致性检查机制,可以检查数据库中的数据的合法性、完整性,并消除军事知识库中隐含的歧义信息,检查的结果可以以报表的方式进行打印,供用户进行核对。

4. 模板的创建与管理

军事任务格式化描述主要从以下四个要素入手:作战单位、动作、战斗行动和环境。以上四个要素是从军事任务中抽象出来,并足以给出建模所需的信息。根据军事描述的具体需求,系统提供了这四类主要描述要素的模板的创建功能。创建有两种方式,一是直接纳入用户所创建的用户模板,并在系统中注册添加入模板集;二是用户也可以根据基本模板动态地自己需要的模板。

5. 工程数据库和基础数据库

工程数据库存储模板信息和工程有关的其他信息。基础数据库包括军事字典库、编制数据库、装备数据库、标准动作描述信息库和消息命令格式库等。

基础数据库中的权威数据,直接可以 WWW 服务的形式进行发布。

但是,"兵书一号"1.0 版作为结构化建模工具的第一次尝试,仍存在很多缺点,主要表现在:

(1) 以描述元素分类结构作为工程管理框架,虽然做到了对描述内容的分类管理,但是不利于表现各描述元素之间的关系,尤其不能描述清楚军事任务过程。

(2) 管理界面中没有区分描述模板与描述模型之间的关系,在一个工程项目树中既有模板又有模型,表达方式不清晰。

(3) 工具采用 Word 表格作为描述模板,Word 表格作为一种自由文档,存在着很多难以解决的问题:

① 用户可以随意更改模板,没有一致的规范性,使得重用性、互操作性较差;

② 描述信息项为自由文本中位置不确定的字符串,难于进行事务规则约束和语义语法检查;

③ 难以对自由文本中的信息进行组织和查询。

(4) 描述工具不支持数据字典的使用和维护。

(5) 描述工具不能实现模型的重用以及模型框架的重用等功能。

(6) 工具只实现了结构化描述的最小功能集,还有很多重要功能有待于实现。

6.4　概念建模原型系统

概念模型原型系统主要有四个大的部分组成:构模管理、存取管理、字典管理以及相关工具或接口[3]。原型系统的结构如图 6-6 所示。

构模管理:主要进行概念模型的建立。概念模型的建立主要采用两种方法,一种是基于本体的建模方法,另一种是基于概念图的建模方法。基于本体的建模,首先对模型结构进行定义(图 6-7),确定相应的模型模板,如基于任务的概念模型结构中确定的模板有:环境本体模板、实体本体模板、任务本体模板、活动本体模板、交互本体模板和规则本体模板等 6 个模板,这些模板用自动生成的 SQL Server 数据库的数据表来存储,然后进行模型的录入(图 6-8 与图 6-9)。

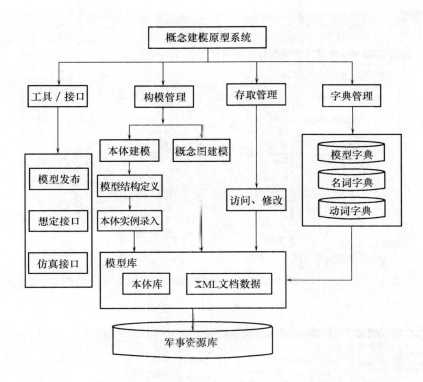

图 6-6　面向军事行动的概念模型原型系统结构框图

存取管理：负责模型的导入、存储、访问、发布。模型的存储包括两个方面的内容，一是存储为关系数据库的形式，二是存储为 XML 文档数据库形式。因为关系数据库毕竟是当前的主流数据库形式，结构非常明显，易于管理，而 XML 文档数据库是相对于数据交换而言的。因为 XML 文档能在任何系统、任何平台运行打开，便于网络传输。因而，概念模型的发布一般是发布概念模型的 XML 文档数据库。

字典管理：负责构建管理概念模型的数据字典。数据字典由模型字典、名词字典和动词字典组成。模型字典声明模型的一般情况；名词字典主要针对完成任务的实体所创建，是对参战实体术语的解释；动词字典是针对活动的动词所创建。

工具或接口：主要是提供概念模型发布工具以及有关接口的技术。模型发布主要是用于网上发布，而接口一方面包括与想定的接口，另一方面也包括与仿真的接口。想定的接口负责从想定中提取相关的任务，而仿真的接口主要是提供模型的查询与相关数据。

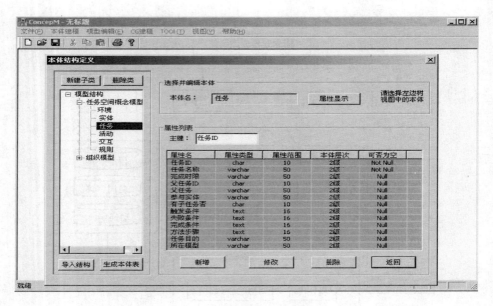

图 6-7　概念本体结构定义图

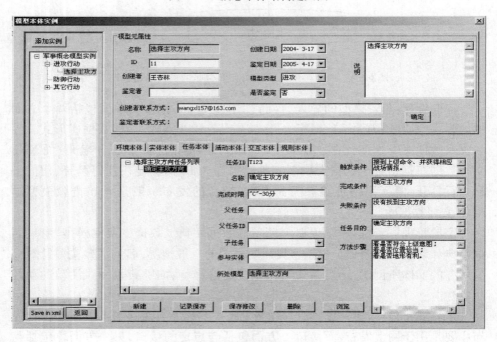

图 6-8　任务本体实例录入

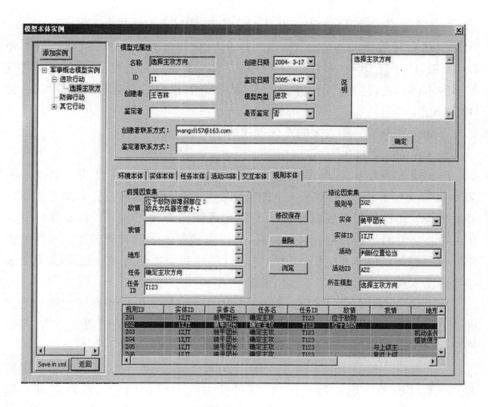

图 6 - 9　规则本体录入

6.5　本体描述的工具

第 3 章已讨论过,本体是概念模型的明确的规范说明。通俗地讲,本体是用来描述某个领域甚至更广范围内的概念以及概念之间的关系,使得这些概念和关系在共享的范围内具有大家共同认可的、明确的、唯一的定义,这样,人机之间以及机器之间就可以进行交流。也就是说,本体本身就对应着概念模型,是概念模型的显示描述,因为概念模型有可能存在人的大脑或程序代码中,而通过本体,把概念模型显示地表示出来。那么本体的描述过程就是概念模型的描述过程,本体描述的工具,就可以作为概念模型描述的工具。

目前支持本体开发的工具多达数十种[4],功能各不相同,对于本体语言的支持能力、表达能力、逻辑支持能力以及可扩展性、灵活性、易用性等都相差很大,其中较著名的有 Protégé – 2000、OntoEdit、OILEd、Ontolingua 等。Protégé – 2000 是目前较活跃的本体工具,是可以免费获得的开放软件,目前的版本是 2.0.1 版,已经有 16500 多注册用户使用。它用 Java 语言开发,通过各类插件支持多种本体格式,甚至已经能够支持刚刚发布的,也是目前最有前途的 W3C 的 OWL 格式。

下面分别介绍一些主要的本体创建的工具。

1. Protégé – 2000[5]

Protégé – 2000 由斯坦福大学为知识获取而开发的一个工具。Protégé – 2000 可以免费下载,它提供了一个图形和交互式的知识本体设计和基于知识的开发环境。协助知识工程师和领域专家完成知识管理任务。知识本体开发人员可以在需要时迅速访问相关的信息,可以直接实施导航和管理知识本体的操作。树型控制实现了在类层次结构中进行迅速和简单的导航。Protégé 采用表单作为输入槽值的界面。

Protégé – 2000 的知识模型与 OKBC 兼容。包括支持类和类层次结构的多继承,模板和私有槽,槽的任意面和定义前的明确说明,明确说明包括值、基数约束、默认值、逆转槽、元类和元类的层次结构。

除了高度方便使用的界面,Protégé – 2000 有两个重要的特征,使它从多数的知识本体编辑环境中脱颖而出,即可伸缩性和可扩展性。开发者可以用 Protégé – 2000 来构建和使用包括 150000 个框架的知识本体。对包括成千上万个框架的知识库的支持包括两个组件,一个是后端的数据库来对数据进行存储和查询,另一个是缓冲机制,解决的问题是一旦框架的个数超出了内存的限制,如何加载一个框架。

Protégé – 2000 体系结构的最主要的优势就是它的开放的模块化的风格。基于组件的体系结构使系统开发者可以通过生成恰当的插件来增加新的功能。插件可以分为三类,第一类是后端插件,使用户可以以多种格式来存储和输入知识库;第二类是 slot widgets 类插件,用来为特定的域或特定的任务合并槽或显示和边界槽值;第三类是 tab 插件,通常与 Protégé 知识库一切,提供基于知识的应用。后端插件支持在 RDF Schema、带 DTD 的 XML 文件、XML Schema 文件中存储和导入知识本体。slot widgets 插件包括显示 GIF 图片和音频视频的用户界面组件。tab 插件非常普及,提供高级可视化、知识本体合并、版本管理、推理等功能。例如 tab 插件中的 OntoViz 和 Jambalaya 提供知识库的不同视图,Jambalaya tab 允许交互式的导航、对结构中的特定的元素缩放、用图像中节点的不同层次来强调数据群集之间的连接。

2. OILEd[6]

OILEd 是由曼彻斯特大学开发的一个知识本体图形编辑器,利用 DAML + OIL 来构建知识本体。

OILEd 是基于 DAML + OIL,并采用类框架的建模描述表达方式进行了扩展,这样 OILEd 在支持所需要的 DAML + OIL 丰富的可表达性的同时,提供了一个建模的熟悉的类框架范式。类是根据它们的超类和属性限制和附加的抓取深层关系的公理来定义,该表达能力强大的知识模型允许使用复杂综合的描述作为功能填充。这可与现有的基于框架的编辑器(框架使用前必须先定义)相比。

OILEd 的主要任务是编辑知识本体或 schemas。

OILEd 行为的关键方面是采用推理器对知识本体进行分类和通过把 DAML + OIL 翻译成 SHIQ 描述逻辑来检验一致性。这实现了用户描述知识本体类,用推理器来决定定义在概念体系中的恰当位置。

DAML + OIL RDF Schema 用来装载和存储知识本体。除此之外该工具可以以纯 RDF 文件形式读写概念结构,并可以把知识本体定义成用 HTML 浏览的知识本体,也可以把知识本体定义成 SHIQ,为后期 FaCT 推理器进行分类。概念体系结构可以生成 AT&T dotty 工具可读的格式。OILEd3.4 版用 JAVA 语言开发,可以从 OILEd 站点上免费获取。

3. OntoEdit Free and Professional versions[7]

OntoEdit 是一个知识本体工程环境,支持采用图形方式构建和维护知识本体。OntoEdit 建于内部知识本体模型的顶层。在本体工程生命周期的不同阶段有不同的知识本体支持模型的图形视图。该工具允许用户编辑概念和类的层次结构。这些概念可以是抽象的也可以是具体的,这些概念指出是否可以直接包含实例。一个概念可以有多个名字,这为概念定义了同义词,该工具提供简单的复制、粘贴功能。该工具基于灵活性大的插入式框架,可以实现以组件化方式扩展工具的功能。插入式界面是公开的,用户可以方便的为 OntoEdit 添加功能进行扩展。提供插件集为用户提供了个性化的工具应用,根据不同的用途场景个性化的调整工具。

OntoEdit 的所有版本都有免费和专业版两种。专业版包括额外的插件集,如合作环境和推理能力。OntoEdit 的专业版相对于免费版而言,还扩展了其他的功能,如一致性检验、分类和规则执行的推理插件;知识本体的合作工程;管理知识本体库、知识本体的合作共享和长久存储的知识本体服务器。

6.6　概念建模工具的要求

以上工具都可以在概念建模过程中使用,但也存在不少的缺点:

PC - PACK 知识获取工具是一种不错的工具,但它对中文的支持比较差,笔者试了一下在中文状态下抽取文本,立刻发生错误。但不管如何,这个工具的设计思想和功能值得借鉴。

"兵书"系列格式化描述工具作为格式化、结构化描述的一种手段,也有很好的效果。它可以作为概念建模工具集中的一种工具,但必须要真正地做到规范化,它是基于模板的,模板的规范化程度直接决定了概念模型的正确程度。

笔者设计的概念模型原型系统目前还不完善,特别是对可视化的支持,功能还比较弱。

将本体引入概念建模,对于概念模型的形式化具有非常好的效果。本体的描述工具,都比较专业,如果作为领域人员,如军事人员,使用起来无论是从习惯、理解程度还是从技术上,都有一定的差距。但本体描述工具中所体现的一些功能和技术,如知识结构、表现形式、一致性检查、管理等都值得借鉴。

概念模型作为领域人员和工程技术人员间的桥梁,必须要有一个好的概念建模工具支持,它既要方便领域人员使用,又要方便技术人员使用。概念建模工具,是支持以领域主题专家为主导的知识工程过程。利用这一概念建模工具,模型研制者可以构建、维护、分发概念模型,用户也能够方便地使用概念模型。这种专用的概念建模工具,是一个集数据库应用和知识描述的知识工程工具,在用户界面上,它提供比较固定的数据输入形式以采集领域知识,并将这些数据存储到一个关系数据库中。该工具必须要在底层定义严格的数据结构,这种格式化的领域知识可作为一种脚本语言,便于识别和解析,可以促进知识获取与应用系统开发功能的集成。

参 考 文 献

[1]　Guus Schtriber. 知识工程和知识管理. 史忠植,等,译. 北京:机械工业出版社,2003.

[2]　徐培德, 谭东风. 武器系统分析. 长沙:国防科技大学出版社,2001.

[3]　王杏林. 军事概念模型研究. 北京:装甲兵工程学院,2005.

［4］ 刘炜. 基于本体的元数据应用. WWW. libnet. sh. cn/sztsg, 2005.

［5］ http://protege. stanford. edu

［6］ http://oiled. man. ac. uk

［7］ http://www. ontoprise. de/com/start_dowmlo. htm

第**7**章

概 念 模 型 管 理

7.1 引　言

大型的概念建模活动可以看作是一项知识工程。对于工程来讲就一定存在管理问题。概念模型从建模开始到建模过程再到成果的应用都需要很好的管理。如果没有好的管理就有可能：

（1）建立的概念模型不是来源于权威知识源,模型不能反映正确地领域知识；

（2）概念模型的描述缺乏规范；

（3）概念建模质量得不到保证；

（4）概念建模过程随模型的建立而终止,致使建立起来的概念模型得不到重用。

对于这些可能出现的状况,先不说模型的正确与否,就说花费了一定人力与物力建立起来的模型却不能得到应用,就会造成资源的浪费。这种现象对于一些大型的领域来说,如军事领域军事概念模型的构建,就显得更为突出、更为重要。

军事概念模型就是一项空前规模的领域知识工程。像这样大型规模的知识工程来讲,其实施不仅需要联合各方的技术力量协作开发,还要有科学的组织形式和管理机制作为保证。因而对这类概念建模工程的管理就涉及到任务的区分和落实、过程控制、质量控制、成果应用及保护等多个方面。如何采取可行的、低成本、低风险的做法,对于管理者来说,是极大的挑战。

这里要强调一点,本章所讨论的概念模型管理主要是指一些大系统的概念模型管理,如军事、医疗等行业的大系统概念建模过程,而对于个人建立的小的概念模型则由个人去支配,不在此讨论之列。

7.2　概念模型的全过程管理

概念模型的管理方法主要是采取全过程管理。它不但要包括建模过程中的各种控制管理,还要包括模型建立后的一系列管理(也称为后模型管理),如模型入库管理、模型使用管理、模型维护管理等。

7.2.1　任务管理

7.2.1.1　制定任务

在概念建模工程启动之前,项目负责人必须要组组织各相关行业、专业的有关资深专家,参照工程总体应用目标,对所要描述的内容进行系统的概念分析和分解,列出所要建立的概念模型条目,并对该条目进行认真审查、分析和筛选,对颗粒度过大的条目进行拆分,对划分过于细节的条目进行了合并,对重复的条目进行了归并,并适当补充了若干总体应用目标需要的条目。最后,根据确立的要建立的概念模型条目,制定建模的总体任务[1]。

7.2.1.2　落实任务

制定了任务后就必须要落到实处。要落到实处就得分工明确、加强指导,做好监督。

要想在规定的时间内完成大量的建模任务,不影响工程开发的总体进程,必须由各参与单位分工负责,同步开发。为确保建模任务的落实,要按专业对全部模型条目进行区分,将课题划分为若干子课题,指定相关专业或业务主管部门为各子课题的负责机构,由一名领导担任子课题的负责人。业务主管部门从所属参研单位中遴选一名资深的模型专家,担任子课题的技术负责人。

为加强工程的管理力度,要加强组织领导,形成攻关合力。对数据、模型建设,由于技术性强,协调难度大,必须加强组织领导。要建立健全相应领导机构和专家组织,制定具体实施计划,组织院校、部队和科研单位的精兵强将联合攻关。课题负责人要切实负起领导责任,训练业务部门要主动协调其他业务部门,疏通数据、模型的来源渠道,专家组要加强技术指导,搞好技术监督,协调解决技术难题,确保数据、模型质量。

对于规模较大的子课题,技术负责人组织专家进行再次区分,划分为规模更小的分课题,指定对口的院校或科研单位承担。各参研单位由一名领导担任分课题的负责人,由一名权威的模型专家或领域主题专家担任分课题的技术负责人。由技术负责人选择若干有潜质的专业人员和技术人员,组成本单位的概念模型开发团队。这些人选还要经担任分课题负责人的领导正式确认,以便在本单位内部的工作安排中,在时间和人员上,为概念模型的开发活动提供必要的保证。在开发团队组建后,由技术负责人组织建模人员系统学习有关军事概念模型的理论和方法,以及补充必要的领域知识。而后根据个人的专业特长,为其赋予相应的模型开发任务。

7.2.2　过程控制

对于大规模的概念建模工程不允许出现重大失误和延迟。为此,必须加强对工程开发过程的控制,确保工程稳健推进、按期完成。一般的控制策略有制定开发进度、控制节点、加强监督指导和分期分批部署任务。

7.2.2.1　制定开发进度

进度安排有两种考虑方式:

(1) 模型最终交会日期已经确定,模型开发部门必须在规定期限内完成任务。

(2) 模型最终交会日期只确定了大致的年限,最后交付日期由模型开发部门确定。

进度安排的准确程度比较重要。如果进度安排落空,会导致整个工程延期,最后导致成本的增加。在考虑进度安排时,要把人员的工作量与花费的时间联系起来。特别是对那些关键任务就必须要保证按进度要求完成。

进度安排注意一定要有一定的弹性。制定时间表时,要充分考虑各种因素,要留有一定余地,以备有意外发生,能有补救措施。

7.2.2.2　控制节点、加强监督指导

时间节点控制法是一般工程技术都要采取的过程控制办法。主要是在整个开发过程中选择几个关键的时间节点,并加强指导,完成几个对全过程开发有重要影响的任务,以控制、监督整个工程的顺序完成。

下面以某大型概念建模为例,看它是如何控制时间节点的。

在概念建模工程实施计划中,划分了三个时间节点:第一个节点是在模型建设任务下达后,由领导小组办公室和总师组有关专家逐个参研单位进行技术指导,每个单位提交一条模型,由专家进行形式审查,提出有针对性的改进意见和建议;第二个节点是在工程建设时间过半后,由领导小组办公室和总师组配合各主管部门对各参研单位指定重点开发的模型(第一批成果)进行阶段验收,分析、总结各单位普遍存在的有代表性的问题,在与各参研单位责任专家充分交流与沟通的基础上,提出改进意见和建议;第三个节点是工程的结束阶段,由领导小组办公室和总师组聘请各专业的资深领域主题专家,对各单位完成的全部模型成果进行整体验收。

这三个大的时间节点,明确划分出了工程总体的进展阶段,但并未对期限作硬性规定,而是保留了适度的弹性。对工程进行分阶段指导验收,主要目的是及时了解各单位对建模理论和方法的掌握情况,以及任务进展情况,发现问题,提出解决办法,为下一阶段的任务完成提供方法保证。在时间表中留有弹性,主要是考虑各参研单位在技术水平上存在比较大的差距。在同样的任务阶段,技术水平相对较低的单位,可能出现预料之外的问题,而且这些问题往往是认识层面的问题,解决起来难度较大,周期较长。作为管理层,要为其留出一定的反应时间。再者,由于参加概念模型开发的单位较多,一个检查指导周期历时较长,而后,总师组还要专门就所有受检单位这一阶段暴露出的共性问题,进行总结和分析,拿出解决办法。虽然总师组拥有精干的技术核心,工作效率很高,但也需要不少时间。这样,划分各开发阶段的时间节点实际上是一个不短的时间跨度,对它的限定不可能很精确,要为参研单位和管理机构留出必要的反应时间。

7.2.2.3 分期分批部署任务

有时候,由于项目本身的技术难度或者由于经费或其他原因,需要对项目进行分期完成处理。这时就得规划好任务,分期、分批部署任务。

分期、分批就把握几点:

(1)要符合总时间表;

(2)要考虑建模人员的平均知识背景和技术水平;

(3)要区分重点和轻重缓急。

这种分期分批部署建模任务的做法,从管理层和模型使用者的角度,一方面保证了当开发工作进入模型系统的设计与实现阶段后,所提交的概念模型成果能基本满足这一阶段开发工作的需要,即根据这些概念模型,能够开发出基本成形的模型系统,比较合理地表达主体的模型空间。另一方面,前期开发的模型对应的是现阶段比较成熟的领域知识,权威性和合理性能够得到比较好的保证。从建模者的角度,分期分批展开建模工作,有助于更好地把握工作重心,提高模型成果的质量。在建模工作启动之初,建模人员最欠缺的是概念建模理论和方法。这一时期,构建他们最为熟悉的专业领域模型,可使他们专注于模型的描述形式,比较容易上手,在尽可能短的时间内切实掌握概念建模理论和方法;在后续开发阶段,所需要的领域知识是建模人员相对不熟悉的,这时,他们可以专注于领域知识的获取和把握。这样,能够明显提高建模工作的效率和模型成果的质量。

7.2.3 质量管理

质量是产品的生命线。质量管理在整个建模活动中相当重要。

7.2.3.1 制订验收标准

制定验收标准是概念模型质量控制的一个重要手段。

作为对真实世界的第一次抽象描述,概念模型的质量对模型的使用者而言,主要有两个衡量指标:一是对特定的模拟应用目标,能够逼真地描述所关注的领域空间。模型是对客观事物或现象某些方面本质的揭示,它永远不能成为原型本身,因此"任何模型都是错误的"。从而,对模型的要求,是对于特定的使用目标而言,它提供的信息是足够的、合理的和逼真的。二是有较好的易读性。即它所采用的符号、符号排列方式以及文字标注和说明应力求形象、直观、含义明确、语素布局合理。例如,过程的描述应以类似流程图的形式,突出其执行或发生顺序的控制;实体的描述则应突出其静态结构(组合)和属性。如果所生产的概念模型不符合这两个指标,模型使用者就不能准确地读取他们所需要的信息,不能很好地完成模拟系统的分析与设计。这也意味着概念建模工程没能完成任务,并影响到整个工程开发工作的进展。

要根据这两大指标,制订相应详细的验收标准。标准中要考虑以下内容:

(1)模型的抽象程度;

(2)模型的描述形式;

(3)模型的分辨率;

(4)模型的准确程度。

制定了标准后,就要采用这样的验收标准,能够保证符合这一标准的模型,具备基本的可用性,可以为模型使用者的后续开发工作提供所需要的信息。对于不能通过评审的模型,领域主题专家可以很方便地指出模型具体在哪些方面存在缺陷,消除参研单位的疑问,也便于建模人员进行有针对性的修改和完善。

概念模型作为一种知识产品,其具体的质量标准是很难准确规定的。而对概念模型质量的控制,绝不是仅凭最终验收就能够有效解决的问题,要根据概念模型的特点,采取一种有一定灵活性的动态的控制策略。

7.2.3.2　权威性的保证

概念模型的权威性是保证模型使用者对其产生信任的重要方面,它主要表现在两个方面,一方面是知识产品本身的质量。也就是说,如果某个模型是由领域主题专家直接编写,或由他们严格验证的,就可以认为这些概念模型是出自内行之手,是可信的。另一方面是官方对概念模型的认证。官方本身是一种权威机构,他们对知识产品质量的认同,自然带有权威性。当然认证不仅仅是下一个简单的结论,而是要组织专门的团队,进行一系列工作,搜集可用于认证的信息和数据,这样才能保证认证结论的权威性。

在保证模型的权威性方面,需要采取相应的措施。常用的方法是:

1. 建立责任专家制度

让本领域资源的模型专家或领或专家担任技术负责人或顾问。这些技术负责人既要有系统开发技术背景,又要熟悉本专业的领域知识,既要能作为领域人员和系统开发技术人员之间沟通的桥梁,又要能很好地把握概念模型的内容符合本专业权威的领域知识。

2. 严格界定权威知识源

对于概念模型中的重要项目,规定建模人员必须使用官方颁布的条令条例、理论文献,或经过认可的专业教材中的相关内容,如果上述文献中没有明确的陈述,则要由资深的领域主题专家给出明确的表述和说明。

3. 进行官方认证

进行官方论证也是保证模型的权威性的常用手段。在各参研人或单位将完成的概念模型成果提交之前,要由所属专业主管部门组织领域主题专家进行集中验收,对模型成果的质量严格把关。对评审专家所下的技术结论,还要以主管部门的名义予以认可。这种官方认证为技术结论赋予了行政效力,提高了模型质量的公信度,同时也减轻了验收的工作量和压力。

7.2.3.3　层层把关

层层把关是控制质量的常用方法。

以某大型概念建模为例,为确保军事概念模型成果的质量过关,能够满足有关系统开发的需要，工程领导小组和总师组制定了逐级负责、分阶段验收的层层把关策略。在工程的管理层，工程领导小组办公室和总师组召集有关模型专家，对各参研单位模型建设情况进行跟踪检查指导及验收。验收指导活动与工程的三个阶段相对应，第一阶段，每个单位从每类模型中抽取一条进行形式审查；第二阶段，对第一批重点构建的模型进行阶段验收；第三阶段，对第一期全部模型成果进行整体验收。在各专业主管部门承担的子课题中，实行逐级负责制。担任子课题负责人的主管部门领导对工程领导小组负责，子课题技术负责人对分课题负责人负责；担任分课题负责人的所属单位领导对子课题负责人负责，分课题技术负责人对分课题负责人负责；每个模型研制人员对分课题技术负责人负责。技术负责人要对本级课题模型成果的质量进行严格把关，只有通过专家验证或技术负责人认可的成果，才能以本级课题负责人的名义向上一级课题负责机构提交，申请评审验收。如果本级课题提交的成果存在较大的质量问题，则要追究课题负责人的行政责任以及技术负责人的技术责任。

通过行政和技术两条渠道，将保证概念模型成果质量的责任，具体落实到个人，逐级严格把关，同时，工程管理层实施的分阶段动态监控策略，可以从制度上，有效地减少推卸责任的现象。也有助于将模型成果的质量缺陷发现和消灭在萌芽状态，避免将错误累积到最终的验收阶段，有效化解技术风险。

7.2.4　后模型管理

在以往的仿真开发活动中，模型作为一种资源，其使用是处于一种无人管理的状态，通常是以模型构建者与开发团队的个人行为，或开发团队之间的局部行为的形式进行的。在这种状态下，一方面，模型得不到第三方的验证，其有效性难以保证；另一方面，模型通常是针对某一特定的仿真系统而构建的，未作为独立的知识产品加以维护，模型的生存周期很短。同时，建模者很少考虑模型的重用性，也不提供模型的元数据，即使某个模型对其他模拟开发项目有很好的潜在应用价值，潜在用户也很难获取到。这种情况可以通过后模型管理来解决。

后模型管理是指建模过程完成以后的管理。概念建模不能随着建模活动的完成而终止，后模型管理不善，则会像上述一样，使建立起来的模型得不到最充分地利用，就会造成以后重复开发、资源浪费等严重现象。

后模型管理概括来讲就是集中存储、授权访问、加强维护，具体讲包括：模型入库管理、模型使用管理、模型维护管理等。

7.2.4.1　模型入库管理

对于提交的、经过验收的概念模型的入库需要作以下工作：

1. 做好模型的登记工作

在模型入库前都要对模型进行详细的登记。要登记就要制作一张好的登记表，能够比较全面地反映模型的元数据项，说明模型的功能特征，以方便以后对模型的查找和再利用。

第 5 章中表 5－1 就是军事概念模型在入库时的登记表。该表要求模型的研制者在提交模型条目时，仔细填写和提交该模型条目的登记表。该表考虑了模型管理者和潜在用户可能需要的有关模型的信息，比较详细地定义了模型的元数据项，能够比较全面、清楚地说明模型的标识特性、功能特性以及版本等有关信息。依据这些信息，模型的管理者可以很方便地对模型成果进行分类、知识再工程、验证等活动，模型的使用者能够比较容易地判断出模型对预期模拟应用的适用程度，在海量的知识库中，比较迅速准确地检索到自己所需要的模型成果。

2. 给模型分类存储

做好登记后就要对模型进行分类，将同一领域范围的模型放在一起，对于同一领域的模型还要将同一层次、同一类型、同一粒度的模型放在一起，以方便查找。

7.2.4.2　模型使用管理

模型入库以后就要像图书馆的借阅管理一样，建立相应的使用管理制度。这些制度应该包括：

1. 使用申请与审批

使用现有库中的概念模型必须要申请。只有经过批准之后才能得以分发模型文件给以使用。

一般来讲，模型入库后要建立模型管理系统。用户要想获取所需要的概念模型，可以利用建立起来的模型管理系统的查询功能，检索军事概念模型的元数据。在确认模型库中有符合自己需要的信息后，通过官方渠道获得用户标识和密码，在专用的网络上通过用户管理功能对模型管理系统进行访问，下载所需要的模型产品数据。

2. 使用权限规定

不是所有的模型都能被无限制地使用。有些带有密级的模型必须要有严格的权限规定。只有符合规定的使用人或单位才能申请使用，同时在使用过程中还必须遵循保密规定。

这些规定从整体上简化了模型成果获取的途径,为模型的重用提供了保证,有效降低了各开发团队获取模型的成本,提高了模型成果的使用效益。同时,也比较好地减少了模型使用过程中的无序行为,有效保护了建模者及各参研单位的知识产权。

7.2.4.3　模型维护管理

作为一种宝贵的知识产品,概念模型的维护主要包括安全、保密和实时反馈三个方面。

1. 安全

安全是指概念模型的成果数据的物理安全。对概念模型数据要有备份,并要开发相应的模型管理系统。只有通过系统认证过的用户才能使用、下载模型产品数据。

2. 保密

概念模型是对领域知识的再加工,特别是有的模型反映了当前的一些高新技术途径和手段,具有相当的密级程度。还有些领域,本来就具有保密性,如军事概念模型,它反映了军队当前的作战思想和作战原则,有着高度的机密性。因此,概念模型成果必须有严格保密措施,严防失泄密。

为了做好保密工作要做到:

(1)在模型建立过程中,要求各参研单位和个人保管好存有模型文档的介质,严禁参研单位或模型研制者私自复制、传播模型成果文档。

(2)建立好模型的使用登记制度,跟踪模型的使用保密情况。

(3)各参研单位必须通过保密渠道报送模型成果。

(4)领域主题专家在模型评审活动中,也要履行严格的移交手续。

(5)在模型的使用过程中,对于涉及绝密级领域知识的模型成果,要在满足模拟应用需要的前提下,采取合理假设的方法进行脱密处理。

3. 实时反馈

概念模型作为一种知识产品,必须要做到实时反馈。一方面要不断跟踪用户信息、意见,随时加以补充、调整;另一方面要与时俱进,使模型能实时反映由于技术进步(如装备更新等)引起的模型过时问题。

7.3　概念模型的信息化管理

当前社会已进入信息化时代,概念模型的信息化已成为必然的趋势。下面以军事概念模型为例,来讨论概念模型信息化建设与管理。

军事概念模型描述了真实世界军事行动的方方面面,是一个很好的资源,这种花费了大量物力和人力的模型必须要加以好好的保存和利用。对于仿真来讲,就是要构建一个以概念模型为中心的仿真资源库[2,3]。把概念模型作为军事信息资源的重要组成部分,这也是我军信息化建设的必然要求。在信息化的大潮下,军队的作战理论、武器装备、编制体制和教育训练,都需要信息化,需要建立相应的信息资源库,为作战、训练和军事研究服务。作为描述军事活动的概念模型自然也是构成军事信息资源的重要组成部分。

7.3.1　军事信息资源库组成

作为仿真、建模的三大技术标准之一,概念模型对仿真、建模的互操作与重用有着重要的作用与意义,仿真系统越巨大,它的优越性就越强。当然只建立概念模型,不把它集成为概念模型库,不建立军事信息资源库、不进行资源共享与重用,也是一种巨大的浪费。

概念模型作为连接真实世界与技术(仿真)世界的桥梁,其首要的就是它要作为一种资源来使用。如,军事人员通过概念模型来产生和维护军事任务;技术人员用概念模型作为了解军事、开发军事行动细节的指南;而审核人员用概念模型作为对所开发系统认可的基础。

作战仿真军事信息资源库主要由这么几个数据库和数据字典组成(图7-1):装备库、编制库、算法库、人员库、规则库、想定库、概念模型库、战法库、模型字典、名词字典、动词字典。下面是各个数据库的主要组成元素。

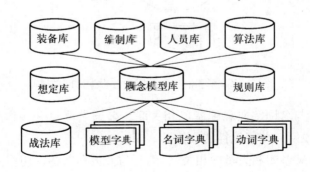

图7-1　军事信息资源库组成图

想定库:由军事人员编写的作战想定文本组成,是一个文本集。
战法库:收集当前作战的战法、战术。

编制库结构:单元名、ID、父单元名、子单元名、人员表 ID、装备表 ID、行军长径、行军短径、展开面积。

装备库结构:ID、装备号、类型、型号、状况、油料、弹药。

人员库结构:ID、姓名、性别、出生年月、级别、职务、所属单元、能力。

算法库:ID、用途说明、算法描述。

规则库:ID、敌情、我情、地形、任务、动作。

概念模型库:ID、模型名、环境、作战实体、作战任务、战斗活动、交互、规则。

模型字典:模型标识、模型名、创建者、创建日期、鉴定日期、模型说明。

名词字典:名词标识、名词名、解释、来源。

动词字典:动词标识、名称、解释、来源。

军事信息资源库中各数据库间关系如图 7 - 2 所示。

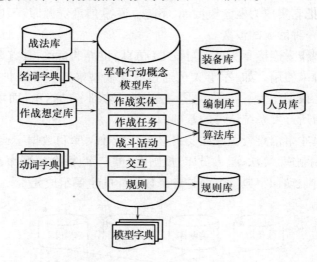

图 7 - 2 军事信息资源库中各数据库间关系

作战实体与名词字典和编制库相关联。名词字典对一些作战实体进行说明,编制库则说明一些组织性的实体。

编制库与装备库和人员库相关联,编制与人员和装备密切相关。

作战任务和战斗活动与算法库相关联。算法库负责任务和活动完成的算法或者步骤。

交互与动词字典相对应,动词字典对交互的动作进行解释说明。

规则与规则库相对应,所有的规则都就存储在规则库中。

7.3.2　军事信息资源库功能要求

军事信息资源库主要是管理和集成分布在广域网环境下的各类信息资源（如模型信息），其主要功能体现在以下几个方面：

（1）管理系统环境中已有的资源信息，包括管理维护模型的注册信息，实现对已有（模型）信息的查询、修改和删除等；

（2）通过注册系统，接纳新信息（模型），实现异地模型和本地模型的集成，使之成为资源库系统中有效的（模型）信息资源，实现动态管理，使系统具有开放特征；

（3）面向具体应用，组织相关模型，建立其与具体问题之间的关联，形成特定应用的模型体系；

（4）支持利用已有模型信息，通过组织和改进形成新的模型，系统提供集成的建模环境；

（5）信息安全功能，它不但要包括系统本身的安全还要包括网络安全。

7.3.3　军事信息资源库管理程序

管理程序主要包括版本管理、移植管理、系统管理和用户管理等四大类。

（1）版本管理程序：在原型构造阶段，必须要开发一个模型系统的版本管理程序。概念模型系统所涉及到的信息总量之大和范围之广，以及验证和更新的需要，使得模型系统的版本管理程序可能非常困难。版本管理在资源库系统的改进过程中将保证系统的一致性和完整性。一旦在真实世界中的信息发生变化（如条令、部队编配结构等）时，概念模型系统将确保能够及时地更新、重新验证和发布。它将跟踪验证过程并记录每一次验证的历史情况。

（2）移植管理程序：移植管理程序将为资源库系统的改进和完善提供一条正确的道路，资源库中概念模型系统对真实世界的描述将随着真实世界的变化而变化，另外，随着时间的推移，当真实世界的各个方面不断被仿真时资源库系统也将得到逐渐发展，在移植过程中，甚至在集成阶段，应妥善安排移植计划。

（3）系统管理程序：资源库系统管理程序的主要目的在于增强资源模型的内容和格式的管理，并妥善安排模型系统各个组成部分的改进计划。

（4）用户管理程序：该管理程序主要是对涉及模型系统的控制和改进模型系统的用户进行管理，提供一个构造和维护模型系统用户群体的管理程序。

参 考 文 献

[1]   曹晓东. 大型军事概念建模工程研究与实践. 国防大学博士后研究工作报告,2005.

[2]   王杏林,王晖,郭齐胜. 军事概念建模及其资源库建设[C]. 武器装备论证仿真模型发展与建设交流与研讨会论文集, 2004.

[3]   王杏林,郭齐胜,杨立功,杨瑞平. 陆军通用装备资源信息保障建设研究[C]. 军事装备学研究与发展. 北京:军事科学出版社, 2004.

第 **8** 章

概念模型应用

8.1　引　言

本章介绍概念模型的应用,内容包括一般应用,在需求分析中的应用和在军事仿真中的应用。

8.2　概念模型的一般应用

8.2.1　概述

概念是一种认知,是对事物的抽象看法、印象。概念模型反映了事物的整体结构、工作过程全貌。人们对世界的认识,就是对头脑中的一个个事物概念模型的反映。因而概念模型的最一般,也是最常用的应用就是帮助人们了解、认识世界。

概念模型的这一特点,反映在我们生活与学习中就特别突出。有了一本好的交通图册,我们就不会迷路;有了某一事物的概念模型,在学习、了解这一事物时,就会事倍功半、得心应手。下面以学习软件工具[1]为例来说明概念模型在这方面的具体应用。

我们知道计算机软件已进入到日常生活中,成为人们生产和管理的重要工具。由于应用领域内在的复杂性,或者开发时考虑不周等原因,不少工具的使用相当复杂。如果我们了解这些工具的概念模型,就能快速地掌握这些工具。

任何工具的"最前面"都是用户界面;用户界面的背后,是工具的功能;而功能背后,正是工具的概念模型,它是统帅工具所有功能的一套相互关联的抽象概念,如图 8 - 1 所示(采用 UML 类图语法):

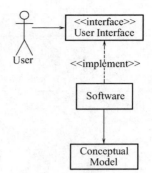

图 8 - 1 工具软件与概念模型

在文献[1]中根据上图把学用工具分成三个层次:"仅会操作"、"了解功能"和"把握概念模型"。

"仅会操作"者对工具的认识是"它是一系列操作步骤"。他们对工具的掌握完全处在一种"识记"阶段,对一项以前不会的功能他们无从下手。

"了解功能"者对工具的认识是"它是一些功能"。他们突破了对操作的恐惧,他们知道完成一项功能可能有多种操作方法,也可能有多种操作顺序。

"把握概念模型"是掌握工具的最高阶段。

"仅会操作"者停留在对"用户界面"的掌握,"了解功能"者掌握了一些"功能",而"把握概念模型"者达到了"理解工具"的程度,自然可以融会贯通。

对于软件来讲,从逆向工程观点来看,概念模型其实就是软件最基本的设计。C + + 大师 Andrew Keonig 在他的《C + + 沉思录》中说:"自从 25 年前开始编程以来,我一直痴迷于那些扩展程序员能力的工具。……。抽象如此有用,因此程序员们不断发明新的抽象,并且运用到他们的程序中。结果几乎所有重要的程序都给用户提供一套抽象。"因此,学习应用软件就是要掌握这些抽象,即"概念模型",会对学用工具具有特别的效果。

8.2.2　应用实例——Word 的概念模型

Word 是大家常用的字处理软件,但许多人对制作自己的 Word 模板等高级功能一直比较模糊;还有一些不常用的格式设置,许多人纯粹是将操作步骤死记硬背下来。如果研究过 Word 概念模型,则所有 Word 操作都将会变得清晰异常,有一种行云流水的感觉;见到别人使用的一些自己没有使用过的格式设置,也能不查书摸索出来。

图 8 - 2 是文献[1]总结的 Word 的概念模型,采用 UML 类图语法。

从图中可以看出,模板(Template)处于概念模型的核心位置。其实的确如此,用户建立的文档总是基于一个模板的(图 8 - 3)。

即使是点击快捷按钮创建的文档和每次打开 Word 时自动创建的文档也不例外,它们通常是基于 Blank Document 模板(图 8 - 4)。

图 8 - 4 中还显示,一个模板会预先定义三方面的东西:界面元素(app UI element)、文档元素(doc element)和风格设置(style)。在用户使用 Word 期间,

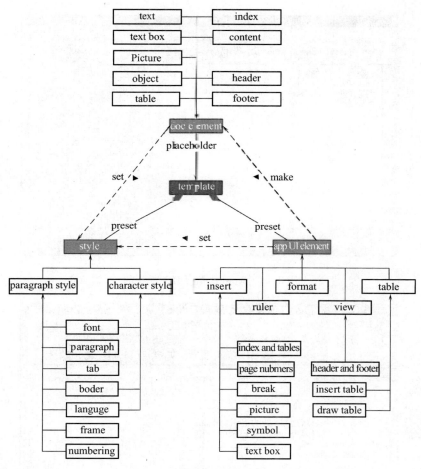

图 8-2　Word 文档概念模型

这三者的关系是：用户可以通过界面元素来更改风格设置（如改变字体）和生成文档元素（如插入图片），而风格设置的更改将作用于当前选中的文档元素和以后添加的文档元素。

　　Word 支持的文档元素有：文本、文本框、图片、对象、表格、索引、目录、页眉和页脚等。

　　Word 的界面元素是大家熟悉的，比如菜单、按钮和标尺等。举个例子说明一下上面说的"用户可以通过界面元素来生成文档元素"：你可以通过"Insert"菜单来向文档中添加分割符、页码、日期和时间、符号、表格、索引、图片、文本框和对象等，如图 8-5 所示。

　　最值得谈一谈的还是风格设置。Style 可以分为 Paragraph Style 和 Character

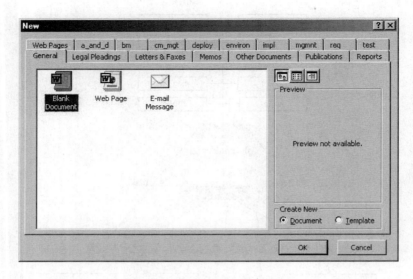

图 8 - 3 Word 文档是基于模板的

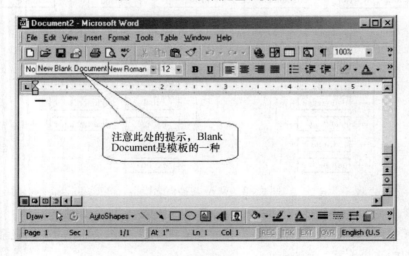

图 8 - 4 Word Blank Document 模板

Style 这两种,前者是下列七种设置的集合:Font、Paragraph、Tab、Border、Language、Frame 和 Numbering,而后者仅包括 Font、Border 和 Language 这三种设置。这一点从 New Style 对话框(图 8 - 6)看得非常明白。

而 Format 菜单的其他菜单项,大多数都是单独改变"七种设置"的某一项;至于 Background 等其他一些设置,虽然并不属于"七种设置"之列,但为了使模型保持简洁,并未将其画入模型。

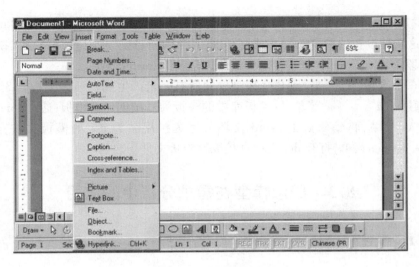

图 8 - 5　Insert 界面元素

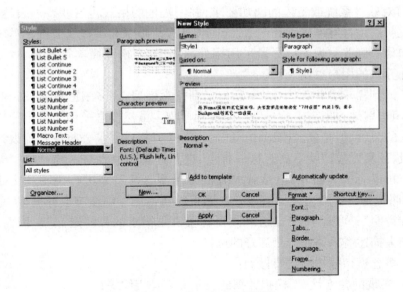

图 8 - 6　New Style 对话框

通过上面的剖析,是不是觉得对 Word 的工作原理异常清晰。其实所有的 Word 操作,都跳不出 Word 概念模型的框框。最后再举比较典型的 3 个例子:

(1)标尺看上去比较复杂,从归属上它属于模型中的 UI 元素,从功能上它用于设置模型中提到的 Paragraph。

(2)格式刷子(Format Painter)是 Word 一个很精彩的特性,上面模型中提到了"Paragraph Style 是 Font、Paragraph、Tab、Border、Language、Frame 和 Numbering 这 7 种设置的集合",而格式刷子能一下子拷贝这 7 种设置,再轻松"刷"到别的段落(Paragraph)。当然格式刷子也支持 Character Style。

(3) Word 模板涉及到概念模型中的所有元素。生成自己的模板的 3 种方法:通过 File – >New 菜单,以模板库中的模板为基础创建新模板;通过 File – >Save As 菜单,将编辑好的 Word 文档另存为扩展名为 dot 的模板文件;通过 File – >Open菜单,打开 dot 文件直接编辑模板文件。

8.3　概念模型在需求分析中的应用

8.3.1　概述

需求分析是系统设计的前期阶段。需求分析的任务[2]就是完全弄清用户(顾客)对软件系统或工程的确切要求,并用规范的格式将这些要求表达出来。需求说明应该具有准确性和一致性,应该具有清晰性和没有二义性,应该直观、易读和易于修改。为此应尽量采用标准的图形、表格和简单符号来表示,使不熟悉计算机的用户也能一目了然。

在谈到需求分析时,许多专家都提到概念模型,许多书上也涉及到概念模型,甚至有些地方把需求分析就当作概念模型。虽然概念模型与需求分析存在相当大的关联,但是概念模型并不能代表需求分析。需求分析是系统设计的前期阶段,而概念模型就不具有这一特点,它只是真实世界与系统开发世界之间的一个桥梁。虽然如此,但是需求分析可用概念模型来进行说明。比如文献[3]中明确指出:"概念模型就是把建模需求转换成详细细节设计框架,是需求的详细说明";文献[4]中也指出:"概念模型是需求的最终定义"。因而,用概念模型去描述需求是一个相当好的选择。

用概念模型描述需求要做到:

- 实现的独立性:不模拟数据的表示和内部组织等;
- 足够抽象:只抽取关于问题的本质方面;
- 足够形式化:语法无二义性,并具有丰富的语义;
- 可构造性:简单的模型块,能应付不同复杂程度和规模的描述;
- 利于分析:能支持二义性、不完整性和不一致性分析;
- 可追踪性:支持横向交叉索引并能与设计或实现等建立关联;
- 可执行性:可以动态模拟,利于与现实相比较;

- 最小性:没有冗余的概念。

8.3.2 概念模型描述需求的方法与步骤

用概念模型描述需求分析一般的方法与步骤如下。

第一步:从需求中发现和收集概念。

概念模型的建立需要对问题领域(客户需求)进行概念抽象,对实际的人、物、事等概念抽取所关心的共同特性,忽略非本质的细节。抽象的方法有三种:分类、聚集和概括。

(1) 分类(Classification)。定义某一类概念作为现实世界中一组对象的类型,这些对象具有某些共同的特征和行为。它抽象了对象值和型之间的"is a member of"的语义。例如,张三是系统用户,行使采购的功能,李四也是系统用户,行使财务结算的功能。采购和财务角色实际上是一种权限(身份)的定义,所以抽象出"角色"实体,表示系统中行使某类系统的抽象用户。

(2) 聚集(Aggregation)。定义某一类型的组成成分。它抽象了内部类型和成分之间"is a part of"的语义。例如,供应商属性包括名称、邮政编码、经营类型等。对于复杂的聚集,即某一类型的成分仍是一个聚集,如贸易协议中采购条款是一个聚集,它还包括条款的一些属性。在零售业信息系统中复杂的聚集需要进一步分解成实体。

(3) 概括(Generalization)。定义类型之间的一种子集联系。它抽象了类型之间的"is subset of"的语义。例如,商品是一个实体型,促销商品也是一个实体型,促销商品是商品的一个子集。在零售业信息系统中,可以把商品称为促销商品的父实体(Parent Entity),促销商品称为子实体(Children Entity)。实体之间的概括关系称为继承(Inheritance)关系,是实体之间的静态联系。

概念模型描述需求分析就是利用上述抽象机制对从需求文档收集的数据进行分类、组织(聚集),形成实体或对象、实体的属性,确定实体之间的关系。

从需求中抽象概念是一个难点也是一个关键点。虽然抽象方法可用上面三种方法,但是,如何着手又是比较困难。这里有四个小步骤进行概念的抽象。

1. 考虑问题域

可以启发发现对象的因素包括人员、组织、物品、事件、表格、结构等。

人员:系统涉及各种各样的人员,需要考虑以下两种情况:一是需要由系统保存和管理其信息的人员,如供应商、客户、系统用户等;二是在系统扮演一定角色(提供某种服务)的人员,如品类经理、财务核算员等。

组织:在系统中发挥一定作用的组织机构。如门店、配送中心、区域中心、采购部、财务部、收银工作班组等。根据粒度控制和问题域的要求，可以将上述概念抽象成机构（Entity）和部门（Department）两个概念，也可以将其单独视为实体。

物品：需要系统管理的各种物品，包括有形或无形的事物。有形的事物有商品、加工辅料、赠品、POS 机等，无形的事物有采购计划、库存控制模型、财务计划等等。

事件：那些需要由系统长期记忆的事件。哪些事件需要系统长期记忆是根据用户需求决定的。通过对事件的分析，可以发掘出客户的数据对象。比如销售事件，为了记录这件事，需要建立销售流水等实体。类似的例子很多，比如订货单、退换单、采购条款等等。不需要系统长期记忆的事件，不需要进行概念描述，比如销售过程中收银员"即更"这一事件。

表格：这里"表格"的概念是广义的，如业务报表、统计表等名目繁多的报表。因为报表实际上是由一些基础的模型计算而来的，所以直接将报表设立成实体是不明智的，最终会产生一个臃肿和畸形的系统。面对报表推荐的策略是把产生各种表格看成是一种用户需求，通过考虑问题领域的其他事物发现了许多对象后，检查能否满足表格的需求。如果不能满足，则考虑是否遗漏了某些对象，或者某些对象遗漏了某些属性。最后再考虑针对某些表格设立相应的对象。

结构：一般通过考虑"一般—特殊"和"整体—部分"结构从已经发现的实体联想到其他更多的实体。例如：商品，通过"一般—特殊"结构的联想，还可以归纳出特价商品、新品、赠品等对象。通过"整体—部分"关系，又可以发现商品状态、商品渠道等对象。

2. 考虑系统边界

系统边界是指一个系统所包含的所有系统成分与系统以外各种事物的分界限。在概念模型阶段，系统边界的定义为客户需要实现的功能界限。如在零售业信息系统的物流管理和仓库系统（WMS）之间就存在系统边界，因为有时候仓库系统不作为需求实现的范围。通过系统边界考虑的因素包括人员、设备和外系统。

人员：作为系统以外的活动者与系统进行直接交互的各类人员。显而意见，"用户"这个对象实体就是从系统边界而来。

设备：作为系统以外的活动者与系统相连并交换信息的设备。

外系统：与系统相连并交换信息的其他系统。

3. 考虑系统责任

通过对问题域和系统边界的考察，可以发现了许多对象实体，然后需要对照系统责任所要求的每一项功能,察看是否可以由现有的对象实体完成这些功能(主要是数据的提供),如果发现某些功能在现有的任何实体都不能提供,则可以启发发现问题域中某些遗漏的对象实体或者属性。

4. 划分主题

系统是复杂的,涉及的对象很多,一般要根据行业经验,对问题域划分成几个主题,然后按主题去发现对象实体并建立模型能使问题简单化。

上面四点是具体进行概念抽象所进行的步骤,是一般的行为步骤。进一步,有人根据经验总结了如表 8 - 1 所列的概念"黑名单",作为搜索概念的依据,这值得我们去借鉴。

表 8 - 1　搜索概念的目次表

概 念 类 目	举　　例
物理的或实在的对象	销售点终端、飞机
规格说明、设计或者事物的描述	产品规格说明、航班描述
地点	商店、机场
事务	销售、支付、预定
在线事务处理项	在线销售项
人的角色	出纳员、飞行员
包含其他事物的包容器	商店、银行识别号、飞机
被包含在包容器内的事物	销售商品项、乘客
系统外部的其他计算机系统或机械电子设备	信用卡授权系统、空中交通控制系统
抽象的名词性概念	饥饿的人、恐高症
组织	销售部、对象航线
事件	销售、抢劫、会议、出航、坠机、着陆
过程(通常不用概念来表达,但有时也会用概念来表达过程)	出售一个产品的过程、预定一个座位的过程
规则和策略	退货政策、取消政策
目录	产品目录、零件目录
财政收支、工作情况、合同等的记录	收据、分类账目、雇佣合同、维护日志
金融工具和服务机构	信用卡、股票
手册、书籍	雇员手册、修理手册

最后在进行概念抽象时要强调两点：

（1）最好是能够尽量充分地使用细粒度的概念来描述模型，而避免粗略描述。

（2）不能简单地因为需求说明中没有明显的要求保留某个概念的信息或是概念中没有属性，就去掉概念，在问题领域中，那些只担当纯行为的概念也是存在的。

第二步：绘制概念。

在抽象出概念后要用一定的语言或工具将概念绘制出来。这类工具比较多，像 Rational 的 Rose、Microsoft Visio 等工具，甚至如果只用 E – R 图描述时，也可用数据库设计软件中的工具，如 Power Designer 的 ER 表示法工具。

第三步：为概念添加关系。

为概念添加关系主要是依据分析需求中的任务、流程等得到的初步联系。这些联系包括关联关系、聚合关系、组合关系、依赖关系、泛化关系、实现关系。

（1）关联关系的基本含义是两个概念间存在稳定的"连接"，可以用于传递消息。关联关系具有多重性。所谓多重性表示一个概念对应另一个概念的个数，也叫维数。例如，一只麻雀两条腿……一只螃蟹八条腿……

（2）聚合关系是关联关系的一种强化形式，表示两个概念之间有"整体"与"部分"关系。

（3）组合关系是进一步强化的聚合关系，在聚合关系的基础上，增加了"整体"与"部分"之间"皮之不存，毛将焉附"的语义。如"人"与"跳动的心脏"就是组合关系。

（4）依赖关系是一种比较弱的关系。依赖关系表达"使用"的语义。"被依赖者"有可能影响"依赖者"。

（5）泛化关系表示一个概念是另一个概念的一种，或者说一个概念是另一个概念的子概念。它相当于面向对象中的继承关系。

（6）实现关系是一方作为要求被提出，另一方具体履行要求中声明的任务。例如雇用"家庭保姆"或将孩子送到"幼儿园"都可以完成"照顾学龄前儿童"这个概念所规定的任务。

第四步：为概念添加属性。

属性用于记录概念的内容和状态。属性包括如下内容：

（1）属性名称。通常是名词。

（2）数据类型。与程序设计语言支持的基本数据类型一致。

（3）简短说明。说明属性的含义和用途。

后面两个内容，即数据类型和简短说明在概念建模时可以不考虑。

8.3.3 应用实例

下面以一个常见的零售业需求来说明概念模型在需求分析中的应用。为了易于描述，我们将客户的问题域进行简化。客户的需求是：

（1）连锁零售企业，组织构架为总部—城市—门店，以城市为中心进行采购和结算业务，门店只有销售权，总部只作报表数据的汇总和编码的统一。

（2）一个城市下有一个或多个配送中心，配送中心为城市管理范围内的门店进行商品的配送，同时负责城市订单的收货、退货。

（3）同种商品在不同的门店售价不同，销售名称不同，但是销售单位是一样的。

（4）供应商的供货合同在城市签署，对城市辖区内门店有效，供货物合同主要制订采购条款。对于新品引进，需要在一定时间内监控其销售量，以决定是否要续签合同。

（5）门店负责商品的销售，交接班时结算货款数目，报告上级系统。

（6）城市采用第三方的财务软件完成辖区内门店的商品核算。

对于这个系统而言，可以根据上述的方法，首先考虑问题域，按照不同的主题划分，发现如下实体对象。

（1）商品管理：可以发掘的实体有商品、新商品。其中新商品是商品的一个继承。

（2）采购管理：可以发掘的实体有供应商、采购条款、订货单、退货单、城市（管理机构）等。

（3）库存管理：可以发掘的实体有配送中心、配送单等。配送单是考虑了"配送"事件而发现的实体。

（4）销售管理：可以发掘的实体有销售流水。销售流水是考虑了问题域销售这个事件而发现的实体。

考虑系统责任，因为不同的门店商品的销售价格和销售名称不同，所以在"商品销售"这个关系需要有售价和销售名称两个属性，将商品和门店之间的销售关系转换成实体，命名为商品销售。

考虑系统边界，因为需要和第三方财务软件交互数据，"财务接口"是一个可以发现的对象。

综上述得到该系统的概念模型（UML图）如图8-7所示，为了简化图形的描绘，对于每个实体的属性并未标出。

概念模型的建立是一个"逐步求精"的过程，不可能一蹴而就，随着开发过

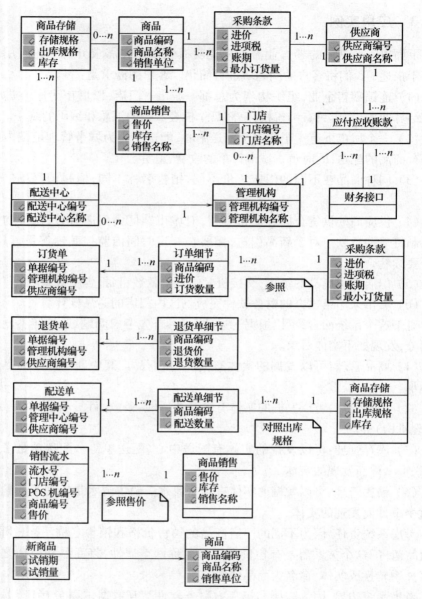

图 8-7 商品零售系统概念模型

程的迭代,概念模型也逐步的细化。比如图形中"商品销售"和"商品存储"两个实体,随着分析的进一步分解,我们还可以将"库存"提取出来单独建立一个实体对象进行描述,这样更能清晰地表述客户需求的概念和实际的业务功能。

对概念模型逐步求精的分解直到我们看到我们完全理解了业务原则并基本上覆盖了可能涉及的各种细节为止,同时任何 IT 系统分析人员能够基于这种分解建立系统设计。

8.4 概念模型在军事仿真中的应用

由于军事系统的特殊性,人们常需将建立起来的军事概念模型存储起来,以便将来重用。相应地,概念模型在军事仿真中的应用就分为两个方面,一方面在没有概念模型时,则要建立军事概念模型,以方便应用;另一方面在有概念模型时,则表现为如何有效地利用军事概念模型。由于军事系统是一个复杂的大系统,并不是所有的军事行动都有对应的概念模型,因而,概念模型在军事仿真中的应用就会涉及到这两个方面。

另外,概念模型的使用还与概念模型的描述形式有关。如果是用自然语言描述的一般的文档,则还要对概念模型进行加工,以获得相应的对象模型。

8.4.1 依托想定的概念模型应用

8.4.1.1 任务牵引法

概念模型在仿真中的应用可使用任务牵引法[4]。

所谓任务牵引法就是以任务为中心,从想定着手,根据仿真任务,在想定中挖掘军事行动,抽取其作战任务,然后在概念模型公共知识库中查找相对应的军事任务模型,获得完成任务的行动、实体、规则等,然后将这些要素进一步细化,如转化为数学模型、过程模型或对象模型等,进而得到仿真模型。如果搜索概念模型库时并没有找到相对应的任务模型,就进一步建立对应的概念模型,经过一定的过程存入概念模型库中供以后使用。

在仿真应用时,根据任务牵引,结合概念模型公共知识库中各种层次级别(如单车、排、连、营等等)的作战规则库和军事活动库就可进行具体的仿真活动,得出仿真结果。整个应用开发过程如图 8 - 8 所示。

任务牵引法是由想定中的任务区分开始的,在任务区分完成以后,需要对任务进一步分解,以求得完成任务的行动,这些可以从概念模型库中查取。如果没有,也可以自己去建立。这种方法特别适合面向军事行动的任务,如射击、火力压制、选择主攻方向,交替通过地雷场等,因为这些任务或行动常常是仿真所要关注的。同时,还可以把与任务相关的实体模型给顺便查询。有了任务、

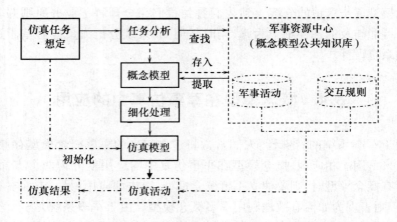

图 8-8　结合任务牵引法的仿真开发过程

行动后,自然有相应的规则,而规则的定制也是从概念模型库中获取。规则的运用可在想定编辑程序运行时直接调用,而实体、任务等的重用可运用概念模型中生成的相应基类。任务牵引法的整个流程如图 8-9 所示。

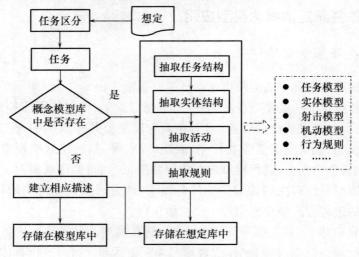

图 8-9　任务牵引法流程图

8.4.1.2　概念模型细化

由于概念模型的作者与制作单位不同,使用的方法不同,搜索出来的概念模型不是都能够使用的。在大多情况下这些概念模型要经过细化处理才能成为仿真对象模型。图 8-10 是对细化处理的进一步说明。想定本身对应着想

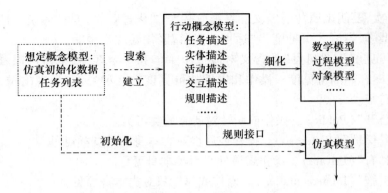

图 8 – 10　概念模型细化到仿真模型图

定概念模型,它的输出是实体的初始化参数和任务,针对每一个任务,去搜索或建立相应的行动概念模型,这个行动概念模型是比较抽象的,还不能直接用于仿真,有些地方还要加入数学模型,有的地方还需要进一步对象化变为具体的对象模型。

由图 8 – 9 可看到,概念模型的细化主要包括三个方面:数据结构的细化、算法实现的细化以及行动过程的细化。它们分别对应于对象模型、数学模型和过程模型。

1. 数据结构的细化

概念模型是与仿真执行无关的,概念模型所抽象出的数据结构是为说明概念服务的,还比较抽象。概念模型中,实体、任务、交互都相当于一个抽象类,它可以细化为对应的基类,而具体的实体、任务、交互细化的结果可以得到具体的对象模型。

数据结构的细化主要侧重两个方面的内容:精化属性和操作、明确类之间的关系。

1)精化属性和操作

首先,要确定需要精化的类。事实上,并不是所有的类都需要精化,工作的重点应针对"核心设计元素"。需要精化的内容主要是由控制类和实体类演化而来的类。

其次,要明确操作的定义。首先,找出满足基本逻辑要求的操作。操作的原始依据是类的"责任"及其相关的上下文信息。其次,补充必要的辅助操作。接下来,要给出清晰的表述,包括操作的名称、参数、返回值、"可见度"、"适用范围"以及简短文字说明。注意遵从程序设计语言的命名规则。在必要的情况下,还可以简要说明操作的内部实施逻辑,即如何实现具体的方法。

再次,要明确属性的定义。在概念模型细化过程中,要具体说明属性的名称、类型、缺省值、"可见度"、"适用范围"以及简短文字说明。

"可见度"。"可见"的含义对应一个主体和一个客体,主体可以看见客体的程度即客体的可见度。操作和属性的可见度有几种类型,呈现出越来越"隐蔽"的特征。

"公开"(Public)。操作或属性对所有的类可见。

"受保护"(Protected)。操作或属性对类本身和其友类可见。

"私有"(Private)。操作或属性只对类本身可见。

"实施"(Implementation)。操作或属性只对类本身可见。

类本身也有可见度。具体含义是相对于该类所在的包。

2)明确类之间的关系

明确类之间关系的基本依据是分析任务中初步得到的关联关系。该活动的结果是进一步明确关系,主要是依赖关系和关联关系,此外,还可以根据类之间的共性和差异,利用泛化关系对整体结构进行优化。

明确类之间的关系需要了解对象间通信的"连接可见度"的概念。

在分析任务中,假设所有的关系都是结构化关系,即用关联关系及其强化形式笼统地表述两个类的对象之间存在(用于通信的)"连接"。实际运行的系统中,对象之间的"连接"有几种不同的情形,并不意味着必然存在结构化的关系。进入设计任务之后,随着类的设计内容逐步明朗,有条件进一步确认对象间究竟需要何种类型的"连接",从而明确类之间的关系。

类 A 的对象 a 与类 B 的对象 b 通信,a 能够向 b 发送消息的必要条件是 a 能够"引用"b,其概念在表现为 a 到 b 的"连接"。在面向对象软件系统中,a 可以通过四种方式"引用"b,对应于四种类型的连接可见度。

(1)"全局"(Global)。b 是可以在全局范围内直接"引用"的对象。

(2)"参数"(Parameter)。b 作为 a 的某一项操作的参数或者返回值。

(3)"局部"(Local)。b 在 a 的某一操作中充当临时变量。

(4)"域"(Field)。b 作为 a 的数据成员。

前三种可见度具有暂时性,b 和 a 之间的连接仅在执行某个操作的过程中被建立(而后解除)。在静态结构中,三种类型的"连接"被建模为类 A 对类 B 的依赖关系。最后一种类型的连接可见度具有稳定性。在静态结构中,这种"连接"被建模为类 A 到类 B 的关联关系及其强化形式(聚合或组合)。

明确类间的关系的步骤如下:

首先,明确依赖关系。在分析余种中建立的关联关系主要介乎于"核心设计元素"之间,不妨称之为"早期关联关系",是"明确依赖关系"的工作重点。

考察并判断哪些"早期关联关系"继续作为关联关系,哪些被"弱化"为依赖关系。如果对象之间的"连接可见度"为"域",相应的类之间保持关联关系。如果对象之间的"连接可见度"为"全局"、"局部"或者"参数"相应的"早期关联关系"被"弱化"依赖关系。另外,考察操作的标识和实现方法中涉及的其他类,这些信息有助于发现对象间存在的"局部"或"参数"类型的"连接可见度",从而充实和完善类之间的依赖关系。

其次,细化关联关系。对于那些"保留下来"的关联关系做进一步的细化,以便为后续的设计和实施活动提供必要的依据。需要明确几方面问题:根据应用逻辑,将更为"紧密"的关联关系转化为聚合关系甚至组合关系;在满足逻辑要求的条件下,尽可能避免双重的访问方向;标注影响后续设计和实施活动的多重性;标明类在特定关联关系中所扮演的角色。

再次,构造泛化关系。与依赖或关联关系不同,类之间的泛化关系并不能通过渐进的分析和设计活动而得出。设计模型的内容增多之后,属于同一概念范畴的类("子类")之间会存在相似的行为与结构。为了提高设计内容的利用能力并降低维护的难度,可以将它们共通部分抽取出来并定义成新的类("父类"),在"子类"和"父类"之间建立泛化关系。实践中,获取泛化关系的途径不仅可以"从特殊到一般",也可以"从一般到特殊"。很多时候,已有的"设计类"可以直接作为"父类"用于简化相关"子类"的定义。

明确类之间的关系有以下技巧:

技巧一:定义"关联类"。有些时候,关联本身也可能具有属性,可以用"关联类"为这种关联关系建模。

技巧二:定义"嵌入类"。如果类 A 和类 B 之间存在关联关系,并且类 B 对象仅被类 A 对象引用,那么可以考虑将类 B 作为类 A 内部的嵌套类。这样做的益处是能够获得更简单的设计模型,并且加快类 A 对象向类 B 对象的消息传递。不利的因素是无论类 B 的实例存在与否,都必须为其分配空间。

技巧三:用组合关系分拆"胖"类。某些由实体类演化而来的"设计类"拥有很多属性,不妨称之为"胖"类 P。引用类 P 的对象,需要加载所有的属性,有可能造成资源的低效使用。在诸多属性中,往往只有一部分是"常用"的内容,还有一部分是"罕用"的内容。在这种情形下,可以考虑将那些"罕用"的属性单独组成一个类 D,并且在类 P 和类 D 之间建立一对一的组合关系。类 D 的实例将按需被"激活"。

2. 算法实现的细化

概念模型中所提到的算法,一般都指原理,指出所使用的数学方法,如兵力分配算法、毁伤结果、弹药消耗量等,只提及方案、算法公式,具体的算法选择、参数设置得根据具体的仿真情况，实时处理。算法实现细化的结果最后就得到数学模型。

3. 行动过程的细化

主要是针对概念模型所描述的任务实施、交互过程所进行的细化。经过细化，把任务实施转变为一个行动脚本，它对应的是一个过程模型。

8.4.1.3 应用实例

既然概念模型在仿真中的应用是从想定入手的，下面就建立一个从想定开始的应用实例。想定所对应的想定概念模型[4]本质上是军事概念模型的一种，因而应用过程就是从想定概念模型构建开始到军事概念模型库连接、搜索，最后定制仿真（对象）模型。

由于想定本身是概念模型，在开发时，应充分考虑它的重用性，它具有想定文书编辑、仿真想定数据生成等功能，最后的结果要存入想定库中，能够适用于大多数的、需要编辑想定的仿真开发。

考虑军事域，我们可以抽象出以下几个主要的概念主题：

军事想定：就是给军事人员使用的想定。它是根据训练大纲、战术理论教材、课题内容、作业方式、训练目的、敌我双方的编制装备及战斗行动特点，结合受训对象的战术基础和实际地形等条件编写的，是组织诱导战术作业的基本文书。军事想定包括企图立案、基本想定和补充想定三个部分内容。

仿真想定：在军事想定的基础上，经过二次开发，提供仿真执行所需的相关初始数据和作战行动过程的脚本。仿真想定的使用者是仿真开发人员。

给定编成：演习或战斗时上级给定的兵力。它包括建制和配属的兵力。

战斗编成：根据建制及配属兵力（也就是给定编成），并按所拟定的决心，对上级所给的兵力进行合理的编组；

想定数据库：用来存放想定数据。主要包括想定词典、地图属性表、兵力编成表、兵力配置表、行动线路表、任务描述表等一系列的数据。

系统的基本设计概念与处理流程可描述如图 8 - 11 所示。

综合以上分析可得到初步的概念模型（图 8 - 12）。

在进行整个仿真系统设计时，可以依据刚才的想定，结合仿真任务，运用任务牵引法作进一步的工作。

假如仿真的任务是仿真某部队攻占敌一线阵地的情况。我们可以将任务进行分解：

（1）任务区分；

（2）侦察；

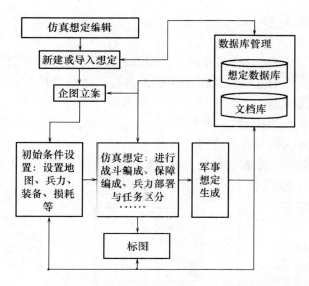

图 8 – 11　系统的基本设计概念与处理流程

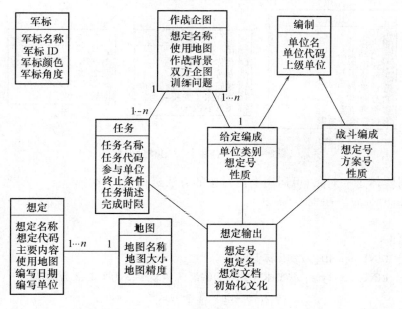

图 8 – 12　想定编辑的初步概念模型

（3）兵力机动；

（4）火力准备；

（5）主攻方向选择；

（6）装甲部队过障碍；

（7）射击。

从概念模型库中，对这些任务进行查询，如果有这类基本战术行为概念模型，则可以参考、使用这些概念模型。如果没有这些概念模型得开发人员亲手去建立这些概念模型。

不管是哪类概念模型，包括前面的想定初步概念模型都得进一步细化，才能将它们转化成为仿真对象模型。

比如，作战单位、障碍物可进一步抽象为实体，实体细化为坦克、直升机、导弹、指挥实体、火炮等（图 8 – 13）。

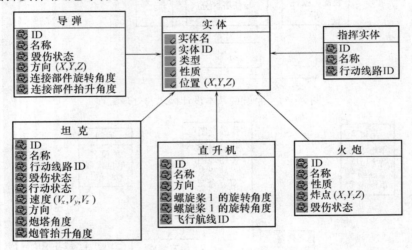

图 8 – 13　实体细化后的概念模型

对实体这一对象，可运用面向对象的方法进行代码化。

```
class CEntity : public CObject
{
public:
    UINT entityID; //实体标识
    UINT entityType; //实体类型,0 为编组,1 为装备,2 为个人,3 为障碍物,
                     //4 为导弹,5 设施,6 为其他
    UINT FORCEID; //实体属性,0 为红方,1 为蓝方,2 为白方,3 为其他
    double    POS_X; //初始 x 坐标
    double    POS_Y; //初始 y 坐标
    double    POS_Z; //初始 z 坐标(高程)
    CString entityName; //实体名称
```

```
        CEntity ( ) ;
        virtual  ~ CEntity ( ) ;


} ;
```

其他的实体都由这个类派生而来,并要经过细化处理就可得到对象模型。

```
class CTank : public CEntity
{
public:
        CTank ( ) ;
        virtual  ~  CTank ( ) ;
        CString entityName;                    //实体名称
        UINT entityID;                         //实体标识
protected:
        int      LINENUMBER;                   //固定路线控制时的线路编号
        int      DESTROYED_LEVE;               //毁伤程度
        double   VELOCITY_X ;                  //X 方向速度
        double   VELOCITY_Y ;                  //Y 方向速度
        double   VELOCITY_Z ;                  //Z 方向速度
        double   ROT_X ;                       //实体朝向的 X 分量
        double   ROT_Y ;                       //实体朝向的 Y 分量
        double   ROT_Z ;                       //实体朝向的 Z 分量
        double   TURRET_ANGLE;                 //坦克炮塔的旋转角度
        double   BARREL_HEICHT;                //炮管抬升角度
        UINT     entityStatu;                  //实体状态,0 为运动,1 为静止
}
class CRmissile : public CEntity
{
public:
        CRmissile ( ) ;
        virtual  ~  CRmissile ( ) ;
        UINT entityID;                         //实体标识
        CString entityName;                    //实体名称
protected:
        int      LINENUMBER;                   //固定路线控制时的线路编号
        int      DESTROYED_LEVE;               //毁伤程度
```

```
    double    VELOCITY_X ;                //X 方向速度
    double    VELOCITY_Y ;                //Y 方向速度
    double    VELOCITY_Z ;                //Z 方向速度
    double    ROT_X ;                     //实体朝向的 X 分量
    double    ROT_Y ;                     //实体朝向的 Y 分量
    double    ROT_Z ;                     //实体朝向的 Z 分量
    double    TURRET_ANGLE;               //连接部件的旋转角度
    double    BARREL_HEIGHT;              //连接部件的抬升角度
    UINT    entityStatu;                  //实体状态,0 为运动,1 为静止
}
class CHelicopter : public CEntity
{
public:
    CHelicopter ( );
    virtual ~ CHelicopter ( );
    CString entityName;                   //实体名称
    UINT entityID;                        //实体标识
protected:
    int       LINENUMBER;                 //固定路线控制时的线路编号
    int       DESTROYED_LEVE;             //毁伤程度
    double    VELOCITY_X ;                //X 方向速度
    double    VELOCITY_Y ;                //Y 方向速度
    double    VELOCITY_Z ;                //Z 方向速度
    double    ROT_X ;                     //实体朝向的 X 分量
    double    ROT_Y ;                     //实体朝向的 Y 分量
    double    ROT_Z ;                     //实体朝向的 Z 分量
    double    MROTOR_ANGLE;               //螺旋桨 1 的旋转角度
    double    TROTOR_ANGLE;               //螺旋桨 2 的旋转角度
    UINT    entityStatu;                  //实体状态,0 为运动,1 为静止
}
class CCannon : public CEntity
{
public:
    CCannon ( );
    virtual ~ CCannon ( );
    CString    entityName;                //实体名称
    UINT    entityID;                     //实体标识
```

```
protected:
    int     LINENUMBER;              //固定路线控制时的线路编号
    int     DESTROYED_LEVE;          //毁伤程度
    double ROT_X;                    //炮弹炸点的 X 方向坐标
    double ROT_Y;                    //炮弹炸点的 Y 方向坐标
    double ROT_Z;                    //炮弹炸点的 Z 方向坐标
}
```

8.4.2   问题求解中的概念模型应用

8.4.2.1   引言

概念模型在仿真中的另一个重要应用就是用于问题求解,特别是概念式的问题求解。模式是一种思维方法.对于那些描述解决问题方法的概念模型也叫概念模式,那么在问题求解中,就有一种方法——基于概念模式的问题求解方法。

所谓基于概念模式的问题求解方法,就是利用概念模式本身是一种思维方法这一特点,充分运用概念模型的推理能力,进行概念性的问题求解。

问题求解的过程,自始至终都是一个思维的过程。人类问题求解的一般过程是:问题明确后,人们往往是应用直觉思维,猜测或搜索出一些假设、法则、原理、方案去尝试解决问题。许多情况下,可以概括为建构一个解决问题的模式。一旦建立了一个尝试性的模式后,人们往往是应用逻辑思维去求解这个模式,进而应用于一个具体实例上,得到结果,从而去验证、修改、检验模式。这一过程同样不是单向的,而是双向的。

概念模型可以视为描述领域专家问题求解过程的本体论,它用基本术语和术语合成法则去描述问题求解中所涉及的实体、属性和关系。为此概念模型是描述问题求解的抽象框架,也是设计建模语言的基础。

在军事作战与模拟中有许多问题需要求解。比如:进攻战法的确定,主攻方向的选择,兵力的区分,目标的选择与分配,战斗队形的选择与变换等等都需要进行问题求解。这些问题对于军事人员来讲,都有特定的程式和相应的思维模式,将这些问题用概念模式(模型)显式地表示出来,这样,无论是军事人员还是技术开发人员,都可以依据这种模式来解决军事问题。

下面是一种军事问题求解的常用模式——启发式(图 8-14)。方案/动作、原因、问题和证据构成描述问题求解的基本术语,图中的有向链指示了术语间的关系:数据抽象(从证据到问题)、启发式联想(从问题或证据到原因)和解

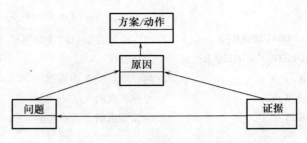

图 8 – 14　启发式概念模式

答(从原因到方案／动作)。只要问题求解任务适合于使用这种启发式方法,这个概念模式就可以快速地指导用户建立起相应的知识库系统。

8.4.2.2　应用实例

例如,在构建"主攻方向(突破口)选择"决策模型过程中,可以把每一个候选点的判断作为证据,然后描述候选点或证据与三大因素(图 8 – 16)的启发式关联,最后得出主攻方向点(图 8 – 15)。一旦基于此概念模型的分析结束,就可以把用户输入的信息组装成推理规则,进而构成知识库。

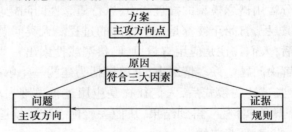

图 8 – 15　建立主攻方向选择决策模式

这里,我们采用层次分析法,对主攻方向选择加以分析求解。

首先,根据上述概念模型进行层次分析,如图 8 – 16 所示。首先把选择最佳的主攻方向(突破口)这个求解目标,放在层次结构的第一层。第二层是衡量目标最佳的指标,它们是:符合上级意图;地形有利;位置恰当(符合战术原则)。第三层是指标的属性,第四层是方案属性层。列出主攻方向或突破口的自然属性,如坡度、通视度、通行性、天然障碍、地幅纵深度、敌火力、敌工事等。图 8 – 17 就是简化的主攻方向(突破口)选择模型。为了简化举例,图中并没有列出指标属性层和方案属性层,但这并不影响对步骤的说明。

其次,按表 8 – 2 给出的两两比较标度,对每一层的因素进行两两比较。比较的结果得到一系列的判断矩阵。本例的矩阵包括:

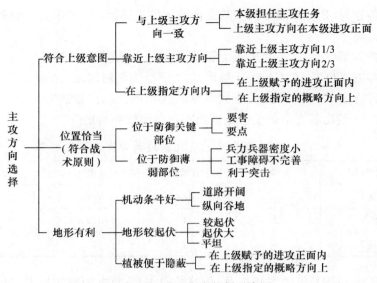

图 8-16　主攻方向选择示意图

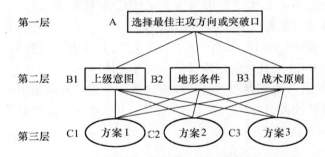

图 8-17　简化的主攻方向(突破口)选择层次模型

表 8-2　比例标度的含义

标　　度	含　　义
1	表示两个元素相比,具有相同重要性
3	表示两个元素相比,前者比后者稍重要
5	表示两个元素相比,前者比后者明显重要
7	表示两个元素相比,前者比后者强烈重要
9	表示两个元素相比,前者比后者极端重要
2,4,6,8	表示上述相邻判断的中间值
倒数	若元素 i 与元素 j 的重要性之比为 a_{ij},那么元素 j 与元素 i 的重要性之比为 $a_{ji} = 1/a_{ij}$

- 各指标(B1,B2,B3)对主攻方向或突破口选择(A)的重要性的两两比较结果;
- 各方案(C1,C2,C3)关于上级意图(B1)的两两比较结果;
- 各方案(C1,C2,C3)关于地形条件(B2)的两两比较结果;
- 各方案(C1,C2,C3)关于战术原则(B3)的两两比较结果。

表8-3给出各方案关于上级意图的两两比较判断矩阵。

表8-3 各方案关于上级意图的两两比较判断矩阵

上级意图(B1)	方案1	方案2	方案3	权重
方案1	1	1/2	1/4	0.143
方案2	2	1	1/2	0.286
方案3	4	2	1	0.571

第三步,应用特征值求解技术(如特征根法)求判断矩阵的最大特征值。表8-3所列判断矩阵的最大特征值为 $\lambda_{max} = 3.0$。特征向量,即方案1,2,3关于上级意图的排序权重为0.143,0.286,0.571。

为避免判断比较的不一致性,在求出 λ_{max} 后,并检查一致性 CR,要求 CR < 0.1。显然,表8-3所列判断矩阵满足一致性条件。

第四步,聚合各层相对权重得到权重向量。合成权重向量表示各备选方案相对于决策目标的权重排序。在本例中,第二层、第三层各因素的相对权重如表8-4、表8-5所列。

表8-4 第二层相对权重

目标 ＼ 因素	上级意图	地形条件	战术原则
选主攻方向(突破口)	0.4	0.2	0.4

表8-5 第三层相对权重

因素 ＼ 方案	方案1	方案2	方案3
上级意图	0.14	0.29	0.57
地形条件	0.2	0.3	0.5
战术原则	0.2	0.1	0.7

组合权重的计算结果如下：

方案 1 权重 $=0.4 \times 0.14 + 0.2 \times 0.2 + 0.4 \times 0.2 = 0.176$

方案 2 权重 $=0.4 \times 0.29 + 0.2 \times 0.3 + 0.4 \times 0.1 = 0.216$

方案 3 权重 $=0.4 \times 0.57 + 0.2 \times 0.5 + 0.4 \times 0.7 = 0.608$

这个结果说明方案 3 优于方案 1 和方案 2。

本例可看出，概念模型对问题求解具有相当好的作用。概念模型内的规则本身就是问题求解的必要条件。

参 考 文 献

[1] Wakeful. 学用工具的 3 个层次——谈概念模型在学用工具中的作用. Sawin 系统分析之窗. 2005.

[2] 孙涌. 现代软件工程. 北京：希望电子出版社，2002.

[3] Furman Haddix Ph. D. ，"Semantics and Syntax of Mission Space Models"，99 Fall Simulation Interoperability Worksho PPapers，September，1999.

[4] Dale K. Pace，"Simulation Conceptual Model Development，" Proceedings of the Spring 2000 Simulation Interoperability Workshop，March 26 – 31，2000，Orlando，FL.

[5] 王杏林. 军事概念模型研究. 北京：装甲兵工程学院，2005.

附录 **1**

美军使命空间概念模型
（CMMS）技术框架

F1.1　引言
F1.1.1　目的
　　本文详述了使命空间概念模型的技术框架（CMMS – TF）。在《国防部建模与仿真共同技术框架》（DoD　M&S　CTF）中，CMMS 技术框架描述了：

- 技术规范
- 管理程序
- 操作基础

　　上述内容是概念模型与仿真工程的综合和与国防部的程序的可互操作性所要求的。特别地，CMMS 技术框架描述了：

- 描述使命空间的公共语义和语法
- 建立和维护概念模型的闭环工程程序
- 概念模型集成和可互操作性的数据交换标准

F1.1.2　适用性
　　本细则适用于国防部建模与仿真办公室倡导的 CMMS 技术框架工具组，该工具组是根据国防部指令（5000.59）建模与仿真主体计划而开发的。CMMMS – TF　0.2.1 版主要着眼于军事行动的使命空间。这里建立的许多原则与其他的良好定义的国防部使命空间是同等有效的，比如医疗护理或制造。但是，对这些其他的使命空间的详细讨论不在 0.2.1 版的范围之内。

F1.1.3　组成

本 CMMS 技术框架说明书由以下几个部分组成。第一节介绍了 CMMS – TF。第二节概述了框架的组件和基本概念。第三节分别包括了集成与可互操作性的要求,在这一部分附有详细的说明和大量的例子。第四、五、六节分别收集了参考文献、示意图和表格。第七节概述了 CMMS – TF 说明书。这里还附有专业技术来源或详细的学习交流供参考。详细的 CMMS 标准提供了正式的设计描述界面(IDD),也在本文中作为附件供参考。只要可能,本 CMMS 技术框架说明书中也使用了数据工程技术框架(DE – TF)中的语义和语法。

F1.1.4　目的

为了与国防部建模与仿真主体计划相一致,国防部建模与仿真办公室(DMSO)正致力于开发 M&S 共同技术框架(M&S　CTF),包括:

- 高层体系结构
- 使命空间的概念模型
- 数据标准

在 M&S 公共技术框架中,CMMS 是独立于仿真的,是关于特定任务领域中的活动的现实世界的第一次抽象。国防部 CMMS 的开发最初着力于军事行动的使命空间。CMMS 将为仿真开发者对军事行动进行精确地描述,仿真开发者是独立于任何特别的仿真执行过程的。当被国防部仿真程序使用时,CMMS 就是:

- 严格的程序,仿真开发者通过它系统地了解综合了的现实世界问题
- 信息标准,仿真问题方面的专家通过它与军事行动问题方面的专家反馈的信息进行交流
- 现实世界,随后的军事行动,特种仿真的分析、设计与执行,以及最终的校核、验证与确认/授权等
- 通过建立现实行动的公共体,在最终的仿真执行过程中确认重用时机的唯一方法。

CMMS 由三个基本的部分组成:

- 概念模型:现实军事活动的一致描述
- 技术框架:知识建立和综合的标准
- 公用仓库:注册、存储、管理和发布的数据库管理系统(DBMS)

这里制定的 CMMS 技术框架对技术标准、管理程序和系统的底层结构进行了说明。系统的底层结构要求确保 CMMS 公用仓库里对军事行动的 CMMS 描述是:

- 来自于权威资料

- 用公共的语义和语法进行描述
- 使用标准的数据格式进行数据交换
- 应执行严格的质量检查
- 向授权用户进行解释
- 防止未授权的进入和修改
- 独立于任何仿真执行过程

CMMS 的一个基本目标就是及时并廉价地向仿真开发者提供由他人建立、鉴定和维护的经授权的精确的使命空间的概念模型。例如,某个 CMMS 的目标就是要使 NASMd 在开发只支持空战的概念模型中由 War – 2000 建立的步兵交战的概念模型最终能够被在 JSIMS 中执行陆空联合战役仿真的软件开发者所直接使用。

最后,CMMS 是系统工程在"仿真开发系统"中实际应用。系统工程的一个基本原理是:
- 把系统划分为具有良好的特定接口的相对独立的组件
- 各组件之间的交互、影响和通讯只通过这些特定接口进行

事后要通过界面进行集成,这种对系统的分解加强了各组件之间的一个严格的相关分离。这种相关分离使单个组件的执行更容易管理,使某些具有很高价值的行动/属性,比如实时开发中的一致性工程和可互操作性及重用,从技术上是切实可行的、从程序上是现实的。因此,CMMS 是一种良好的特定界面,它能使系统工程在军事行动 SME 与仿真开发 SME 之间进行一个严格的相关分离。

F1.1.5 规范

CMMS 技术框架规范说明如下:
- 最低要求:强制性规范,对 CMMS 的可互操作性和重用是必要的(但非充要)。
- 首选实践:最好的实践规范,也是充分的。
- 技术扩展:可选性规范,对 CMMS 的可互操作性和重用是非强制性,但它是可表示的技术采用趋势。

F1.2 基本概念

CMMS 技术框架建立在 M&S 数据标准体系结构的基础之上的。

本说明明确地假设读者已经复习和掌握了《数据工程技术框架》(0.2 版)中的概念和规范。

F1.2.1 DE – TF 的有关基本定义

根据 DE – TF,CMMS – TF 使用了保留字定义基本项和概念,并以此来构造

更为一般和复杂的项和概念。

保留字：一种特别项或概念，专门用于说明 CMMS 技术框架。这些项打印成小写的粗体 CAP 字体。

DE－TF0.2 版中使用的定义也以参考的形式在这里包含为保留字。为方便起见，这里重复一下 DATA，INFORMATION，MODEL，REPRESENTATION，SIMULATION，ABSTRACTION 和 RESOURCE 等的定义。

DATA 对事实、参数、数值、概念以及适于人工或自动化方式通讯、通译或处理的正规化方式中的指令。这里对 DATA 的定义对[12－14]中的定义进行了合理的修正。

INFORMATION：与某一特殊用途上下关联的数据（DATA）。

MODEL：对一个系统、实体、现象或过程的一种物理、数学及逻辑上的说明。

REPRESENTATION：一个模型、过程或算法与相关的数据（DATA）、参数或数值的集合。传统的实现严格区分算法和数值。同期的源于对象的实现也把模型（MODEL）和数据（DATA）作为一个对象加入进来。

SIMULATION：对某一描述（REPRESENTATION）完成后的执行。这一定义对[12－13]中的定义进行了合理的修正。

ABSTRACTION：允许人们以不断变化的度量观察现实问题，这种度量依赖于问题[17]的当前上下文。抽象（ABSTRACTION）是用于仿真（SIMULATION）中的对虚拟世界描述（REPRESENTATION）的现实世界等价。

RESOURCSE：被某一过程所使用的实体和消耗物。资源（RESOURCE）包括模型（MODEL）、数据（DATA）、描述（REPRESENTATION）、仿真（SIMULATION）、设施、装备、系统、软件、源代码、人力、计算机机时、日历时间表和资金等。

F1.2.2 描述

解决可重用性是建模与仿真公共技术框架的中心目标。当前期问题解决中的描述（REPRESENTATION）适应于事后解决方案的要求时，解决可重用性就是切实可行的。CMMS 的中心目标是提供对现实世界的军事行动的可重用性描述。描述就与具体的仿真实现无关。正如 DE－TF 第2.2节中所说的，对描述的选择是重中之重。选择的两个重要方面是：

- 关注军事行动的现实世界（问题领域）
- 关注仿真应用的综合环境（实现领域）

问题领域的核心——完成描述，是 CMMS 的内容。执行领域的核心——也是完成描述，是相关的用户空间概念模型（CMUS）[29]的内容。CMMS 中的描述独立于模拟的实现,它是选择现实世界的活动来描述(REPRESATE)的,那些描述中所要求的度量水平受到 CMUS 中的仿真执行的非独立描述(REPRE-SATATION)的强烈影响。CMMS 的本质就是作战人员和仿真开发者之间的协作(通常称为知识获取)。

- 建立着力于支持现实世界目的的仿真
- 选择一种描述(模型和数据的结合,它决定了粒度、细节和保真度)
- 构建独立的仿真执行及说明所选的描述的对现实世界的概念描述

综合起来,CMMS 描述是仿真开发过程中作战人员的真实世界和仿真开发者的合成环境之间的桥梁,如附图 1 – 1 所示。特别地,CMMS 通过下述内容支持严格的仿真开发(且最终能使用的)决策。

- 向仿真开发者介绍作战人员(以便建立和最终维护仿真)
- 向作战人员介绍仿真开发者(以便校核、验证、确认和最终使用仿真)

而且,CMMS 是作战人员和程序员之间的一个良好的特定接口,它使要描述的现实世界与该描述的模拟世界实现之间的联系进行严格的系统工程的分离。特别地,以 CMMS 使:

- 程序员能实现描述而不必先成为作战人员
- 作战人员能使用描述而不必先成为程序员

F1.2.3 CMMS 体系结构

CMMS 由三个基本部分组成:

- 概念模型:现实军事活动的一致描述
- 技术框架:知识建立和综合的标准
- 公用仓库:注册、存储、管理和发布的数据库管理系统(DBMS)

长期以来,人们一直有一种观点,这就是开发独立于仿真的现实世界的描述,使开发者在建立仿真之前就了解它,以对系统开发的进行最佳的实践。

为了像 Booch[21] 中那样建立"问题领域词汇中的需求",这一观点分别有各种不同的表述:

- Yourdon 和 Mellor[18] 的"执行中的本质"
- Jackson[19] 的"设备中的问题"
- MIL – STD – 498[20] 的"执行中的需求"

新的(或最近的)观点是,这些描述应该在 CMMS 公用仓库中注册、集成与维护,并最终存取和发布,以便:

- 后继的开发者重用
- 使命空间专家用于校核、验证和确认
- 最终用户开发模拟作战的想定

- 作战人员开发作战条令

F1.3　CMMS 集成与互操作性的要求

系统工程的一个基本原理是：

- 把系统划分为具有良好的特定接口的相对独立的组件
- 各组件之间的交互、影响和通信只通过这些特定接口进行

该原理的一个推论是：缺乏事前接口标准的对组件的事后综合是昂贵的，错误百出的，且是经常不成功的。这里，CMMS - TF 采用了以数据为中心的一种事前解决方案，包括：

- 技术标准
- 管理过程
- 操作基础设施

根据国防部的程序，这些都是仿真工程与可互操作性中的概念模型的事后综合所要求的。有些描述的开发手段和相当多的软件工具系统及设施支持各种不同的方法。以数据为中心的解决方案为 CMMS 描述的交换提供了方法——已开发的并正在使用的各种方法和不同的工具——正在使用的公用的中性方法的语义和句法、独立于工具的标准交换格式及作为风格指南的特有工具/方法。

为便于参考，这里列出了建模与仿真数据工程技术框架中的所有需求。本节扩展了 DE - TF 中的那些公共目标需求，以满足 CMMS 综合与可互操作性需求的具体目标：

识别描述的公共语义和句法(3.1 节)：

- 军事行动规定的实体、活动、任务和交互(EATI)
- 信息系统规定的语义和句法

实现描述的 CMMS 系统体系结构(3.2 节)

- 实现物理存取和网络互联的建模与仿真资源仓库(MSRR)

描述的可重复性的 CMMS 过程(3.3 节)

- 数据产品序列的 CMMS 实现
- 数据工程处理的 CMMS 实现

描述可重用的 CMMS 产品(3.4 节)

- 权威数据来源的 CMMS 登记
- CMMS 规范和数据交换格式的使用示范

F1.3.1　公共语义和语法

CMMS 公共语义和句法由四个部分组成：

- 军事人员的 EATI 模板

- 基于活动抽象的 CMMS 动词词典
- 基于实体抽象的 DDDS 名词词典
- 信息系统规定的语义和句法

F1.3.1.1　实体、活动、任务和交互(EATI)的描述

这里有一些不错的信息系统规定的完整结构表,可以描述、展示、操作或存储某一描述。为确保 CMMS 开发者在描述中提供丰富的信息来支持对话和综合,本节规范了一个 EATI 描述来定义满足该描述内容的公共语义和句法模板。该描述内容独立于特定的完整结构表,方法或示范工具使用这一完整结构表来获取描述内容。为了明确支持对话和综合,EATI 描述在完整结构表中的形式、内容和用法是强制性的。

实体(**ENTITY**):带有信息,并可识别的人、地点、物体或概念[12,13]。特别地,实体可以是人、组织、设施、外貌特性、装备和计划等[25]。

具体的例子有:

- 人(PERSON):飞行员、空中编队指挥员
- 组织(ORGANIZATION):联合空中指挥部(JFACC),飞机编队
- 设施(FACILITY):空军基地、电厂、码头
- 外貌特性(FEATURE):道路、河流、桥梁
- 装备(MATERIAL):F15 战斗机、M1A1 主战坦克、导弹、雷达
- 计划(PLAN):ATO

抽象的例子有:

- GCCS:Core　C2　数据模型的实体关联图表
- JWSOL:JTF – ATD 目标类

状态(**STATE**):描述内部条件和外部环境的实体属性。

作用(**ROLE**):实体提供的或部分表现出的功能,或者是分配给实体的特征。

事件(**EVENT**):状态改变或条件变化的时间和响应的空间位置。

动作(**VERB**):由自然力或人力引起而产生的一个事件的变更或转移。

具体的例子有:

- 物理动作:移动(move)、感觉(sense)、通信(communicate)、交战(engage)、补充燃料(replenish)
- 认知动作:开发(develop)、监视(monitor)、分析(analyze)、监督(supervise)

活动(**ACTION**):定义一个作用或能力的动作 + 实体(VERB + ENTITY)。

具体的例子有:

- refuel aircraft（给飞机加油）
- launch missile（发射导弹）
- dedect submarine（侦察潜艇）
- generate ATO（生成 ATO）

抽象的例子有：

- UJTL：源于过程的操作模板
- CMMS　Verb Syntax：源于行为的 C2 模板

行为者（**ACTOR**）：占有、执行、引导或控制一个特定活动的实体。

入口标准（**ENTRANCE　CRITERIA**）：行为者初始化、开始、重启动或继续一个活动的充分必要的一组状态或事件序列。

出口标准（**EXIT　CRITERIAL**）：行为者终止、中断、结束一个活动的充分必要的一组状态或事件序列。

作业（**TASK**）：由一个执行者执行的一个或多个活动。作业是明确的意义上的最小单位。当入口条件满足时，行为者启动执行，在执行过程中，任务可能接收或消耗一个或多个输入，产生或递交一个或多分输出，改变一个或多个内部状态。执行一直持续到出口条件满足为止。

具体的例子有：

- 行为者（ACTOR）　　　　　活动（动作 + 实体）
- KC135　　　　　　　　　为 F15 空中加油
- F15　　　　　　　　　　发射 AIM－9L 型导弹
- JFACC　　　　　　　　生成 ATO

抽象的例子有：

- 语言学：主语 + 动词 + 宾语 = 句子
- 数学：定义域 + 映射 + 值域 = 函数

交互（**INTERACTION**）：定义事件流、状态、实体活动以及在实体、活动或作业间的作业的界面。

使命（**MISSION**）：作业是一个行为者为达到特定目标执行的；任务包括装配启动和终止以及特定执行和效能尺度的（度量相对成功程度）的特定入口和出口标准。

使命空间（**MISSION　SPACE**）：遵从共同的组织原则、目标或特性的一组任务。

注意，每一个 EATI 组件能够递归分解为多个 EATI 组件。

最低要求：

- 在 CMMS 中登记的每个描述应遵从 CMMS　EATI 公共语义和句法

- 在 CMMS 中登记的每个描述应提供一个包含它所使用的所有 EATI 的词典
- 非标准语义和句法应由在线词典系统加以说明,并映射到标准 EATI 语义和句法

可选实践:

在 CMMS 中登记的描述应使用标准的实体、行为、事件、作业和互动。这些标准来自于:国防部词典系统,通用联合任务清单(或与 JMETL 相关,为 METL 或 TTL 服务的)和 CMMS 动作词典。

F1.3.1.2 基于抽象的行动的 CMMS 动词词典

(待完成)

F1.3.1.3 基于抽象的实体的 DDDS 名词词典

(待完成)

F1.3.1.4 信息系统规定的语义和句法

(待完成)

F1.3.2 CMMS 系统的体系结构

<u>最低要求:</u>

- CMMS 公用仓库应遵从 MSRR
- CMMS 数据交换格式应支持规范和使用范例模板。

F1.3.3 CMMS 过程

F1.3.3.1 CMMS 数据产品序列

CMMS 对附图 1−2 中所示的数据产品序列的调整是高层次的结构,为了在开发与发布一组具体的 CMMS 描述中:

- 确定公共技术方案的组成部分
- 使开发计划与相关的技术内容同步
- 确定综合与可互操作性的临界点

对具体的 CMMS 描述的 DE−TF 中的一般目标开发步骤的调整如下:

- 开发中心上下文,以提供具体的操作条件,并在与竞争伙伴就相关交互取得一致意见的情况下建立知识获取的优先权
- 在同步化的开发计划/时间线上,执行使用整理过的文献搜索和站点访问的信息采集
- 使用与 EATI 专门术语、CMMS 动词词典数据单元和 UJTL 任务相一致的操作规范和使用示范模板,对输入资料标准化
- 使用基于抽象的实体和基于抽象的活动建立对使命空间的描述,以建立 CMMS 资源

- 界面设计的描述(IDD'S)基于以下几点:
- 具有中性方法的公共语义和句法
- 独立于工具的数据交换格式
- 规范工具性的风格指南
- 遵从建模与仿真资源仓库(MSRR)的物理存取和网络互联

IDD'S 提供了正式的 CMMS - TF 综合与可互操作性的标准,以支持:

- 某一具体 CMMS 开发计划步骤中不同工程之间的描述综合
- 某一具体的工程不同 CMMS 开发步骤之间的描述交换

例如:假定完成 CMMS 的四步开发过程(附图 1 - 2),通过一个假设的空战开发机构(Air DA)和陆战开发机构(Land DA)建立了一个闭环的空中支持(CAS)描述:

开发中心上下文,Air DA 和 Land DA 共同开发一个中心上下文来测量和限制要建立的 CAS 描述。制定某一任务计划或军事想定(见示例[25])来测量和限制要描述的并提供被综合的现实世界的一个真实例子的使命空间问题。制定最终使用线或仿真想定来描述优先的对模拟的强制。该模拟来自深层的用途或由先进的开发曲线形成的模拟执行选择(比如用户空间的 NASM 概念模型(CMUS)或 WarSim 任务需求分析过程(TRAP))。使命空间和用户空间思路信息的联合定义了为确定关于兴趣的描述的中心上下文。这一中心上下文建立了同步化的竞争伙伴,并通过 Air DA 和 Land DA 开发者为使用确认了相关的交互性。Air DA 和 Land DA 在 MSRR 中登记了中心上下文的描述(可能是带有内部数字的计算机可读的复合文件)。通过建立在由适当权威建立的可发布的政策的基础之上的"need to know"(而且若涉及分类的物质,就要消除安全),MSRR 为个人提供中心上下文的使用权。

采集信息:Air DA 和 Land DA 使用中心上下文:

- 决定具体信息的采集活动的范围并建立优先权,以支持 CAS 描述
- 通过协调过的时间线/计划中每个组织,使用取得一致意见的任务单元(在每个兴趣任务线下)使活动同步,以便不同的开发集团能同时实施具体任务单元中各自的一部分
- 指定某一组织牵头,采集描述所要求的每一种不同类型的信息(或者按特定的方式采集信息)

在 Air DA 和 Land DA 中指定的牵头者就要:

- 确定合适的权威数据资料
- 协调站点访问和采访,以便相关的信息采集组织只要可能就能与一组具体的使命空间 SME 联合会见

- 通过 MSRR/ CMSRR 的注册、发布和配置管理,向文献和 SME 互动摘要共享和发布所采集的有关需要描述的信息。

标准化输入资料,在以一个描述的形式对标准的概念模型的构建之前,采集的大量信息组织进带有图表的结构性的文字描述。为方便数据序列的综合和模型的的可互操作性,Air DA 和 Land DA 对它们各自的使命空间数据进行标准化:

- 使用公共捕捉和收集模板来构建信息
- 使用公共语义和句法来描述模板条目

特别地,DA 使用的模板:

- 使用来自于 UML – style 操作规范的数据元素来组织状态信息
- 使用来自于 UML – style 使用案例的数据元素来组织动力学信息

根据模板条目,DA 请 DMSO 主编的 CSS 去连接原始文字/图表:

- 实体/基于名词的分类和命名规则来源于既存的资料,如国防部计划数据模型、国防部数据词典系统或联合作战模拟对象模型等
- 行为/基于动词的分类和命名规则将来源于既存的资料,如多向联合任务清单、或 DMSO 主编的 CMMS 动词词典
- Air DA 和 Land DA 通过与遵从 MSRR/CMSRR 的 CMMS 公用仓库对来自描述、操作规范和使用范例的组织数据进行注册、转换、综合、发布和管理

构造 CMMS 资料:在 CAS 的描述中,稳定的(因而是中心的)组织原则是基于行为的抽象,这就是过程、任务、作业和行为。但是,Air DA 和 Land DA 已经同意使用源于目标的范例来实现 CAS 模拟。在 OO 模拟的实现过程中,稳定的(因而是中心的)组织原则是基于实体的抽象。开发提供基于实体和基于行为的抽象的平衡的概念模型对后来的源于目标的分析是一种必要的先行。因此,作为源于对象的分析的先行,Air DA 和 Land DA 都使用了自于军事作战条令和 SME 的且本质上是源于过程的 CAS 描述,从而构造平衡的基于概念模型的实体和行为。为确保他们各自构造的 CAS 模型能相继转化和综合,DA 使用 CMMS 技术框架中的有关标准作为正式的界面设计描述。这些标准有:

- 一个中性方法的 CSS
- 独立于工具的数据交换格式(DIF)
- 说明风格指南的工具,以便把 CSS 内容合并进一个与 DIF 兼容的结构

最后,Air DA 和 Land DA 通过与遵从 MSRR/CMSRR 的 CMMS 公用仓库对来自 CAS 描述概念模型进行注册、转换、综合、发布和管理。

<u>最低要求:</u>

CMMS 中注册的描述应使用 CMMS 数据产品序列来构造。

F1. 3. 3. 2　CMMS 的数据工程过程

最低要求：

CMMS 中注册的描述的开发与维护应与 DE – TF 数据工程过程相一致。

F1. 3. 4　CMMS 数据产品技术体系结构

F1. 3. 4. 1　CMMS 的权威数据资料

最低要求：

描述应按 DE – TF 权威数据资料的要求在 CMMS 中注册。

F1. 3. 4. 2　CMMS 数据交换格式

（待完成）

F1. 3. 4. 3　CMMS 权威数据消费者

最低要求：

CMMS 中注册的描述的发布应与 DE – TF 权威的数据消费者的要求相一致。

- 权威数据资料的 CMMS 注册
- CMMS 操作规范和使用范例的数据交换格式。

F1. 4　参考文献

[1]　Under Secretary of Defense for Acquisition and Technology, "Department of Defense Modeling &Simulation Master Plan,", DoD 5000. 59 – P, October,1995.

[2]　Sheehan J H, et al. "Modeling and Simulation Data Engineering Technical Framework (M&S DE – TF), version 0. 2", Defense Modeling and Simulation Office, February,1997.

[3]　Dahmann J, et al. "HLA Rules version 1. 0", Defense Modeling and Simulation Office, Sept. ,1996.

[4]　Lutz R, et al. "HLA Object Model Template (OMT) version 1. 0", Defense Modeling and Simulation Office, Sept. ,1996.

[5]　Kramer J, et al. "HLA Run Time Interface (RTI)", Defense Modeling and Simulation Office, Sept. ,1996

[6]　Joint Conceptual Models of the Mission Space (JCMMS), POC: Lt. Col. Gus Liby, JSIMS – JPO.

[7]　Joint Mission Space Model (JMSM), POC: LTC Terry Prosser, JWARS office.

[8]　MariSim CMMS, POC: Guy Purser, Naval Doctrine Command.

[9]　WarSim Functional Description of the Battle Space (FDB), POC: MAJ Frank Rhinesmith, PM – CATT

[10]　NASM CMMS, POC: Tim Rudolph, ESC Hanscom AFB.

[11]　Defense Intelligence Mission Area Model (DIMAM), POC: George Thompson, DIA.

[12]　"DoD Glossary of Modeling and Simulation (M&S) Terms", DoD 5000. 59 – M, 29 August,1995.

[13]　DoD Data Dictionary System, Defense Information Systems Agency (DISA), 1996.

[14]　DMSO Data Technology Working Grou P(DTWG), Authoritative Data Sources sub – grou Pminutes, February,1996.

[15]　Claude Shannon, The Mathematical Theory of Communications, University of Illinois Press, 1963.

[16]　Federal Information Processing Standard (FIPS) Publication (PUB) 127. 1, "Database Language –

Structured Query Language," 2 February,1990.

[17] James Rumbaugh, et al. "Object – Oriented Modeling and Design," Prentice Hall, Englewood Cliffs, New Jersey, 1991.

[18] Ward P T , Mellor S J, Structured Development for Real – Time Systems, Vol. 1 – 3, Yourdon Press Computing Series, 1985.

[19] Jackson M. Software Requirements & Specifications: a lexicon of practices, principles, and prejudices, Addison – Wesley, 1995.

[20] Booch G, Object – Oriented Analysis and Design with Applications, 2nd Ed. , Benjamin/Cummings Publishing Co. , 1994.

[21] MIL – STD –498.

[22] Boehm B W, "A Spiral Model of Software Development and Enhancement," IEEE Computer, May,1988.

[23] LTC T W Prosser, et al. "JWARS Software Development Process," 13 December,1996.

[24] Janet McDonald, et al. "Operations Concept Description for the Modeling and Simulation Resource Repository", U. S. Army White Sands Missile Range, Electronic Proving Grounds, 10 October 1996 (http://mercury – www4. nosc. mil/msrr/about/document. htm). . CMMS Technical Framework

[25] GCCS Core C2 (Command and Control) Data Element Dictionary, DISA, 1996.

[26] Hinich M J , Sheehan J H. "The Necessity of Explicit Levels of Abstraction in M&S Object Models", University of Texas Applied Research Laboratories, 9 March,1996.

[27] Universal Joint Task List (UJTL), CJCSM 3500. 04, Version 3. 1, October,1996.

[28] Data Interchange Format, point – of – contact Jack Sheehan, Defense Modeling and Simulation Office.

[29] Tim Rudolph, "Conceptual Models of the User Space", ESC Hanscom AFB, February,1997.

[30] Sheehan J H, "Common Semantics and Syntax," University of Texas Applied Research Laboratories, February,1997.

[31] Johnson T H, "Conceptual Models of the Mission Space (CMMS) Common Syntax and Semantics (CSS) and the CMMS Verb Data Dictionary,"Innovative Management Concepts, 6 February,1997.

F1.5 示意图

附图 1 – 1 概念模型的开发示意图

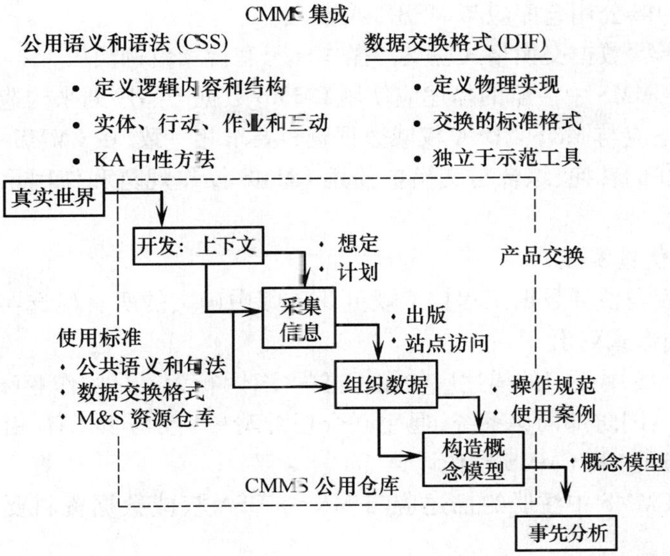

附图 1 - 2　概念模型流程

F1.6　表格

（待完成）

F1.7　附属规范

　　[1]　术语学

　　CMMS 技术框架规范说明如下：

　　• 最低要求：强制性规范，对 CMMS 的可互操作性和重用是必要的（但非充要）

　　• 首选实践：最好的实践规范，对是充分的

　　• 技术扩展：可选性规范，对 CMMS 的可互操作性和重用是非强制性，但它是可表示的技术采用趋势

　　[2]　最低要求

　　• 在建模与仿真数据工程技术框架 0.2 版中确定的所有最低要求都在这里以参考的形式列出

　　• 每个在 CMMS 中注册的描述都应遵从 CMMS　EATI 公共语义和句法

　　• 每个在 CMMS 中注册的描述应提供一个所有的 EATI 的被描述所使用的词典

　　• 非标准语义和句法应由在线词典系统加以说明，并映射到标准 EATI 语义和句法

- CMMS 公用仓库应与 MSRR 兼容
- CMMS 数据交换格式应支持操作规范和使用范例模板
- 在 CMMS 中注册的描述应使用 CMMS 数据产品序列来构造
- 描述应与 M&S DSA 权威数据资料要求相一致,在 CMMS 中注册
- 描述的转换、综合与交换应使用 CMMS 操作规范和使用示范的数据交换格式

[3] 优选实践

- 建模与仿真数据工程技术规范 0.2 版中确定的所有优选实践都应在这里以参考的形式列出
- CMMS 中登记的描述应使用标准的实体、行为、事件、作业和互动。这些标准来自于:国防部词典系统,通用联合任务清单(或与 JMETL 相关,为 METL 或 TTL 服务的)和 CMMS 动作词典
- 在 CMMS 中注册的描述应与 M&S DSA 权威数据资料要求相一致地发布

[4] 技术扩展

在建模与仿真数据工程技术规范 0.2 版中确定的所有优选实践都应在这里以参考的形式列出。

附件(待完成)

附录 **2**

兵力机动军事概念模型

F2.1　基本概念

　　根据《中国人民解放军军语》(军事科学出版社,1997 年 9 月第一版),机动是指为保持主动或形成有利态势而有组织地转移兵力或转移火力的行动。按内容,分为兵力机动和火力机动;按规模,分为战略机动、战役机动和战术机动;按空间,分为地面机动、海(水)上机动和空中机动。

　　机动是战役行动的重要内容,是争取主动、夺取作战胜利的重要途径,是达成战役目的不可缺少的重要手段。在作战模拟训练系统中,机动模型是最重要的基础模型之一。

F2.2　军事背景与适用范围

　　1)机动方式分类

　　(1)沿道路机动:部队成行军纵队沿各种道路向前运动。包括部队从己方战役纵深沿道路向集结地域的机动、部队从集结地域沿道路向展开地域的机动以及战役战斗发起后,部队沿道路实施转移、后撤的行动。

　　(2)越野机动:部队成疏开队形离开道路在各种地形上的运动。包括部队从展开地域向冲击出发地域的运动、部队在各种地形上成疏开队形的运动。

　　(3)铁路机动:部队乘坐铁路列车从战略纵深沿铁路向集结地域或待机地域的兵力投送行动。

　　2)本模型支持对陆军地面部队兵力地面机动过程的模拟,机动方式包括沿道路(公路、大车路)机动和越野机动

F2.3　军事规则、影响因素

1）触发条件

接收到上级出发命令或到达上级指定的机动出发时间。

2）影响机动速度的主要因素

影响地面部队机动速度的主要因素可以区分为自然因素和敌情两种：

（1）自然因素。

道路：分为公路、大车路；

地形：分为平原、丘陵、山地、水域（江、河、湖、水库）、水网稻田地、草原、沙漠地、天然障碍等；

气候：分为冬季与非冬季、白昼与夜间、旱季与雨季等；

交通工具：汽车、装甲车辆、火车等。

在确定部队机动速度时假定：水深超过1m的水域，车辆及携行重装备人员不能通行；冬季冰层厚度在×m以上时，现有装备可以通行；山地（无道路）机动车辆不能通行。

（2）敌情。

根据部队实际的战役战术行动，影响部队机动速度的敌情主要有：

①敌地面兵力迟滞。Ⅰ.当敌方处占领阵地状态，根据战场感知的结果，计算出实施机动部队与敌方迟滞部队的兵力对比≥×∶×时，判断为遇敌小股兵力袭扰，机动速度降为正常速度的×%，同时派出部分兵力驱散敌袭扰兵力，待派出兵力归建后，恢复正常机动速度；当计算出实施机动部队与敌方迟滞部队的兵力对比<×∶×，判断为遇敌伏击，转入反伏击交战。待反伏击交战结束后，如果毁伤不超过×，则继续实施机动；如果毁伤超过×，但小于×，则原地待命，并请求上级指示；如果毁伤超过×，则视为无法继续完成任务，实体消亡。Ⅱ.当敌方处运动状态，转入遭遇战。首先观察附近有无有利地形，如果有，则实施仓促占领防御，并向上级报告与敌遭遇；如果没有，则以地形允许的最大越野速度，实施仓促进攻，并向上级报告与敌遭遇。待遭遇战结束，如果毁伤不超过×，则恢复正常机动速度，继续实施机动；如果毁伤超过×，但小于×，则原地待命，并请求上级指示；如果毁伤超过×，则视为无法继续完成任务，实体消亡。

②敌火力拦阻。Ⅰ.当拦阻火力为空袭火力时，加大距离，以地形及环境允许的最大速度前进，并组织对空射击，并向上级报告遭敌空袭，待空袭过后，如果毁伤不超过×，则恢复正常机动速度，继续实施机动；如果毁伤超过×，但小于×，则原地待命，并请求上级指示；如果毁伤超过×，则视为无法继续完成任务，实体消亡。Ⅱ.当拦阻火力为远程炮火时，加大距离，以地形及环境允许的最大速度前进，并组织对空射击，并向上级报告遭敌空袭，待空袭过后，如果毁

伤不超过×,则恢复正常机动速度,继续实施机动;如果毁伤超过×,但小于×,则原地待命,并请求上级指示;如果毁伤超过×,则视为无法继续完成任务,实体消亡。

③障碍。首先判断能否凭自身能力克服,如果Ⅰ.无法克服,则停止前进,向上级报告遇无法克服障碍,请求支援,待上级支援力量排除障碍后,恢复正常机动速度,继续实施机动;Ⅱ.可以克服,则判断是否无法在上级指定时间到达目的地,如果可以,则派出工程保障力量排除障碍,而后恢复正常机动速度,继续实施机动;如果无法在上级指定时间到达目的地,则停止前进,请求上级指示。

④核、生、化袭击。停止前进,疏散,采取防护措施,并向上级报告遭敌核生化袭击。待袭击过后,如果毁伤不超过×,则组织防化保障力量消除沾染,而后恢复正常机动速度,继续实施机动;如果毁伤超过×,但小于×,则组织防化保障力量消除沾染,而后原地待命,并请求上级指示;如果毁伤超过3/4,则视为无法继续完成任务,实体消亡。

3)在机动过程中,循环判断是否已到达目的地,如果未到达目的地,则以正常速度机动,机动速度的计算见附件;如果已到达目的地,根据上级指示转入集结或作战展开

4)当队尾到达目的地时,认为部队已到达目的地

F2.4 逻辑流程图

如附图2-1~附图2-4所示。

F2.5 数据需求

(1)输入数据见附表2-1。

附表2-1 输入数据

序号	名 称	含 义
1	部队番号	战役编成内执行机动任务部队的番号
2	机动路线	出发点、机动路线上主要经由点的坐标
3	机动终点	机动目的地的坐标
4	机动类型	沿道路机动(公路、大车路)、越野机动
5	机动方式	徒步、摩托化行军、履带行军
6	机动出发时间	上级指定先头部队出发的时间(年、月、时、分)
7	到达时间	上级指定队尾到达目的地的时间(年、月、时、分)

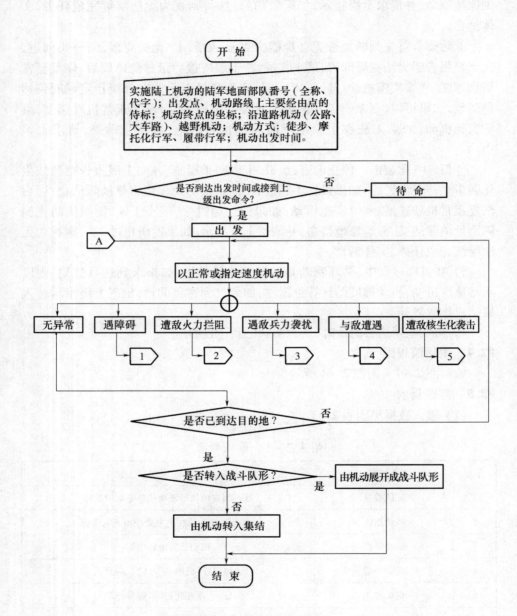

附图 2 - 1　机动逻辑流程图 - 1

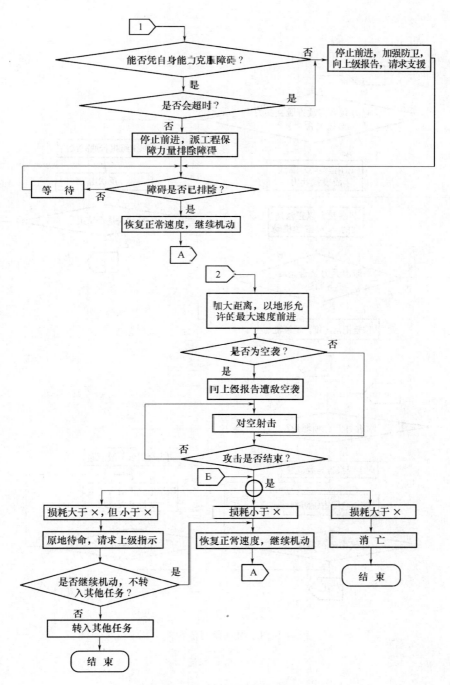

附图 2-2　机动逻辑流程图-2

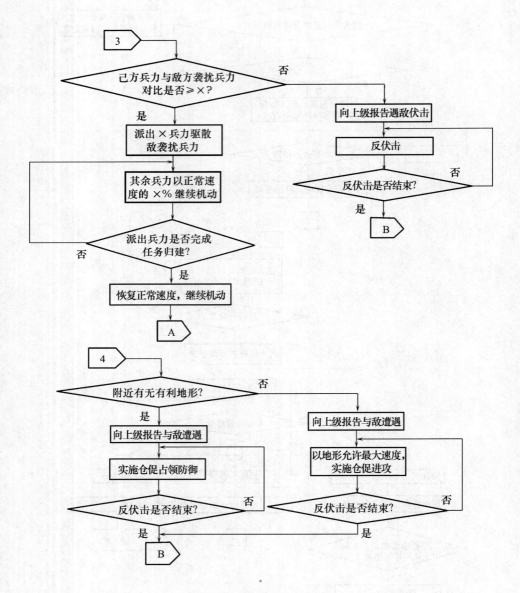

附图 2-3　机动逻辑流程图-3

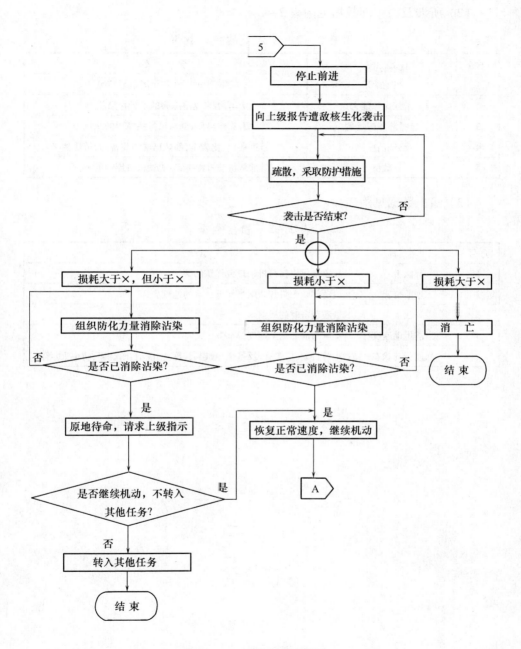

附图 2－4　机动逻辑流程图 －4

（2）所涉及的中间数据见附表 2 - 2。

附表 2 - 2　所涉及的中间数据

序号	名　　称	含　　义
1	当前地形	部队当前所在位置的地形情况
2	工程保障能力	部队用来克服障碍的工程保障能力
3	已排除障碍比例	若克服障碍，部队已排除障碍的比例
4	已洗消比例	若遭敌核、化袭击，部队已洗消装备、人员比例
6	敌情	部队机动过程中，对机动构成影响的敌情

（3）输出数据见附表 2 - 3。

附表 2 - 3　输出数据

序号	名　　称	含　　义
1	部队番号	战役编成内执行机动任务部队的番号
2	当前位置	机动部队先头和队尾当前抵达点的地理坐标
3	战损	遭敌袭击时的战损率
4	当前机动速度	部队当前的机动速度（km/h）
5	当前行动状态	正常机动、反袭扰、反伏击、遭遇战、静止、洗消、防空袭、防炮火拦阻